改訂版

印刷·加工 DIY Book

27種印刷 × 37項加工 × 30款裝訂・教學實例完全特集

大原健一郎 + 野口尚子 + 橋詰宗 + Graphic社編輯部◎著

前言

很多人在製作印刷品時，應該都會遇上一些困擾。像是印製數量少，卻仍想保有專注細節的加工。或者印刷需求雖然多達數百，甚至數千，但因為預算的關係，無法做出理想中的加工效果。而且即使有預算這麼做，有時也不知道該委託哪些工廠，以及設計是否可以被執行、再現為成品。

不管是自己個人的創作，抑或工作上的委託，有一件事始終不變，那就是想製作具有魅力的印刷品=紙品。在印刷品整體數量逐漸減少的現在，如果還會特地製作紙品，即使僅有一人之力，仍然希望這樣的紙品可以讓很多人拿在手上觀看時，內心產生迴響。這正是個人所想。

現況之中，預算拮据、不知道去哪裡找到能協助特殊印刷加工的人應該很多。又或是僅帶著一點想法去製作，在委託工廠加工後卻對成品無法感到滿意的人也所在多有。

從這些想法中誕生的書，就是『純手感印刷•加工DIY BOOK』（2010年）、『特殊印刷•加工DIY BOOK』（2011年），以及兩本書的合訂本『合本完全版 印刷•加工DIY BOOK』（2016年）（暫譯）。內容介紹了各式各樣原以為只有印刷加工廠才能辦到的印刷與加工DIY知識。

雖然這三本書獲得許多讀者的支持愛用，不過由於出版多年，有些使用的工具已停產，而且也出現新的DIY技法，因此本書更新了『合本完全版 印刷•加工DIY BOOK』裡的舊有資料，並追加刊載幾個全新的Know How。加上開篇的作品介紹皆為全新收錄的內容，經過修正以後，以「改訂版」的新面貌出版。

想自己親手製作滿懷心意的作品，想在預算日趨拮据的狀況下做出有魅力的印刷品。這時，請務必展閱本書，一定會有所幫助。

CONTENTS

實踐篇 II 加工

實踐篇　Ⅲ　裝訂·製書

DIY作品介紹

手工拼貼具有不同特徵的卡片

設計：大原健一郎（NIGN）
製作份數：200份
手工作業部分：手撕、黏貼組合、蓋章、真空包裝

——

這是服裝品牌「The Viridi-anne」的2019年秋冬時裝秀邀請卡。該季系列以“TIME”為題，拼貼了不同時代的樣式與特徵，所以在此便直接沿用此一概念，將服裝置換為紙材，藉由字體、材質、顏色各異的紙材拼合來表現主題。3款卡紙以黏合、手工撕紙的方式讓每張邀請卡都不盡相同，僅此一張。「拼貼作業必須在考量手撕切口白色部分的擺放方式與正反版面比例平衡的同時，還要留意資訊的傳達」（大原先生）。做法雖然簡單，但充分了活用紙張這種媒材所具有的味道。

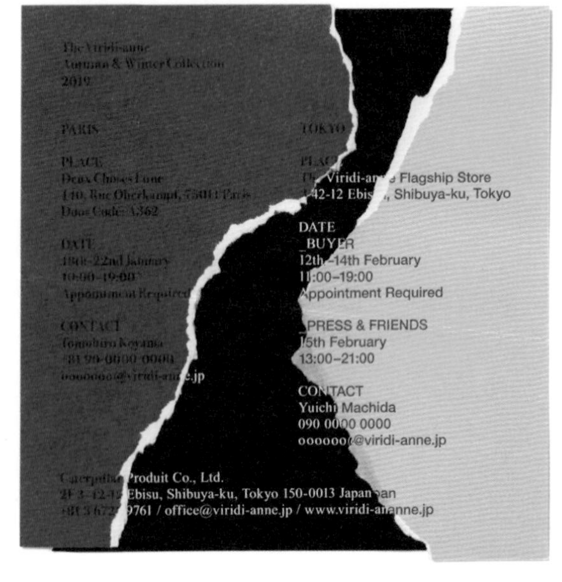

以車縫與刺繡做出立體的訂正線

設計：大原健一郎（NIGN）
製作份數：250份
手工作業部分：裁縫機縫合、蓋章、真空包裝

這是服裝品牌「The Viridi-anne」2018年秋冬時裝秀邀請卡。為了表現這一季的主題“Correction”，意為“訂正”，在此選擇該系列的象徵布料「Melton」（斜紋編織毛料）為媒材，以絹印方式印上拼錯的文字，再用裁縫機於拼錯的文字上車縫出一條代表訂正的線，並加上刺繡加工的手寫紅字，帶出服裝品牌所具有的魅力與趣味。「成品布料上的印刷位置，每一張略有不同，即使樣式版面固定，也不需要將縫線完美車縫在文字中央。最後，因為想要一張一張地做些細微變化，反而花了比預想還多的時間。」（大原先生）

帶出照片本身氛圍的異質素材組合

設計：赤羽大、宇田祐一（ACHIRABE）
製作份數：1000份
手工作業部分：黏貼組合

——

為了宣傳攝影家 青山裕企先生即將舉辦的攝影展「schoolgirl complex」而做的DM。「雖然各式素材黏貼組合的手工作業繁雜，不過異質素材組合的表現非常廣泛。」（赤羽先生）。將背紙挖空另貼上其他的素材當底，因為想讓夾在中間的照片隱約透出，所以很講究這部分的素材質感，也是過程中最花費時間的手工作業。

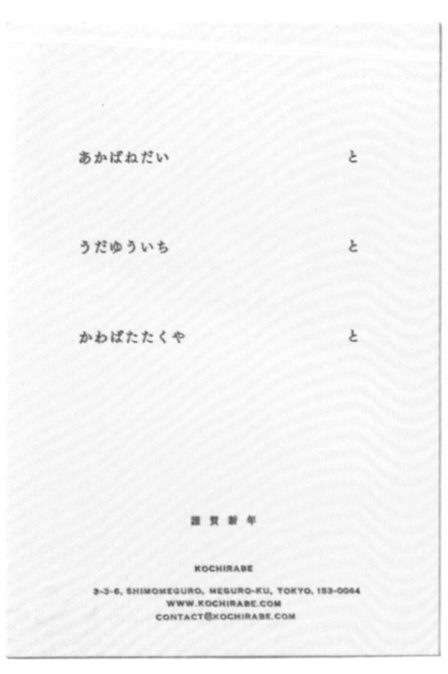

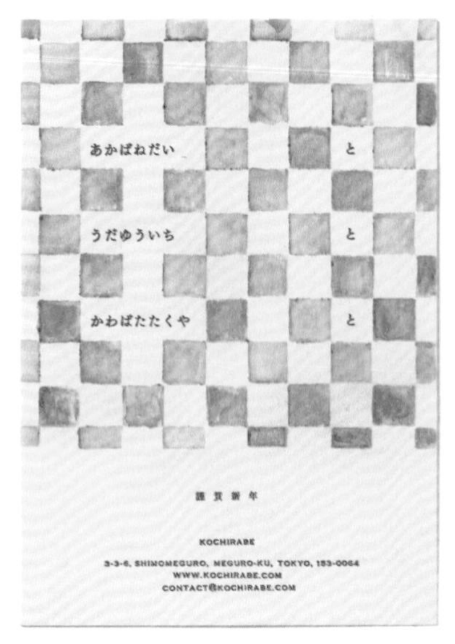

塗佈的精細與否決定了成品完成度的無字天書技法

設計：赤羽大、宇田祐一（ACHIRABE）
製作份數：100份
手工作業部分：以火烘烤出模板印刷的隱形文字

——

火烤現形的格紋圖案賀年卡。利用噴漆模板的製版法，先製作一個格紋圖案的模板，再以檸檬汁取代墨水塗佈於模板上。而果汁的塗佈方式，在經過各種不同的嘗試之後，使用畫筆最能達到理想的效果。「塗佈過程若不夠精細，火烤出來的圖案會很粗糙，因此當成功顯現出一如預期模樣的時候，感受很不同。」（赤羽先生）

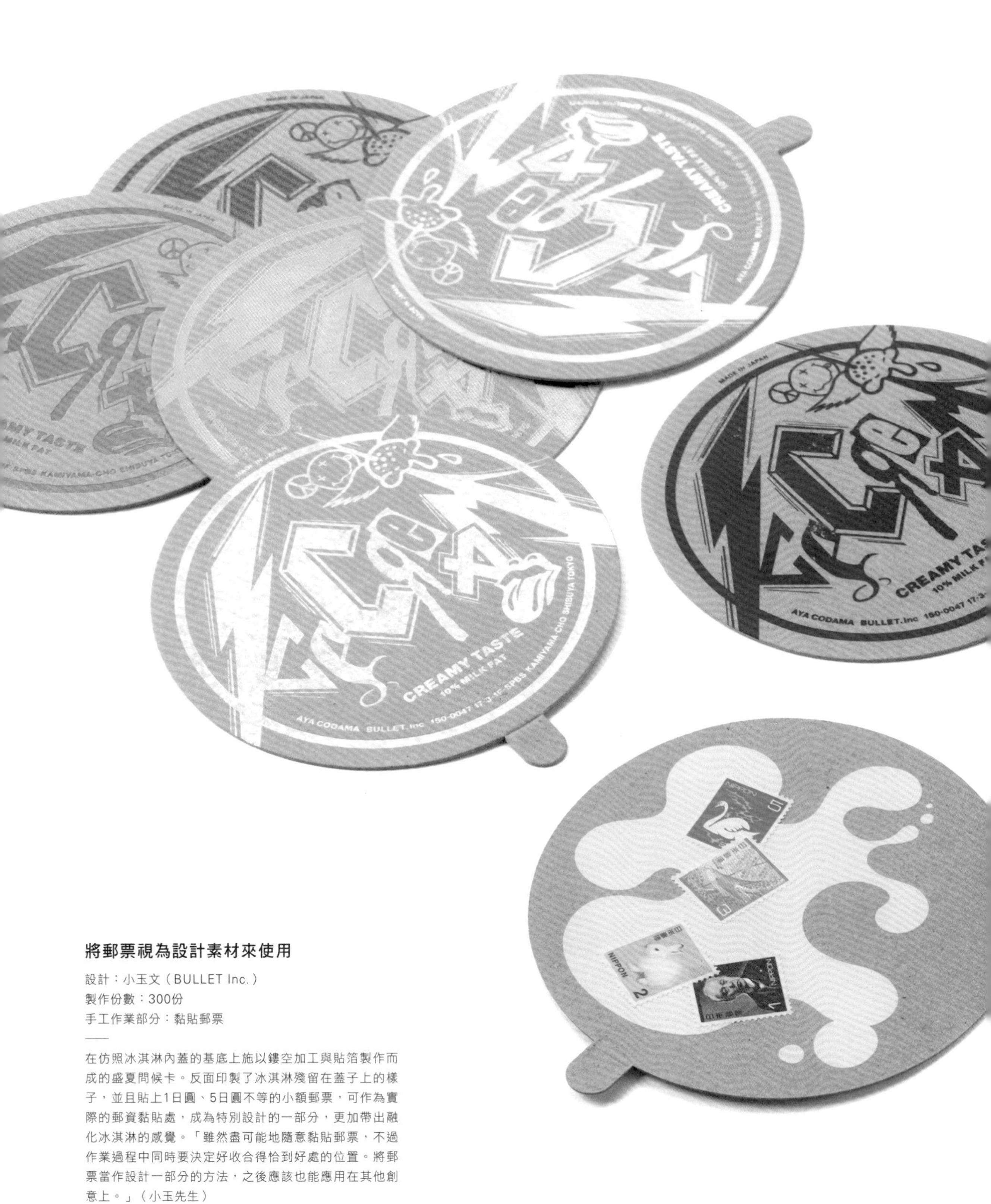

將郵票視為設計素材來使用

設計：小玉文（BULLET Inc.）
製作份數：300份
手工作業部分：黏貼郵票

在仿照冰淇淋內蓋的基底上施以鏤空加工與貼箔製作而成的盛夏問候卡。反面印製了冰淇淋殘留在蓋子上的樣子，並且貼上1日圓、5日圓不等的小額郵票，可作為實際的郵資黏貼處，成為特別設計的一部分，更加帶出融化冰淇淋的感覺。「雖然盡可能地隨意黏貼郵票，不過作業過程中同時要決定好收合得恰到好處的位置。將郵票當作設計一部分的方法，之後應該也能應用在其他創意上。」（小玉先生）

以真空包裝
打造出可郵寄的強韌度

設計：小玉文（BULLET Inc.）
製作份數：550 份
手工作業部分：折疊卡片並用木工膠黏合、真空包裝、貼上貼紙

——

此為BULLET Inc. 2019年，己亥年的賀年卡。「原本並沒有打算使用真空包裝設計，但因為擔心卡片本體的強度不足，不耐寄送，於是緊急購入機器來加工補強」(小玉先生)。由於真空包裝的熱度問題，使得加工步驟相當費時，有點後悔到了時間緊迫的年末才開始製作。不過，實際試做之後，紅白配色的卡片經過真空加工，看起來很有培根的感覺，是一個超乎預想的有趣作品。

為了做出繁複立體感的
手工組合作業

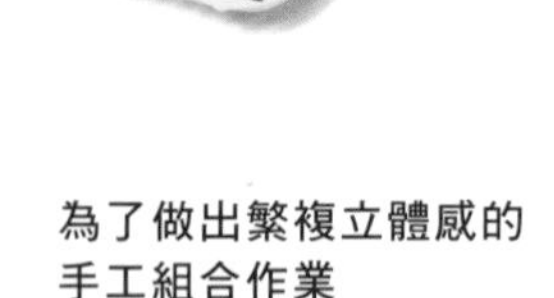

設計：小玉文（BULLET Inc.）
製作份數：500 份
手工作業部分：組裝部件並用木工膠黏合、用雙面膠黏貼標籤

——

小玉先生製作過許多帶有農曆年生肖特徵的賀年卡，這張就是配合戊戌年（狗年）而選擇骨頭做為設計主題。將委託加工業者製作的造型部件組裝起來，實現了凹版或凸版加工無法完全辦到的立體感。「雖然必須頭手並用地記住組裝方式很辛苦，但是完成一款立體感超越卡片領域，給人強烈印象的造型作品。」(小玉先生)

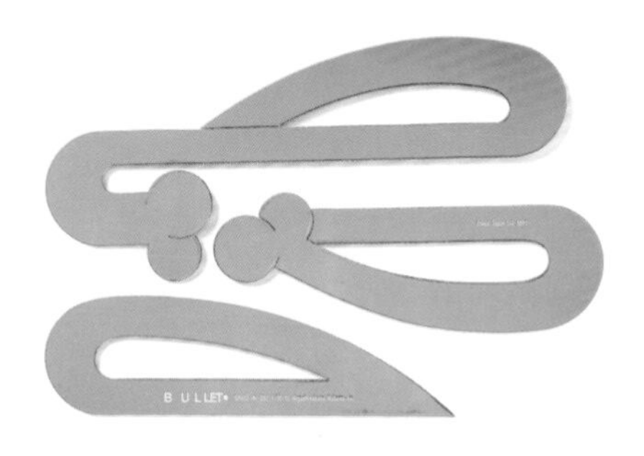

眼睛造型貼紙展現出什麼樣的表情？

設計：小玉文（BULLET Inc.）
製作份數：大小尺寸各一份（試做品）
手工作業部分：緞帶造型貼紙、貼上現成的眼睛造型貼紙

——

應設計刊物「設計的抽屜」企劃之邀，針對一般大眾都能DIY完成的包裝為主題所試做的盒子。「僅是貼上眼睛造型的貼紙，就變得莫名可愛！（笑）」小玉先生如此説道。搭配包裝盒作品本身的尺寸，選擇大小適中的眼睛造型貼紙是一大重點。只在盒子上貼貼紙的製作步驟雖然簡單，但需要花心思安排黑眼球的活動位置或是黏貼的地方，才能創造出豐富的表情。

一個壓印步驟即可產出獨一無二的包裝紙

設計：平川珠希（LUFTKATZE design）
製作份數：200份
手工作業部分：蓋章

這是為了烘焙點心店家「Alphabet bakes」的企劃展覽限定商品所製作的包裝紙。使用以雙面膠帶黏附於木製底座上的樹脂凸版，沾取白色印泥蓋印於紙上。只要每次將文字排列或蓋印方式略為錯開，做些變化，即可創造出獨一無二的差異效果。展覽上也可讓逛展的消費者自由蓋印，完成屬於自己的包裝紙並帶回家。「每個人都會蓋印章，而且印出來的成品每一張皆不相同，是這項手工作業最迷人的地方。我想如此的獨特感應該也會傳達給每個拿在手中的消費者。」（平川小姐）

憑己之手找到票券撕票處虛線的裁切方法

設計：平川珠希（LUFTKATZE design）
製作份數：150份
使用ROTARY Cutter的滾刀做出撕票虛線

這是為了小提琴教室發表會所製作的票券。由於份數少，加上斜向的撕票虛線設計，所以沒有委託印刷業者加工，而是選擇使用OLFA的ROTARY Cutter虛線滾刀。「在以手工作業為前提的狀況下，嘗試圓形或線形裁切，比較看看哪種效果比較好，之後才著手設計。最後，為了讓線能夠筆直，切口必須漂亮且易撕，還要搭配票券上的琴弓圖案，於是將撕票線設計成斜向」（平川小姐）撕票後留在手上的印著琴弓與小提琴圖案的票根，是費心費工要讓參觀者感受到樂趣的巧思。

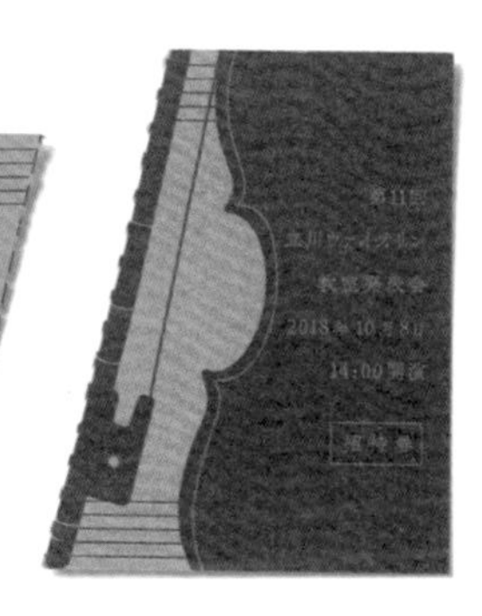

在疊加次數的過程中
挑戰各式各樣的加工

設計：小熊千佳子
製作份數：50份
手工作業部分：絹印貼紙、黏貼、銅製金屬夾、虛線製作、封入真空包裝

——

由攝影師一之瀨CHIHIRO與小熊小姐共同參與的Little Book Label PRELIBRI主導，中目黑書店「COW BOOKS」協辦製作的「ENVELOPE PROJECT」是一個會在隔月將經過4次加工的印刷品統整放入信封裡寄出的企劃案。「因為採事前接受申請的方式，所以在有人滿心期待的情況下持續製作是一件非常開心的事」（小熊小姐）在「3」這個信封裡還有製書設計師中村麻由美以顧問身分加入的製作－金屬夾固定的冊子。冊頁正中央加了一條可撕的虛線，撕開後各往左右翻頁是非常細緻精巧的設計。

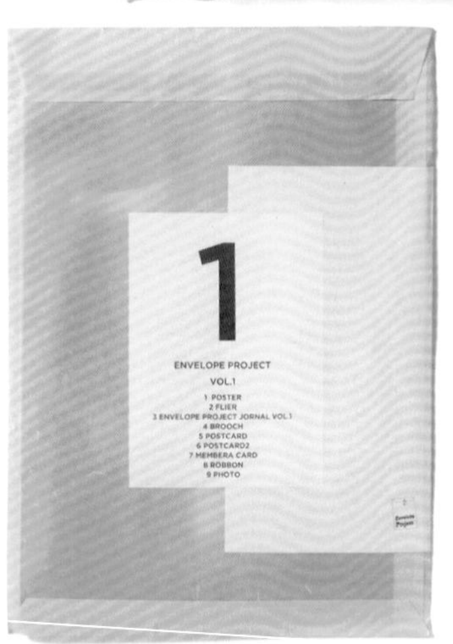

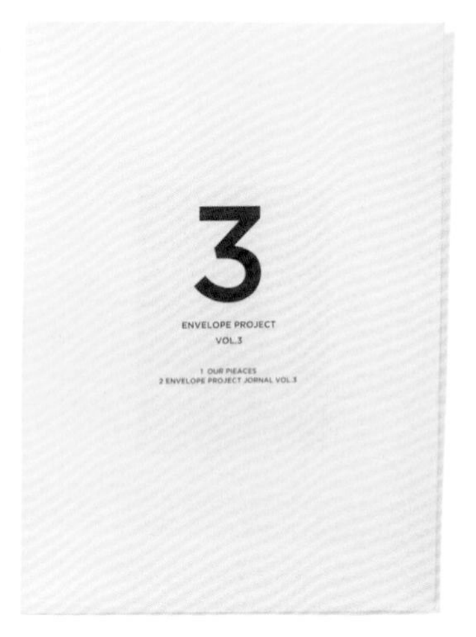

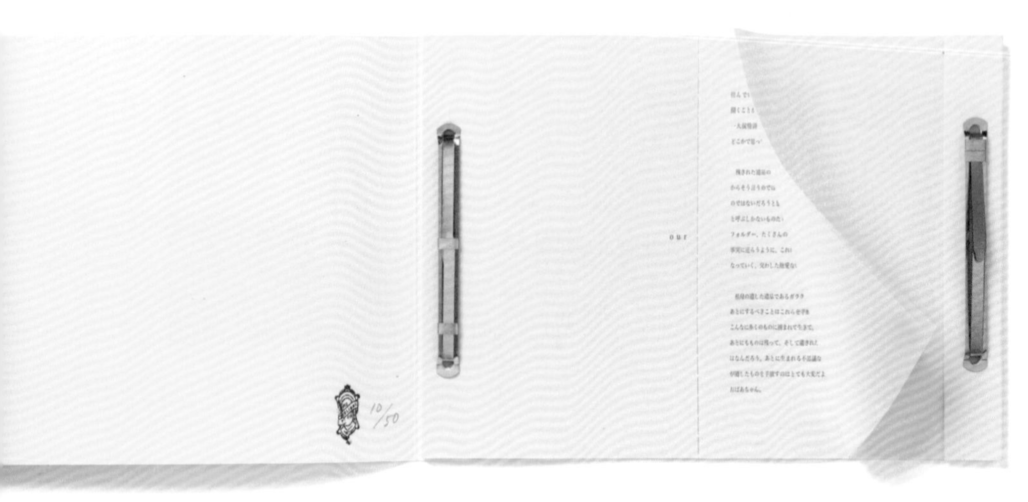

DO NOT BEND
NE PAS PLIER
MATERIALS
Our Pieces
3
ENVELOPE PROJECT
VOL.3
1 OUR PIEACES
2 ENVELOPE PROJECT JORNAL VOL.3

正因為是手工作業才能再現講究的質感

設計：小熊千佳子
製作份數：50份
手工作業部分：德式裝幀的封面封底加貼紙板

此為小熊小姐創立的Little Book Label「YOU ARE HERE」藝術書的第一作。花費心思DIY完成原為高成本的德式裝幀（封面、封底貼上紙板的製書方式）作品。本書先於印刷廠無線裝訂成書之後，再把經過以燙金技術聞名的Cosmotech公司加工好的紙板，手工貼合於封面封底。鉛筆線稿做成燙金原畫，使這本藝術書擁有非常講究的質感。「因為是一般書籍不太能辦到的製書設計，所以想在自己書籍品牌中實際嘗試看看。」（小熊小姐）。

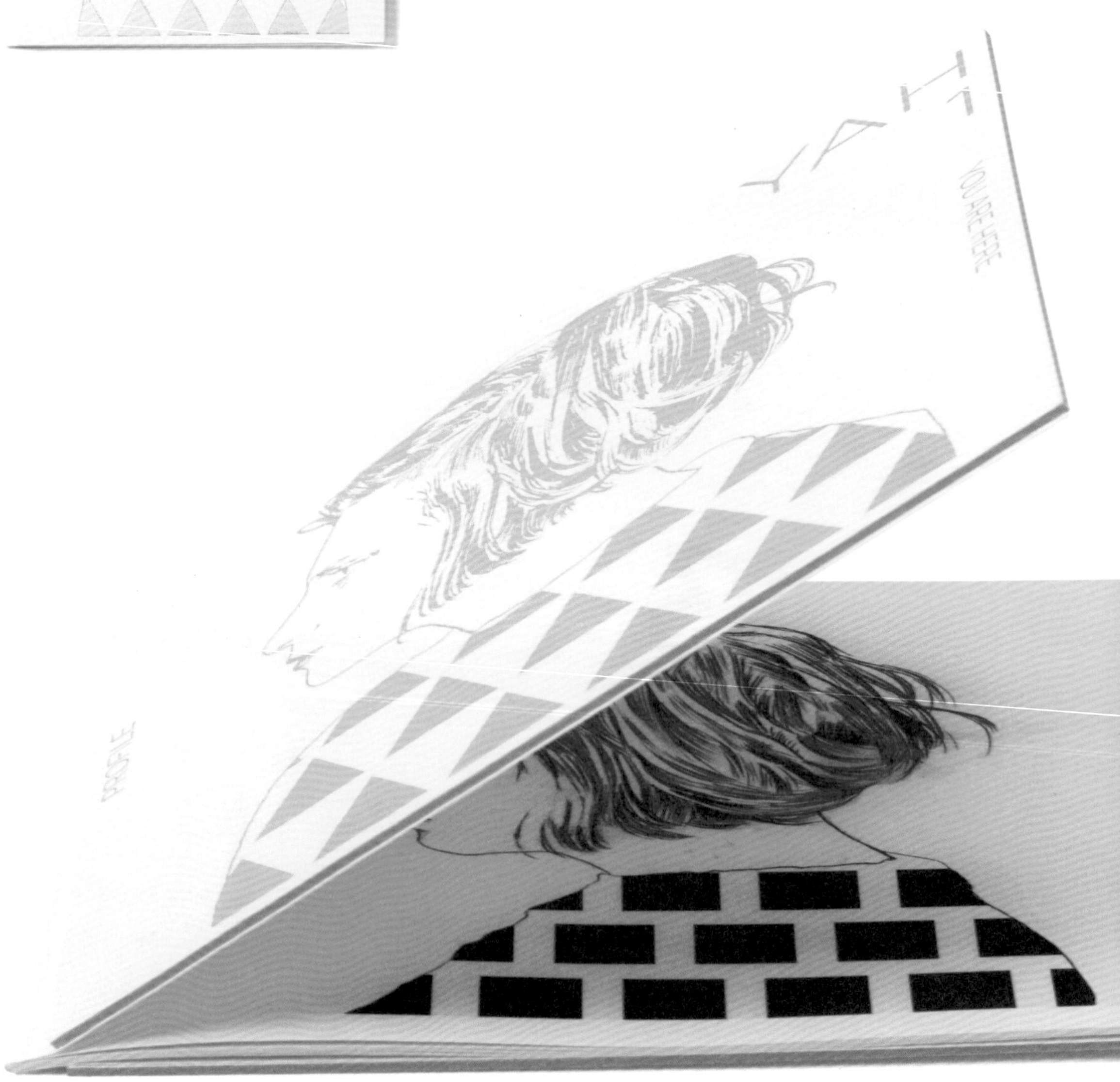

基礎編

基本裁切・摺紙技巧

向製書設計師・都筑晶繪　學習摺紙＆裁切

製作設計紙品，「摺紙」與「裁切」是最基本的功夫。雖然每個人都會，但手藝精巧與否卻決定了製作成品的完成度，其好壞可說是天地之差。從事多年手工製書技巧教學的製書設計師都筑晶繪，將教大家薄紙、厚紙的摺紙與裁切方式，及摺疊紙張的裁切法。

基本工具（右側圖上）

大頭針（使用於裁切細微角度時）、**骨製模具刀**（在製書工具材料店可買到，亦可以竹製抹刀代替）、**美工刀**（選擇便於使用的尺寸）、**自動鉛筆**（畫裁切位置的記號）、**三角尺**（以上面附有方格圖的樣式為佳）。

方便的進階工具（右側圖下）

剪刀（基本上裁切多使用美工刀，有些情況使用剪刀會更便利）、**解剖刀**（裁切細微處時非常方便，大型居家 DIY 賣場亦有售拋棄式）、**鐵氟龍模具刀**（便於直向摺紙，同時反覆壓摺也不會使紙張纖維產生拋光感）、**骨製模具刀**（小）（雖然骨製模具刀可用砂紙研磨調整厚度與形狀，但選擇小支樣式會更方便）。

① 以Turkish map摺法為例，示範基礎的摺紙・裁切技巧

這是都筑老師留學海外學習製書技術時，所學到的摺紙方法。因為土耳其的地圖都是採用這種摺法，稱為Turkish map。內頁選用薄紙，外頁則選用重180kg的厚紙。

① -01　薄紙的摺法祕訣

1　準備一張長寬25cm的正方形紙張，完成後的尺寸是12.5cm的正方形。

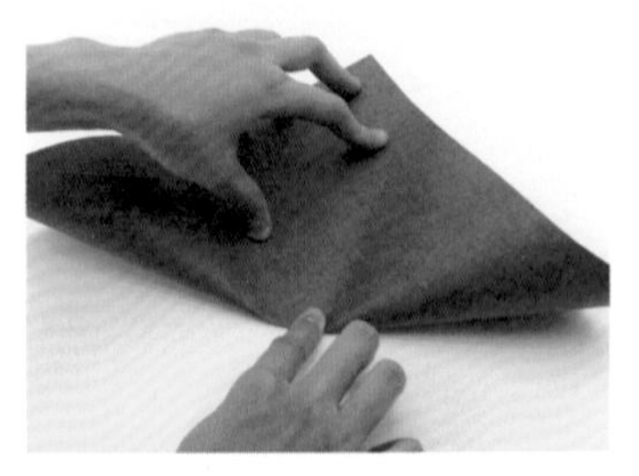

2　以對角線為準對摺紙張。精準對齊兩個頂點之後，以手指壓住紙中央，再依序分別往兩端壓摺。如果從三角形的底部任一端開始壓摺，容易使一邊變得比較大。

3　完美對摺成等腰三角形。

4　反面也對摺成一半，展開。

5　對摺成長方形，與先前相同，將一邊的兩面端點對齊，以手指壓住紙張中央部分對摺，再摺另一邊。

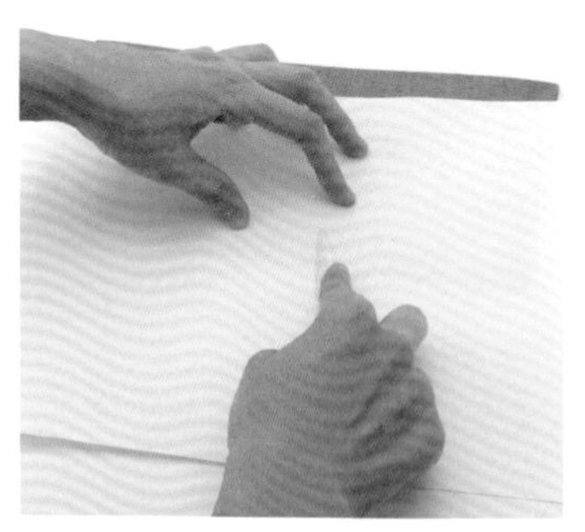

6　為了摺得扎實，在此使用模具刀劃壓出摺痕。若直接於紙張以骨製或竹製模具刀劃壓，會造成紙張產生光澤，請於紙張上方墊一張影印紙後，再劃壓於影印紙上。

7　作出褶痕後，展開整張紙，順著褶痕將紙張往內側摺進去。

8　成為三角形。

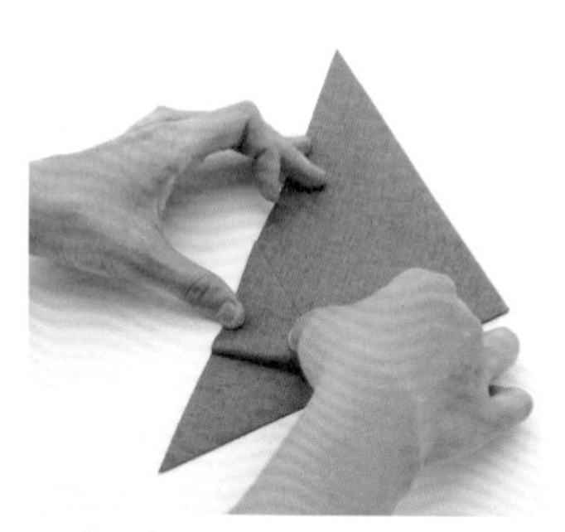

9　將三角形的正反面四個角分別往中央對摺。

10　將對摺好的四個角，再分別反褶產生褶痕之後展開。

11　接著順著褶痕打開四個角，往內側摺入。

12　四個角全部往內側摺入後，完成。

①-02 厚紙的摺法祕訣

1　接下來以厚紙製作剛剛摺好之薄紙的外層紙板。準備厚度約0.5cm，長寬128×260mm的紙板，以三角尺固定在紙板寬度126mm的位置。

2　沿著三角尺，以骨製模具刀劃出褶痕，建議將模具刀盡量放平操作，又因為紙板厚度較厚，可以重複畫兩次。

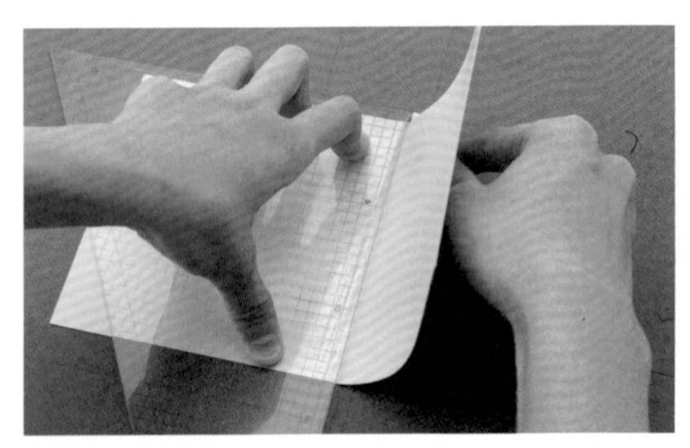

3　完成後上述步驟後，單手繼續保持按壓姿勢，以骨製模具刀從紙板背面，就像是挑起紙板一樣，將紙板作出褶痕。

4　從側面看就如圖，模具刀緊密地靠著三角尺。

5　骨製模具刀沿著三角尺將紙板往上帶起，然後摺出一道直線。

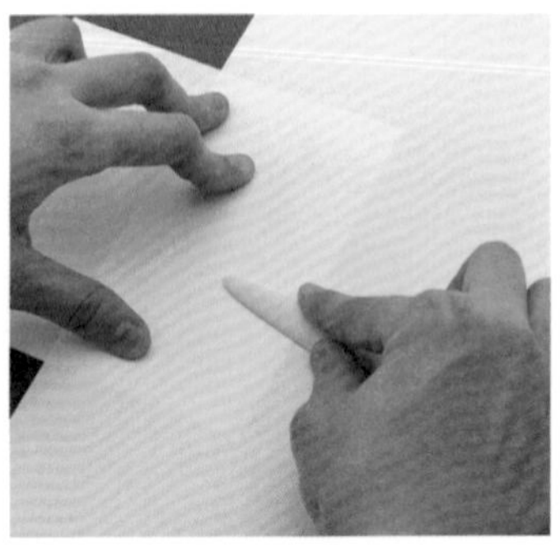

6　順著剛剛作出的褶痕將紙板對摺，於摺好的紙板上墊上一張紙，以模具刀按壓加強褶痕。

7　於間隔7mm的位置，以相同方式作出另一道褶痕。

①-03　摺紙的祕訣

1　將紙張裁切出適合內頁（前一頁摺好的薄紙）的大小。作法是先測量好尺寸，然後以手壓著三角尺固定位置，以美工刀裁切。此時**必須加強施力以確實固定好三角尺，避免走位影響裁切尺寸**，特別是厚紙，因為**無法一次裁切完成，需要重複多次切割。**

2　以美工刀切割時，可以將美工刀盡量放平操作。如圖中的直立美工刀，**會使紙張產生毛邊。**

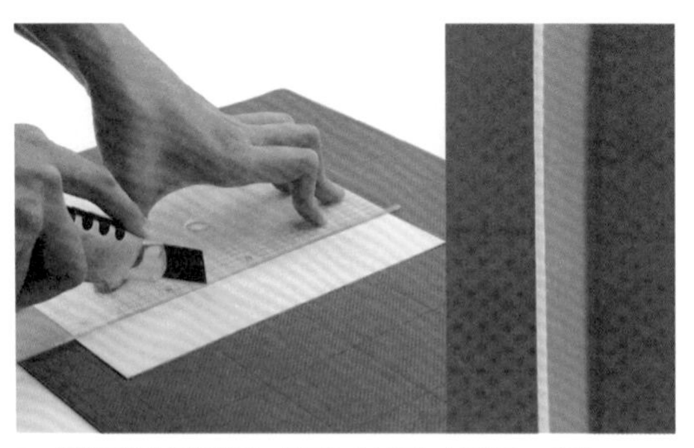

3　**將美工刀放平後裁切**，紙張的裁切面如右圖漂亮、平整。

4　先將前一頁摺好的薄紙兩端黏上膠帶，再將剛剛摺的厚紙板黏貼在上面。

5　完成了Turkish map摺法。

6　一打開，內層的摺頁便自動展開，一般的地圖也可以採用這種摺製方式，作出摺收式地圖。

7　將Turkish map摺法應用於白紙上，內層插入橘色紙，很適合當成搬家的介紹宣傳印刷品。

② 完美裁切多張紙
重疊摺製而成的冊子

自己製書的最大問題常在於被稱為「書口」的切口面處理。一般製書多以摺紙方式為主，但常常在摺製過程中，因為成疊的紙張容易參差不齊，進而導致成品完成度低劣，加上手邊又沒有專業的裁切機器……這時，不妨學好只憑美工刀就作出完美裁切的技巧，讓製書的裁切步驟一次到位吧！

1　一次摺疊多張紙時，可以參閱P.20方式，以摺線中央點為準分成兩段，再各別往兩端壓摺，即能完美摺製出一本冊子。

2　將重物壓於摺好的冊子上，靜置一晚，使摺好的冊子定型，方便裝訂與裁切。

3　定型後，以冊子摺疊邊為基準，找出與其呈90度（直角）的部分，開始切割。利用三角尺上的格眼，就能輕易對準直角。請勿直接從冊子本身下刀，而是先從冊子外的部分開始切割，如此才能俐落地裁切完成。

4　請加強施力於三角尺上，而非美工刀。切記不要因為想一次裁切完成，就過度施力在美工刀上。

5　重複幾次切割，將紙張完全裁切下來。將注意力放在三角尺上，不可移動它。圖中己切割三次，才將冊子裁切完成。

6　接下來再以剛剛裁好的部分為基準，同樣找出90度角的位置，裁切冊子的書口（書背的相對面部分）。

7　只要使用相同方式，手工裁切也能如以裁切機切割一樣漂亮。

③ 細微部分以「針」輔助，即能完美裁切

在製作紙張插入口等較為細部的裁切作業時，為了不破壞孔口的邊角，可以利用針來輔助開孔，以利後續切割步驟。將預定孔口部分的四個邊角以針開孔，再從此處為起點以美工刀裁切。

1　右邊設定為插入紙端的部分，所以左邊要開一個插入口。首先以鉛筆畫出一個寬約1.5mm的長方形。

2　拿一支大頭針將長方形四個邊角各輕戳出一個小孔。

3　刀尖端插入針孔中，開始切割作業。

4　切至最末尾部分時先停止，將美工刀尖端從下方的針孔插入後，再從反方向切割回來。

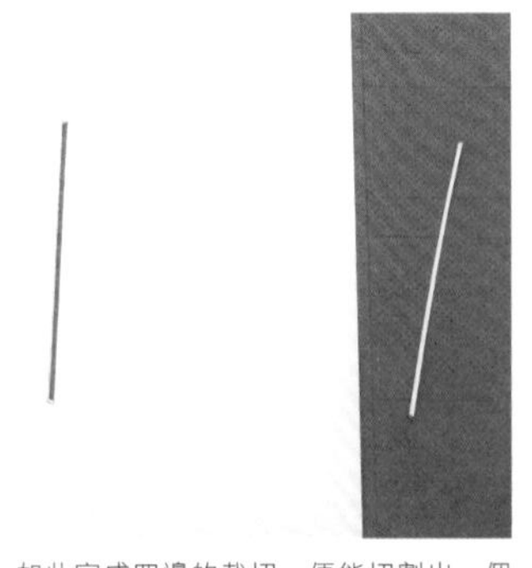

5　如此完成四邊的裁切，便能切割出一個漂亮的細長方形插入口。

6　最後以橡皮擦擦掉剛剛的鉛筆線即可。

都筑晶繪（Tsudsuki Akie）

2001年在法國初次接觸到製書工藝，大學畢業之後一邊擔任製書藝術家Veronika Schäepers的製作助手，一邊習得現代簡約風格的製書知識，並開始應用於自己的製書作品上。2007年前往瑞士Centro del bel libro Ascona，繼續進修製書技術，2008年3月於東京開設製書教室。現於世田谷製物學校與名古屋ManoMano工作室教授製書課程。http://postaldia.jugem.jp/。

實踐篇

I

印刷

01

挑戰個人印刷機的凸版印刷

所謂的凸版印刷，魅力在於所呈現的質感與柯式印刷截然不同。雖然委託印刷公司幫忙也可以，不過利用這台個人印刷機就能簡單地自己製作。

工具 & 材料

evolution ADVANCED（→P.240）、樹脂版（→P.240）、凸版・柯式印刷或銅版畫專用之油墨、刮板（沒有亦可）、紙。

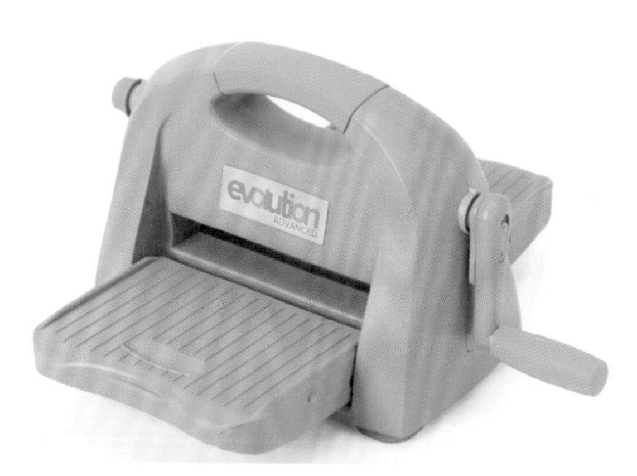

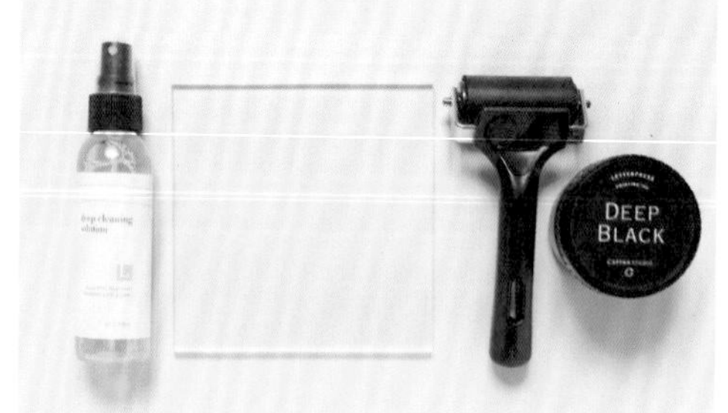

1　左為evolution ADVANCED本體。除了letterpress（凸版印刷），還具備打凸與Die Cut（刀模）的功能。右為CAPPAN STUDIO（→P.240）內含的操作附屬品。必備的凸版印刷專用的活字台（右上）之外，CAPPAN STUDIO也推出滾輪與原創油墨套組「Letterpress combo kit+（右下）」以供販售。雖然從次頁開始是以舊版產品來解說，不過evolution ADVANCED的凸版印刷亦採相同的使用方式。

舊版 Letterpress combo kit。此款的操作順手度經過改良後，改以evolution ADVANCED之名發表上市。

2　以Illustrator繪製的雙色圖案，並印在樹脂版上。這次是委託真映社（→P.240）製作色版（照片左）與黑版兩種，周圍用不到的部分直接剪掉。

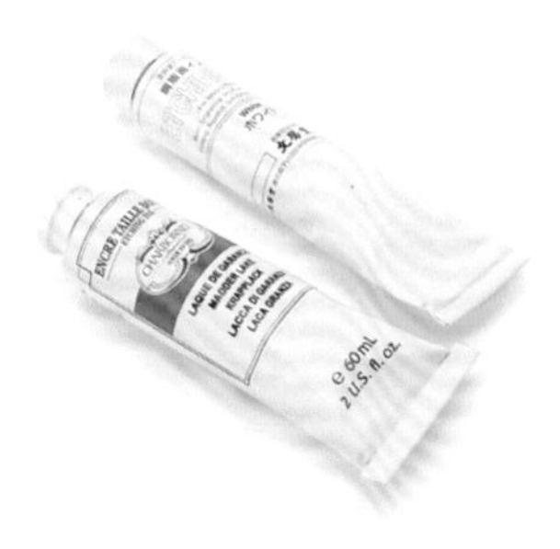

3　由於LETTERPRESS COMBO KIT只附黑色油墨，所以這次另外購買銅版畫專用的油墨。因為用量極少，這個尺寸的油墨剛好。

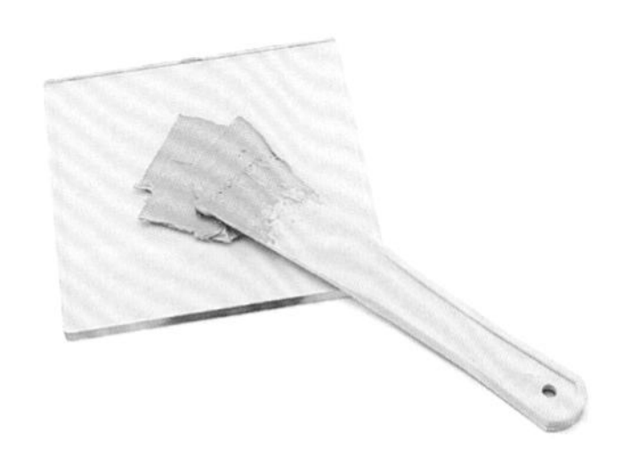

4　使用附贈的調色板將白色、紅色混合，調成喜歡的顏色。此時若使用刮板會非常方便，一般的畫具用品店或大賣場都有販售。

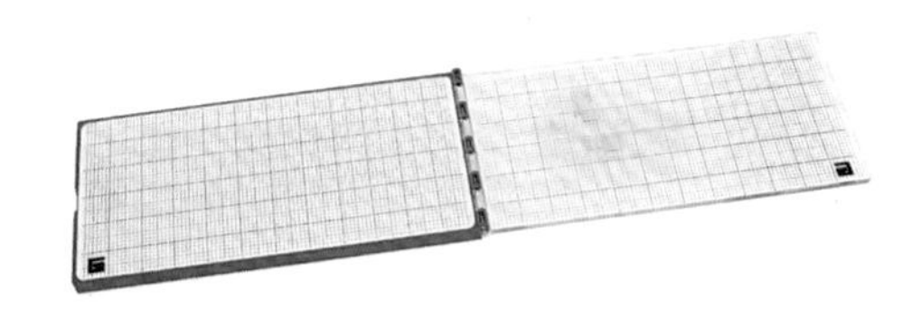

5　將凸版用的板子貼在樹脂版上，上面附有雙面膠，所以直接以雙面膠黏貼。

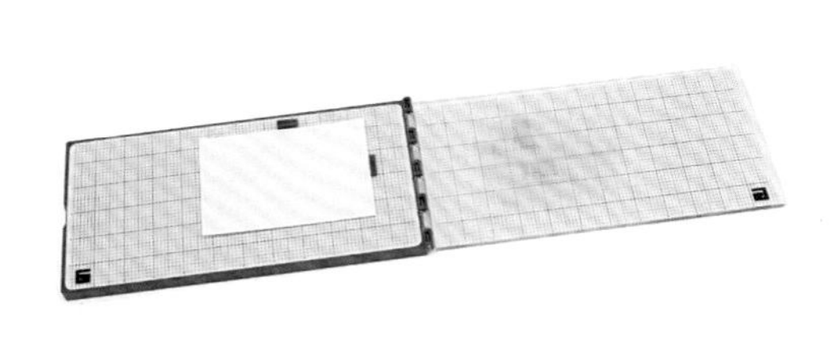

6　接著配合版面來決定紙張的位置。以附贈的黑色小海綿在想要擺放紙張的兩邊作記號，再配合記號擺紙張，重疊印刷時就能方便對準位置。

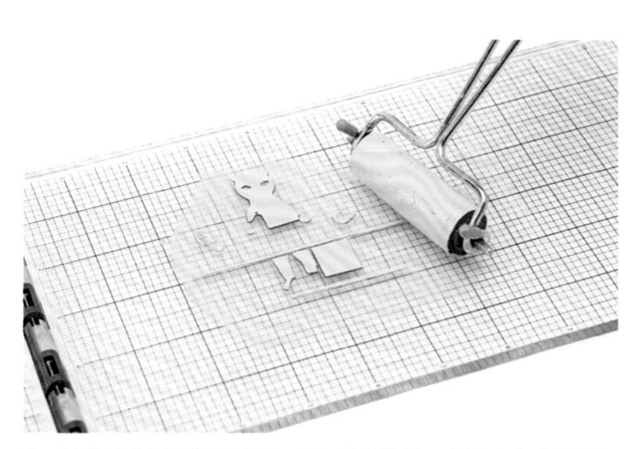

7　以附屬的滾筒沾上油墨，塗在樹脂版上。塗抹太多會讓圖案糊掉，使用訣竅是油墨的量要稍微少一些。

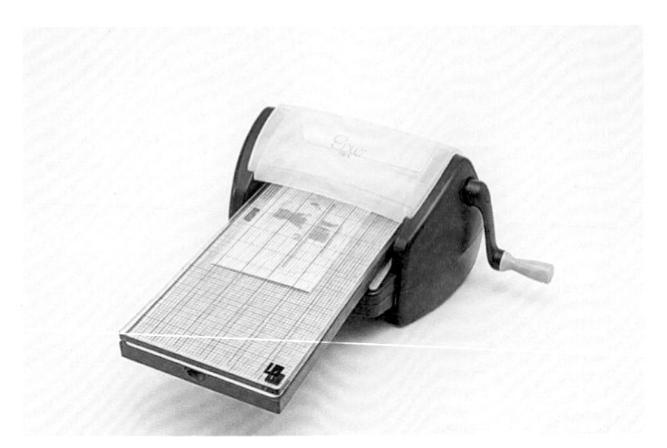

8 在版面均勻塗上油墨，蓋上凸版的蓋子，馬上就要進印刷機了。

9 轉動右側把手，讓凸版通過印刷機。

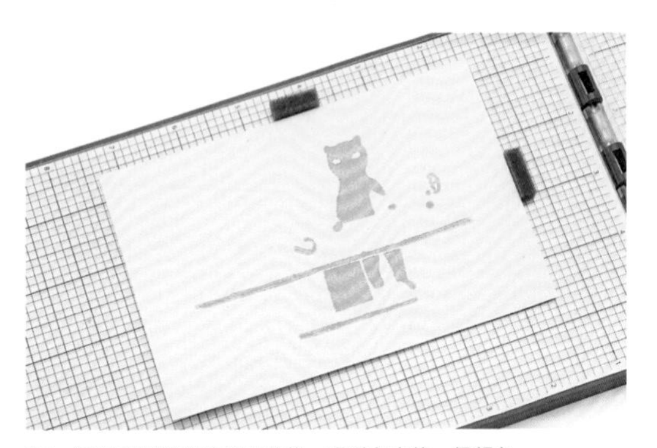

10 通過印刷機後的紙張狀態，順利印出第一個顏色。

11 依照前面的相同步驟，將黑版用的樹脂版貼在凸版上。此時要特別注意對準位置，絕對不能偏移。接著以滾筒在圖案上塗抹黑色油墨。

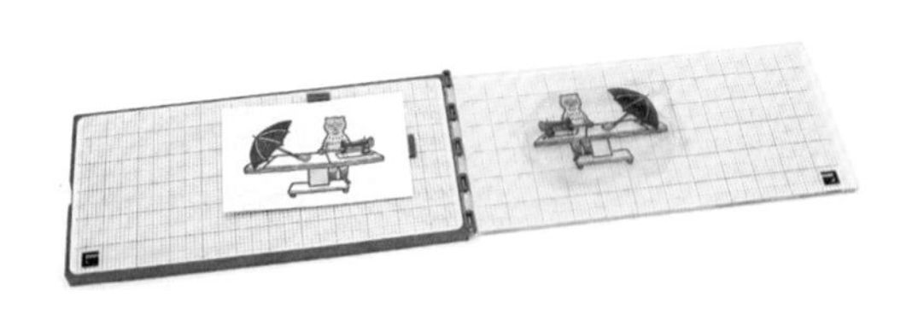

12 凸版通過印刷機後，打開已完成雙色的凸版印刷。

13 完成品。

02

利用影印機製作疊印

不論是辦公室、便利商店或超市角落都能看到的影印機，現在連家用的小型機種都買得到。本單元將介紹利用身邊的影印工具，以疊印手法來呈現的ZINE製作過程。

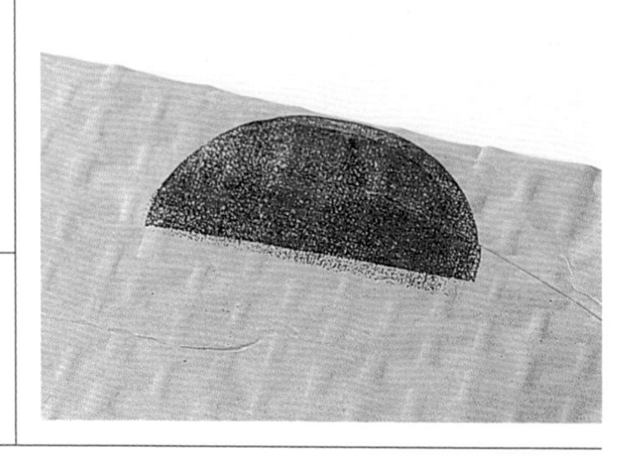

工具 & 材料

影印機（具手動送紙功能更方便）、描圖紙、紙。

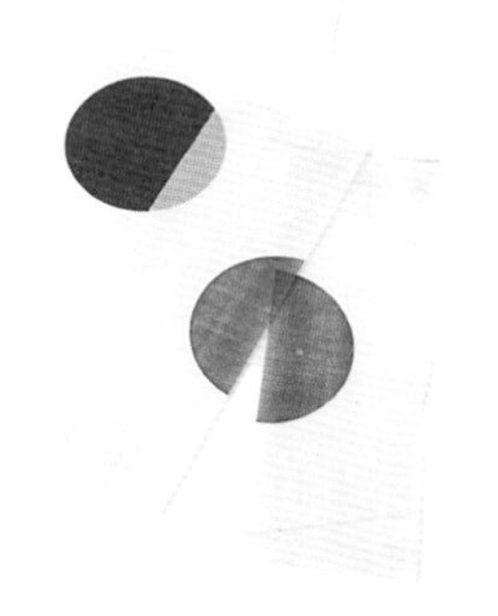

1 首先以噴墨印表機印出黑色圓形圖案，然後複印在描圖紙上，剪成一半製作基本的原稿。以這兩張半圓為主要圖案，利用影印機不斷複印設計出各種圖案變化。

2 讓同一張紙不斷通過影印機，就能利用黑色的圓形圖案作出疊印（重複印刷）效果。由於原稿是採用描圖紙，所以圖案重疊的部分可淺可深，能自由運用這種特性來試作出各種不同的樣式。

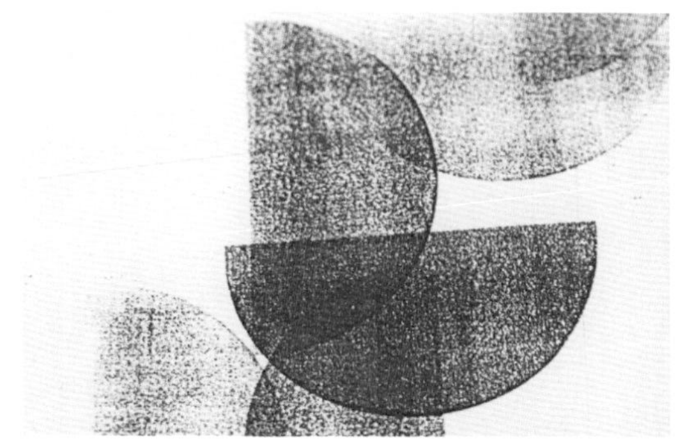

3 這是疊印的局部放大圖，疊印的效果非常好。只要把影印機的顏色調淡，就能輕鬆表現出疊印的深淺效果。

4 從各種試作成品中選出喜歡的樣式，當成原稿直接複印製作成冊，封面採取包裝用的PE牛皮紙來印上圖案。
設計：野見山櫻　http://www.atleast.org/

03

以裝飾用塑膠貼紙複印

本書P.31頁所介紹的疊印，只要在選擇素材時多花點心思，就能讓影印機的用途更寬廣。這次選擇貼在玻璃上的裝飾用塑膠貼紙，重疊後可展現出更複雜的變化效果。

工具 & 材料

影印機（具手動送紙功能更方便）、玻璃用塑膠裝飾貼紙、紙。

1　用來裝飾玻璃窗的塑膠貼紙樣品，有條紋、圓點等各種款式。

2　此系列是在透明的塑膠貼紙印上珍珠偏光的圖案。只要調整重疊的方式與濃度，就能印出不同的效果。

3　首先印出需要的基本文字，再複印或剪裁製成原稿。

4　把原稿和塑膠裝飾貼紙疊在一起，重疊時請一邊考慮怎麼作才能呈現出最好的效果。

5　以不同的疊印或變換素材的組合方式，試著作出各種不同的感覺，直到滿意為止。影印的好處就是可以立即知道結果。

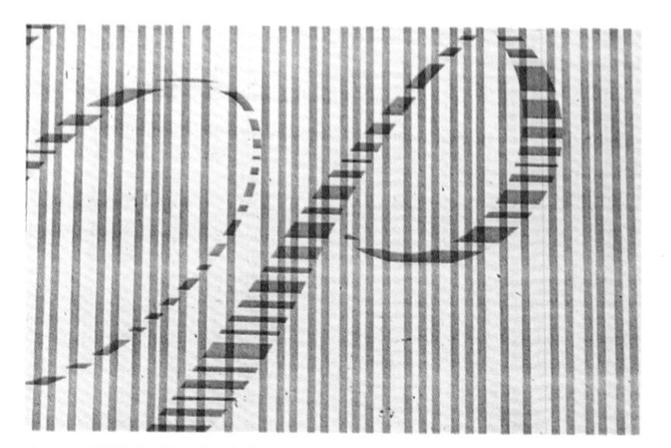

6　只要調整影印機的濃度，一張塑膠貼紙就能展現出不同的味道。P 的部分就是使用同一張塑膠貼紙，印直條紋時顏色較深，而印橫條紋時，與文字重疊的部分則作了反白的處理。

7　決定喜歡的樣式後，依相同程序印在正式的紙張上。因為是使用影印機，所以能一張一張微調作出不同的變化。
設計：野見山櫻　http://www.atleast.org/

04

使用裁縫機加工

非印刷而是使用縫紉機，靈活運用不同顏色的車線或裁縫機功能，創造出美工效果。只有縫線才能呈現出立體感，還能將文字或圖案剪下再縫合拼接，作品魅力可無限延伸。

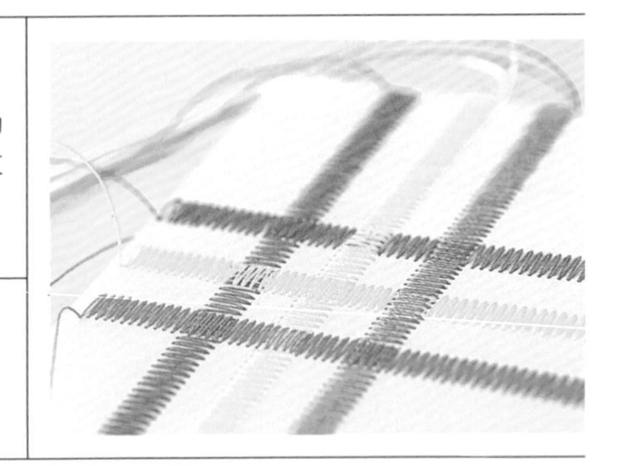

工具 & 材料

縫紉機、線、紙。

1　請準備一般的家用縫紉機、想使用的縫線顏色與紙張。太厚的紙或把好幾張薄紙疊在一起，家用縫紉機或許無法縫合，此時有可能要使用工業用縫紉機。

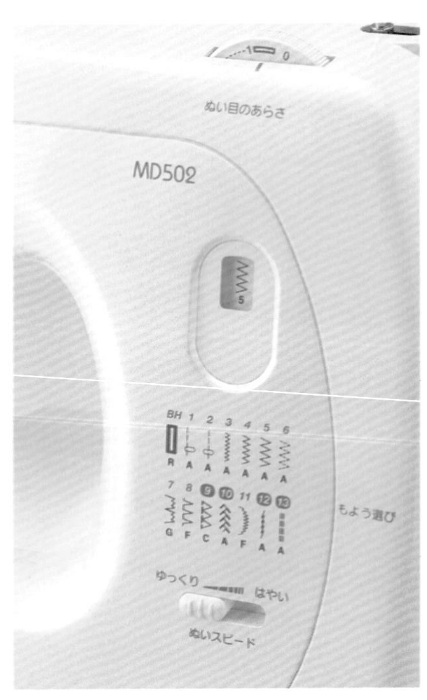

2　最近的縫紉機都具有豐富的裁縫功能，即使低價格也可擁有高機能。為了多了解縫紉機到底能作出什麼樣的效果，不妨實際到店裡試用看看。

3 先利用鉛筆在想要縫合的紙張上畫出淺淺的草稿，之後只要沿著線條車縫即可。

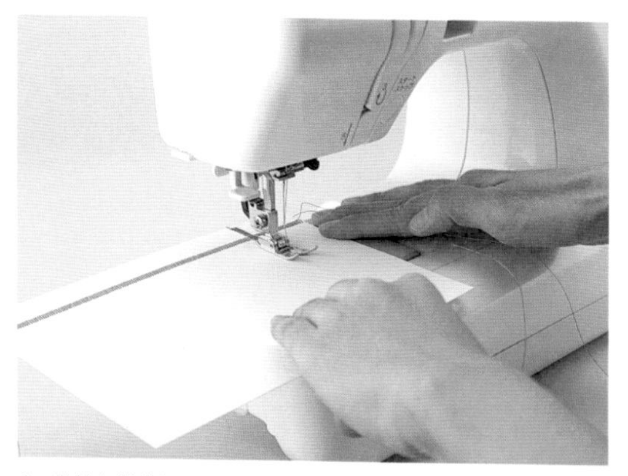

4 從縫紉機的選單中選擇喜歡的縫法，並沿著前面畫好的圖案車縫。

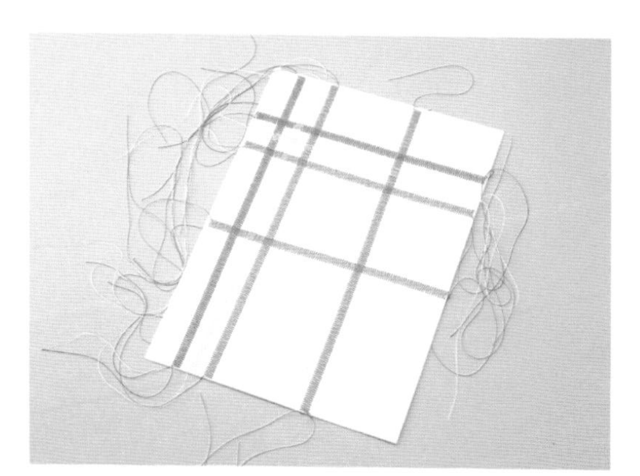

5 縫好之後以橡皮擦把鉛筆的痕跡擦掉，線頭可以剪掉，而保留則有另一番風味。

6 不同顏色或材質的縫線與紙張加上各種組合設計，就能呈現出與印刷截然不同的效果，增加手作的樂趣。

05

植絨加工

所謂的植絨加工，是上膠後再加上絨毛纖維的印刷方式。加工後可呈現毛絨絨的感覺，醒目且效果極好。本單元採用植絨貼紙，介紹以熨斗熱燙的簡易方法。

工具 & 材料

植絨貼紙（→P.240）、熨斗、廚房用烘焙紙（當襯墊用）、紙（具有印刷圖案或表面有亮光處理的紙張附著效果較差，製作前請先確認。）

1　先以Illustrator繪製圖案，然後委託Europort公司（→P.240）製成植絨貼紙。為了避免讓精準裁切的圖案四分五裂，可先把刺繡用膠紙（透明貼紙）貼在植絨貼紙的正面上。雖然比較費工，但也可自行購買透明貼紙來裁剪以代替刺繡用膠紙。

2　準備紙張和已經貼好刺繡用膠紙的植絨貼紙。

3 把植絨貼紙擺在白紙上，接著鋪上尺寸比白紙大的廚房用烘焙紙當襯墊使用。

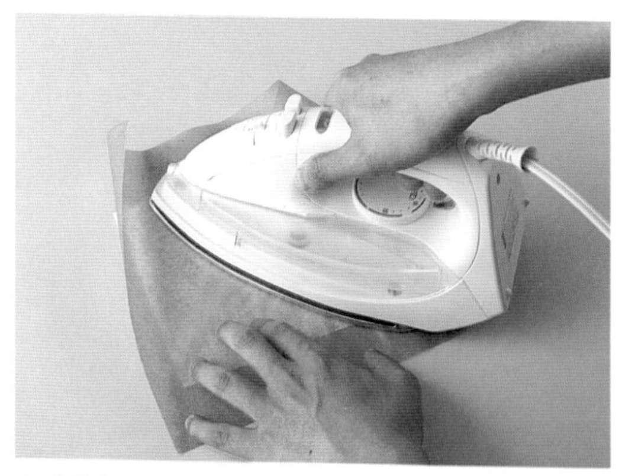

4 將熨斗溫度設定在150℃至160℃，預熱20秒左右。此時請記得關閉熨斗的蒸氣功能。燙壓時不要移動熨斗，而是以平面的部分（因為蒸氣孔的地方既不熱又無法產生壓力）盡量利用自己的體重向下施壓，就是此步驟的最大重點。

5 趁熱慢慢撕下刺繡用膠紙。

6 大功告成。彷彿專業絲網印般的植絨加工，成品非常細緻完美。視數量而定，有時直接印製植絨貼紙，可能比外包植絨加工還要便宜許多。

06

模版印刷

首先在模版上刻出鏤空的文字或圖案，再利用刷子或滾筒、噴漆等上色加工。噴灑不均勻或外滲等粗糙的感覺，反而能帶來獨特的魅力。在過去，日本和服的傳統染色也會運用這種方法。

工具 & 材料

模版用紙、美工刀、切割板、可撕式噴膠、噴漆、紙、舊報紙或塑膠布等、噴膠清潔劑。

1　將圖案列印在模版上，當然手繪也OK。接著準備噴漆印刷用的紙張。

2　以美工刀仔細切割印在模版上的圖案，此時請注意不要連必須保留的部分都割除。

3　切割完畢的狀態。

4　切割完畢後，在模版背面噴上可撕式噴膠，並且將模版貼在準備好的白紙上（只把模版輕輕擺在紙上也可以，不過直接貼在紙上噴出來的效果會比較漂亮）。

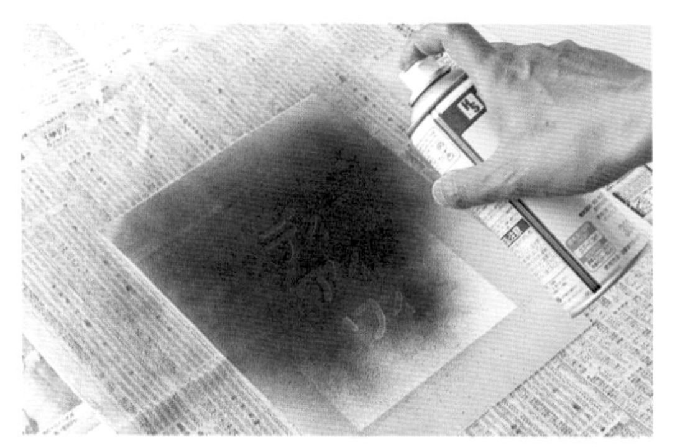

5　為了避免弄髒地板，先鋪上報紙或塑膠布，接著如圖擺上前一個步驟貼好模版的白紙，直接噴漆上色。

6　慢慢撕下模版，等噴漆完全乾燥後，利用噴膠清潔劑擦掉留在白紙上的黏膠便完成。

7　使用不同的紙質或噴漆、甚至直接以刷子沾取油墨取代噴漆，都能作出不同風格的作品。

07

謄寫版印刷

傳統的謄寫版可將手繪版直接拿去印刷。雖然目前已經找不到正統的謄寫版印刷機，但市面上仍有以原子筆製版的謄寫版工具組，只要利用這套工具，就能輕鬆製作自然純樸的印刷品。

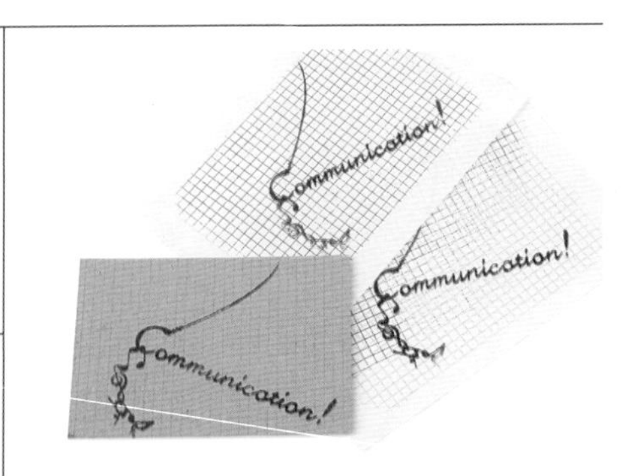

工具 & 材料

謄寫版印刷工具組（→P.240）、謄寫版專用油墨、紙。

1 謄寫版印刷工具組。在印刷機內，附有印刷網片及油墨用的滾筒、以及製版用的藍色油紙。

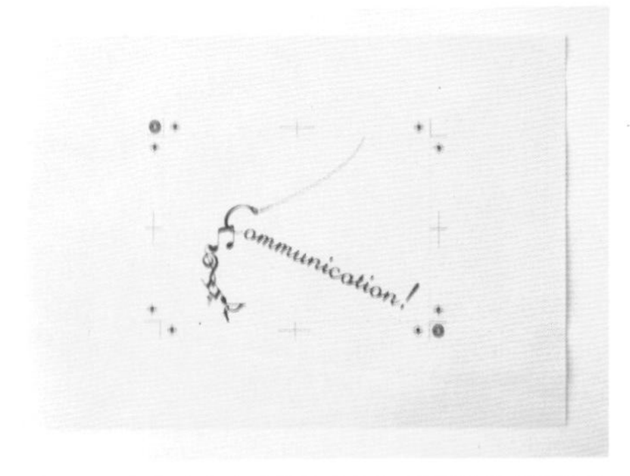

2 雖然直接把圖案畫在油紙上也OK，不過這次特別準備了原稿。因為油紙可透視，只要將油紙放在原稿上就能描繪圖案。

3 把油紙疊在原稿上，以原子筆仔細臨摹。太用力會導致油紙破裂，請特別注意。油紙上的藍色，在描繪過後會變成淡淡的藍白色。

4　所有線條都臨摹過後便製版完成。將製好的版面放在印刷機上，確認位置準備印刷。

5　以滾筒沾上油墨，剛開始沾多一點油墨是重點所在。工具組只附上黑色油墨，但另外還有紅、藍、綠、黃等油墨可選購，混合後就能調出個人喜歡的色彩。

6　擺上白紙，在印刷機的網片上滾動滾筒塗滿油墨，彷彿要把油墨壓進版面般確實上色，就能印出美麗的圖案。

7　輕輕打開版面便大功告成。如果分別疊上好幾個版面進行印刷，也可表現出多色印刷的效果。若使用水性墨水還能印製較厚的紙張，不妨變換紙質來試著印看看。

08

使用印章工具組在家製作印章

若想自製創意印章，可以選購日本的「EZ印匠」工具組。只要搭配噴墨印表機，就能利用工具組在家自製印章。

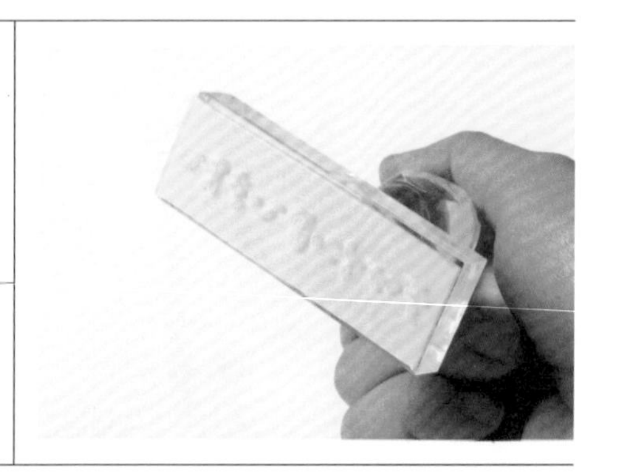

工具 & 材料

印章工具組「EZ印匠」（→P.241）、各種印泥（→P.241）。

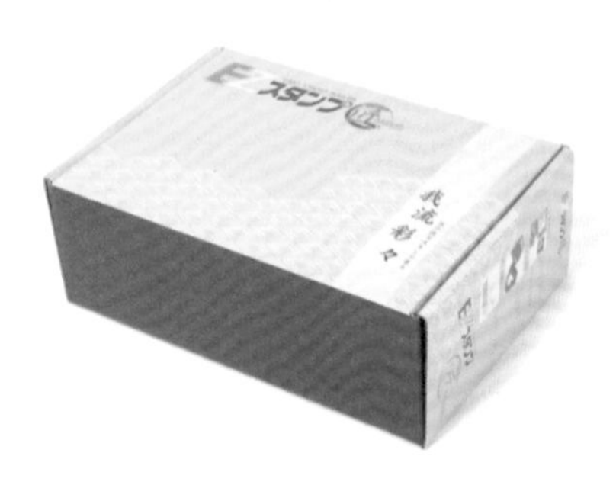

1　可以自製印章的「EZ印匠」。將原稿的圖案印在印章膠紙上，就能製造創意印章的工具組。

2　首先利用噴墨印表機，在附贈的設計膠紙上印出黑白相反的影像。反白的部分就是印章的圖案。

3　把印好的設計膠紙放在主機上，接著疊上印章膠紙，然後把圖案印在印章膠紙上。

4　取出印好的印章膠紙，在托盤內倒入淺淺的水，洗去膠紙上不需要的部分。請注意不要用力刷洗，以免連細小的圖案也洗一併洗掉。

5　等不需要的部分洗掉後，讓印章膠紙完全乾燥，接著配合印台尺寸裁剪並黏貼固定。至此便完成自製的創意印章。

1 「Versa Mark」（左）
「Versa Mark Dazzle」（右）
印在色紙上會呈現深淺色調的透明印泥，若印於薄紙上，還能製作出類似透視般的效果。「Versa Mark」這款添加了珠光，蓋印後會閃爍出微微的高雅光澤。

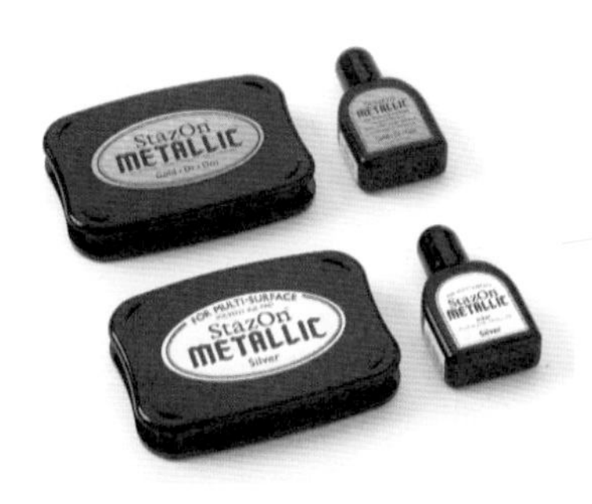

2 「StazOn Metallic」
帶有金屬光澤感的金屬色系列。為不透明且具速乾性的墨水。除了用於深色紙上依然顯色之外，也可壓印上色於玻璃、陶器等材質。有金、銀、銅、白金，共四種顏色。

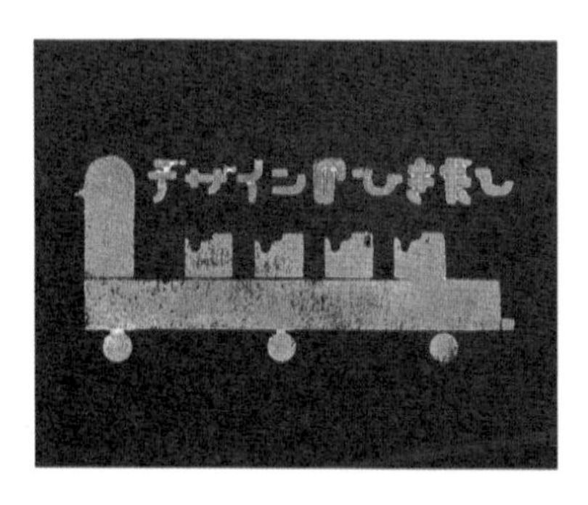

3 「St ā zOn' opaque」
可印在玻璃、塑膠或金屬等紙張以外的不吸水材質上，為不透明的印泥。若印在黑色紙張上，也能清楚顯現圖案。除了照片中的棉白色外，還有奶油黃、桃紅色等共6色。

09

挑戰絲網印刷

若使用印製T恤圖案的個人型絲網印刷機，除了布料以外的紙張等材質也都能輕鬆地自行印刷。任何紙張或材質都可進行絲印，想擁有和一般印刷不同的效果時，就是最好的選擇。

工具 & 材料

「T恤君」（→P.241）、紙。

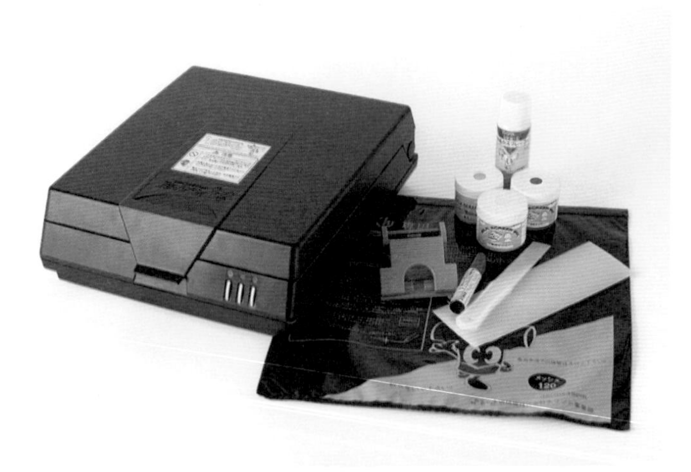

1　家用絲網印刷機「T恤君」。過去「PRINT GOCCO」也可用來製作絲印，但目前已售罄購買不到，於是想簡單絲印時可選用「T恤君」。如果印刷面積小也不會造成影響，還可使用「T恤君Jr」來印刷。

2　在專用絲網版上製作想印製的圖案，此時請在沒有光線的黑暗場所作業。

3 把即將要印刷的材質夾進T恤君，這次所使用的是紙張，然後在絲網版上塗抹專用油墨。可以使用白色或金色、銀色等一般印刷無法採用的特殊色彩，就是絲印的最大特徵。表面有上光加工或較平滑的印刷紙張等，只要使用油性墨水也能進行絲印。

4 利用專用刮板（寬尺寸）將油墨由上往下推，此時不急不徐、力道平均就是關鍵所在。

5 印刷完畢打開絲網版。由於乾燥需要一段時間，可將印好的材質先移往別處，若有需求可開始進行下個絲印。

6 一般文具店都可買到的報告書封面，即使是隨處都買得到的物品，只要在封面絲印就能變身成為嶄新的設計。

10

簡便式絹印

省去複雜的感光步驟，只要以簡單的製版方式將描繪好的線條直接製版，你也能輕鬆作出便宜又正統的絹網印刷。市面上販售的墨水種類相當多，再搭配不同的媒材作變化，更增添印刷品的可能性。

工具 & 材料

絹印工具組（→P.241）、紙膠帶、鉛筆（H）、拭油布（碎布）、報紙、吹風機、墨水、抹刀（或湯匙）、紙。

1　這是市售的絹印工具組（→P.241）。內容包含了繪絹用的顏料、乳劑、刷台、刮板、筆等簡便式絹印所需的工具，也可以個別買齊。

2　準備草圖與絹網、紙膠帶、鉛筆。

3　將絹網蓋在草圖上面，以紙膠帶固定，再照著草圖線條複製描繪至絹網上。

4　描繪完成後，取下草圖。

5　在絹框下面墊上厚度約5mm的物品（或免洗筷），使絹網稍微懸空，然後以繪絹用顏料（筆型）塗繪鉛筆草圖，細部處可以面相筆沾些許液狀顏料塗繪，效果較好。

6　確認絹網圖案是否完全塗滿顏料，再以吹風機吹乾，如果該上顏料的地方沒有充分覆蓋，製作出來的圖版會不夠漂亮，所以請於光線下仔細檢查整個絹版。

7　將絹版翻面，並於一邊的絹框上擠出乳劑，大約是能塗滿整個絹版的量。

8　使用工具組附上的紙製刮板，以60度的角度將乳劑由上慢慢地往下刮，須一次均勻地塗布於絹版上。

9　以面紙擦去絹框部分的乳劑。

10　以吹風機吹乾絹網上的乳劑。

11　待乳劑乾了之後，在絹版下墊2至3張報紙，將絹版翻至背面放好，以筆或海綿從圖案表面開始，充分塗上清潔油。

12　靜待20至30秒後再以沾上清潔油的筆輕輕塗擦，直到圖案上的顏料被清潔油洗掉。

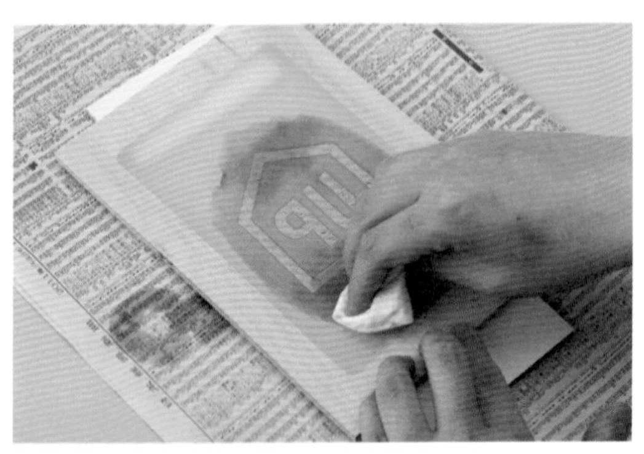

13　再將絹版翻到正面，以含有清潔油的拭油布將顏料的皮膜擦拭乾淨，並檢查圖案以外的孔洞是否完全封住，如有遺漏再補塗乳劑。

14　絹版完成之後，於絹框與絹網之間貼上紙膠帶作為隔離，正反兩面都貼的話，效果較好。

15　完成製版作業。

16　接下來，開始使用製作完成的絹版來印製作品，此時請準備印刷顏料、刮板、紙等材料，將絹版置於工具組附的刷台上（以附贈的夾子固定）。

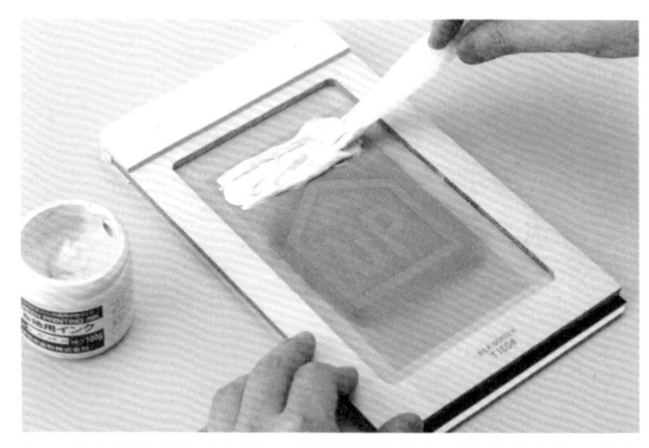

17 在絹版與刷台之間放上想要印刷的媒材（此處是紙），然後在絹網圖案上方塗上印刷顏料。此次絹網是180細目，故使用專用銀色顏料。

18 以刮板將印刷顏料由上緩慢往下施力刮勻。

19 完成後，慢慢地把絹框由下方往上拿起，回流的顏料可以刮板往回抹勻後放置於絹版的上方。

20 由於印刷顏料各有對應的絹網目數，所以在決定顏料的顏色時，一定要確認絹網網目的大小，選擇最適合的顏色，並試著搭配各式媒材印印看。

11

發泡圖案的絹印

這種使用發泡顏料來印製作品的絹印，因為顏料本身的特性，經過熨斗熨燙之後，顏料會膨脹形成半立體狀，適合用於想表現立體文字或圖案的設計；熨燙加工是在印刷圖案的背面，讓圖案吸收熨斗的蒸氣，布料是最適合這種印刷方式的媒材。

工具 & 材料

發泡顏料（→P.242）、絹版、刮板、抹刀（湯匙亦可）、熨斗、吹風機、瓦楞紙等厚紙板、布、T-Shirt、紙。

1　顏料是T恤專用的水性發泡顏料（→P.242），絹版則是向絹印的專業公司sankou特別訂製的（→P.241）

2　這次要在布製購物袋上印製圖案，為防止印刷部分不平整而產生皺褶，可於袋子內部加上一塊瓦楞紙板來定型。

3　將購物袋平整放好，並將絹版放置在購物袋上，決定好圖案印刷的位置後，先塗上少許顏料。

4　為了使發泡顏料能夠充分膨脹，必須厚塗一層顏料，這點在事前訂製絹版時，也要告知絹版廠，在此選擇粗網目（60線）的絹版，才足以對應厚塗的顏料。

5 將顏料確實刮抹均勻後，慢慢地將絹版往上拿起，此時回流的顏料再以刮板往回抹勻後放置於絹版上方。

6 以吹風機吹乾至顏料不沾手的程度。

7 將購物袋內的瓦楞紙板取出，印刷面朝下放置於毛巾上。

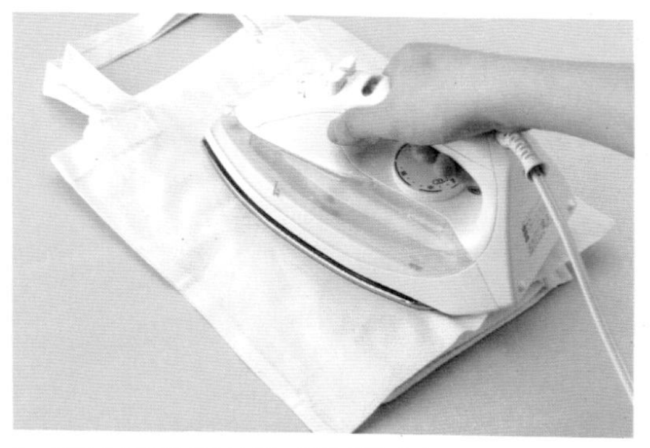

8 將熨斗溫度調整至中溫，熨燙購物袋的背面，此時不要過度壓燙購物袋，以免圖案膨脹不全。

9 完成。遠看時便可以看出圖案有著膨膨的立體感。

10 雖然少了印在布料上的那種凹凸感，但紙張也能以這種發泡顏料來印刷，只是在熨燙時，要注意不要因為水蒸氣而使紙張變形。

12

夜光圖案的絹印

這種使用夜光顏料來印製作品的絹印，因為顏料本身的特性，將印製好的圖案放在太陽光或日光燈下吸收光能以後，再移到暗處就會發出亮光，原本在明亮處毫不顯眼的文字或圖案，一旦到了黑暗中便會現形。

工具 & 材料

夜光顏料（→P.242）、絹版、刮板、抹刀（或湯匙亦可）、紙。

1 顏料是T恤專用的夜光顏料（→P.242）。絹版可以參考第46頁的方式自行製作，如果是向絹印的專業公司sankou特別訂製的話（→P.241），可以作出最符合設計的尺寸。

2 為了使夜光顏料之後能夠具有絕佳的發光效果，顏料必須厚塗，這點在事前訂製絹版時，也要告知絹版廠，選擇粗網目（60線）的絹版，才足以對應厚塗的顏料。

3 嘗試個別印製在黑紙與白紙上，在明亮處時是這個樣子，白紙上的圖案幾乎看不見。

4 這是步驟3關燈後的呈現，夜光顏料的發光效果很棒，特別是右邊的白紙，發光效果非常強烈，如果是使用深色紙張，建議可以先刷上一層白色顏料後再上夜光顏料，這樣一來深色紙張的發光效果也會更好。

13

應用粉質媒材的絹印

事先在絹版上塗刷一層厚厚的樹脂膠，然後撒上綠色粉末或亮粉、香料粉，使其附著的方式，能夠替絹印帶來更多變化。只要樹脂膠可以黏著的物品皆能拿來應用，所以不妨大膽嘗試各種粉質媒材吧！

工具 & 材料

木工用樹脂膠、絹版、刮板、吹風機、筆、模型用綠色粉末或沙粉、紙。

1 這裡的黏膠是選用易乾且乾後呈現透明的水性木工用樹脂膠，絹版是向專業絹版廠Sankou（→P.241）特別訂製。

2 將絹版放置於紙上，將樹脂膠大量擠在絹網上。

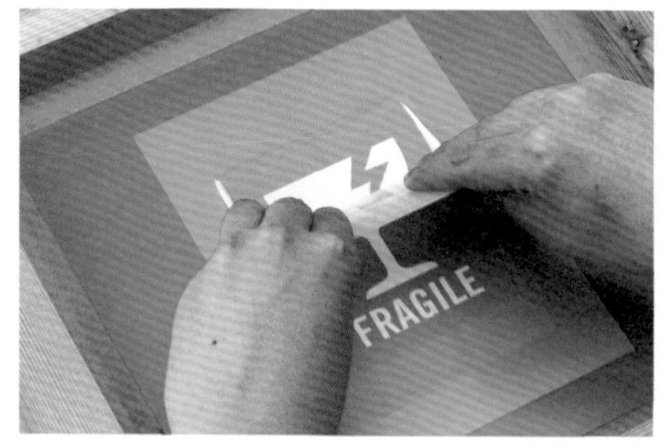

3 此印刷方式最重要在於塗刷一層厚厚的樹脂膠，如果樹脂膠不夠厚，事後撒上粉末會變得斑駁不勻，這樣一來便達不到原本預定的效果，而絹版在訂製時也必須將這點告知絹版廠，選擇能對應厚塗顏料的版。

4 確實上完一層樹脂膠之後，緩慢地由下方拿起絹版，將下半部多餘的膠往回刮勻，刮板放置於絹版上方。

5 撒上綠色粉末於已刷上樹脂膠的紙上。

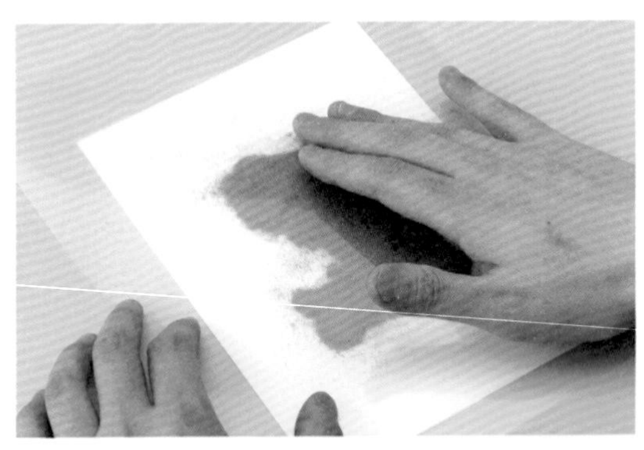

6 粉末覆蓋整個圖案後，於紙上覆蓋一張不會沾黏樹脂膠的膠片（可以透明文件夾替代）並以手輕輕按壓，請注意若過度按壓可能造成樹脂膠溢出。

7 將沒有被樹脂膠黏附的多餘粉末抖落乾淨。

8 以吹風機吹乾樹脂膠。

9 待樹脂膠乾透，再將紙於桌子上輕敲，使表面殘餘粉末抖落後，以柔軟的筆刷作最後的清理即完成。

10 圖中為綠色粉末與紫色粉末的完成品，也可以嘗試亮粉與香料粉，看看作出來的效果如何。

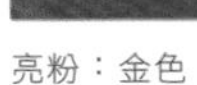
亮粉：金色

咖哩粉

亮粉：銀色

辣椒粉

亮粉：黑色

麵粉

14

應用於照片上的玻璃珠絹印

玻璃珠絹印是事先在絹版上塗刷一層厚厚的樹脂膠，然後撒上玻璃珠使其附著的方式。玻璃珠能夠突顯照片的立體感，只要適度應用於欲加強處，就能使印刷品更加有趣。

工具 & 材料

木工用樹脂膠、絹版、刮板、吹風機、筆、玻璃珠、列印的照片或圖案。

1　為了使這張皇冠的列印圖片宛如照片般精細，將以玻璃珠加工來突顯寶石部分，黏著劑選擇木工用樹脂膠，絹版是向專業絹版廠Sankou（→P.241）特別訂製。

2　將列印的照片與絹框對準位置後合在一起。

3　將絹版放置於紙上，將樹脂膠如顏料般大量擠於絹網上，由於玻璃珠顆粒較大，所以樹脂膠的量必須夠多，才能牢固地黏附玻璃珠。

4　確實將樹脂膠刷勻，而絹版在訂製時也必須事先告知絹版廠，選擇能對應厚塗顏料的版。

5　可以看出刷上樹脂膠的部分，有著一層厚厚的白色塗層。

6　將玻璃珠撒至刷有樹脂膠處，這裡選用的是鑽光玻璃珠，由於玻璃珠形狀不一，所以正適合演繹出表面不平整，隨著光線折射的寶石感。

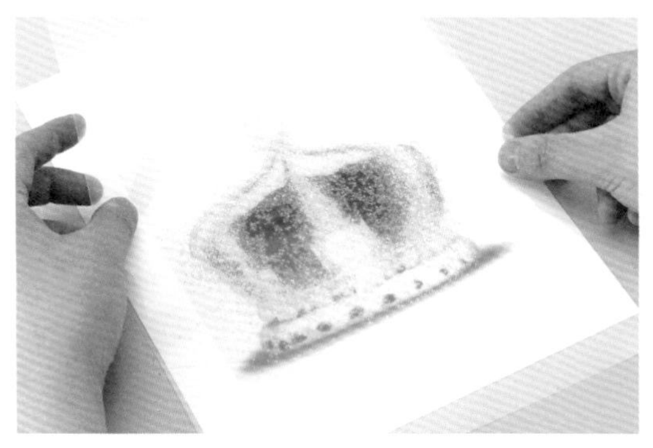

7　將玻璃珠撒滿圖案後，取一張不會沾黏樹脂膠的膠片（可以透明文件夾替代）覆蓋圖案。

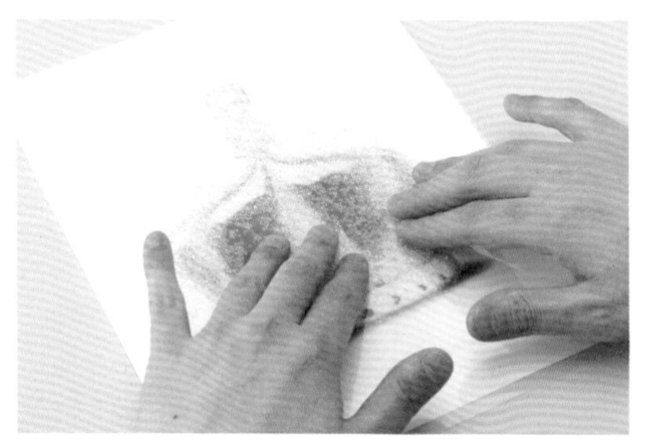

8　全面一次地平均輕壓附著玻璃珠的部分（請勿重複按壓），不要遺漏任何一處，請注意若過度按壓會使樹脂膠溢出。

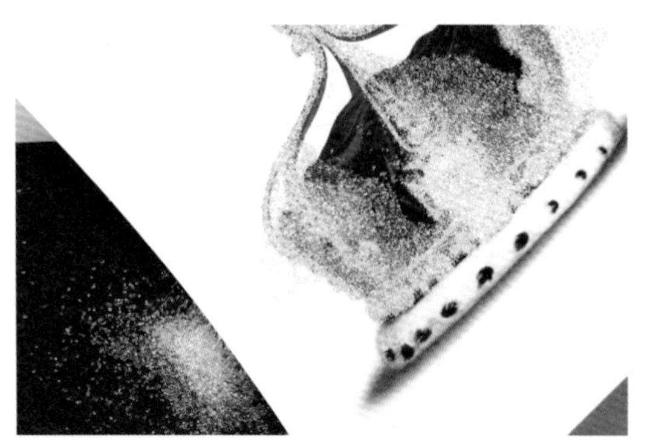

9　靜待一段時間至樹脂膠乾透，拿掉膠片並抖落多餘的玻璃珠。

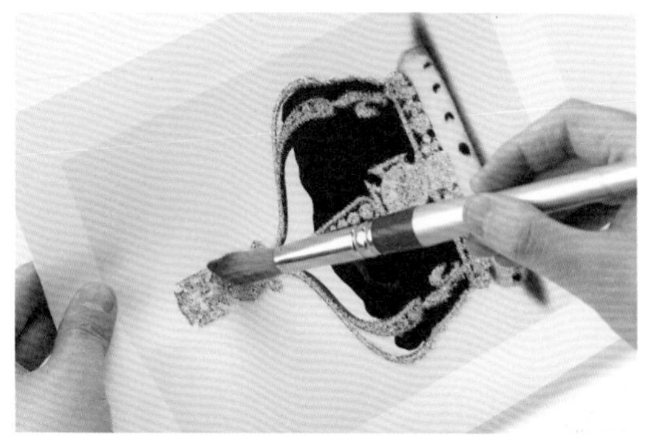

10　以筆刷仔細清理細部多餘的玻璃珠，即完成。

鑽光玻璃珠

亮粉：白色

亮粉：極光色

15

製作(原創的)沾水式膠帶

常用於封貼帆布的「沾水式膠帶」是一種背面有黏膠，只要沾點水就能產生黏性，類似郵票自黏方式的紙膠帶，以印章在這類紙膠帶上蓋印原創圖案，你也能夠作出專屬於自己的沾水式膠帶。

工具 & 材料

沾水式膠帶（工藝用・另有白色與深綠色）、木刻印章、印台。

1 沾水式膠帶（工藝用・另有白色與深綠色）、木刻印章、印台。

2 將膠帶拉開，以印章在膠帶表面蓋印圖案。

3 由於蓋印完成後，印泥尚未乾透，所以先不要急著捲收膠帶，可以曬衣夾固定拉開的膠帶，印泥會比較容易乾。

4 待印泥乾透，即完成。剪下適當長度，將背面沾上些許水，便能黏貼在想貼的地方。

16

Virko風格的繽紛浮雕印刷

質感光滑，顏色繽紛的Virko印刷，是美國Virko公司研發的一種印刷方式，這種印刷是在印刷圖案上塗上一層Virko粉，再加熱融化成形，在此可以利用日本浮雕粉（Tsukineko），撒於蓋印好的圖案上，加熱之後即完成Virko風格的浮雕印刷。

工具 & 材料

印章、印台、紙、日本浮雕粉（→P.242）（或台灣凸粉）、浮雕筆（→P.242）、烤麵包機。

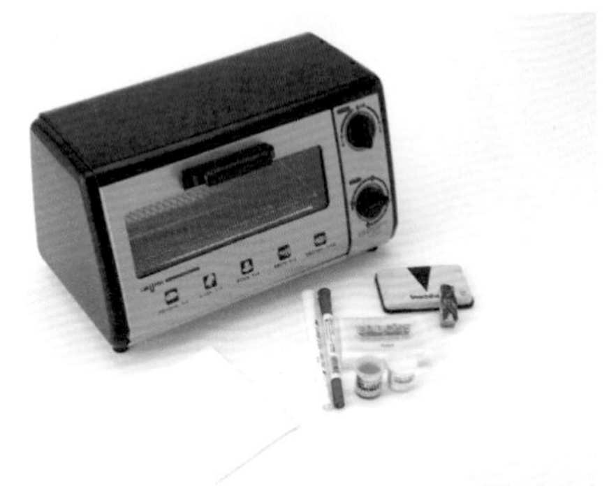

1　準備印章、印台、紙、浮雕粉（或台灣凸粉）、浮雕筆、烤麵包機。

2　將設計好的圖案製作成印章（請參閱P.42、P.43），選擇喜歡的印台顏色，蓋印於紙上。

3　趁印泥尚未乾透，撒上浮雕粉於圖案部分，大範圍撒遍後，再將多餘部分清除。

4　如果還有殘留粉末，可以筆刷清除乾淨。

5 將已附著浮雕粉的紙放入烤麵包機加熱，讓浮雕粉融化，烤麵包機溫度設定為中溫的話，大約10秒鐘，請小心不要讓紙烤焦。

6 因熱融化後的浮雕粉馬上凝固定型之後即完成。可利用不同顏色的印台，作出繽紛的浮雕印刷，或選擇不同顏色的浮雕粉，來作各種變化。

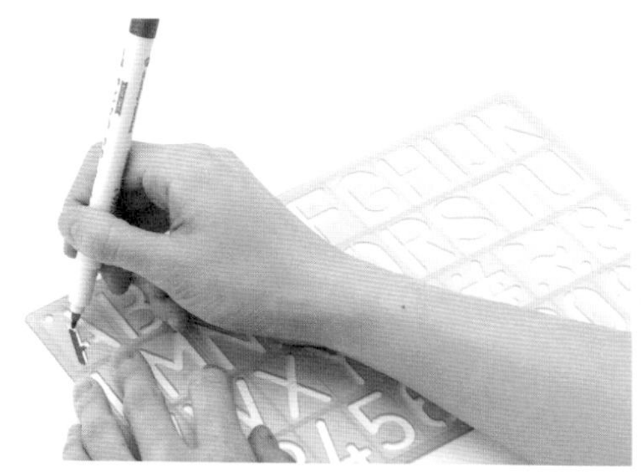

7 如果是使用浮雕筆，可直接手寫或繪製圖案作出印刷效果，圖中以英文字母型版來描繪。

8 與剛剛印章作法相同，將浮雕筆繪製的文字圖案放入烤麵包機裡加熱，便完成漂亮繽紛的浮雕印刷。

9 順便拿一般的水性彩色筆描繪試看看。

10 彩色筆墨水立即變乾，以致於無法撒上浮雕粉，結果變成帶點斑駁感的印刷效果。

17

以透明印泥印製透光圖案

常常可以在標籤牌或便條紙上看到「透光」印刷的設計。實際上這種印刷是將紙張加工製成，成本相當高，在此將挑戰自製的「透光」風格印刷，只要利用這款名為VersaMark的無色印泥（Tsukineko），就能輕鬆完成。

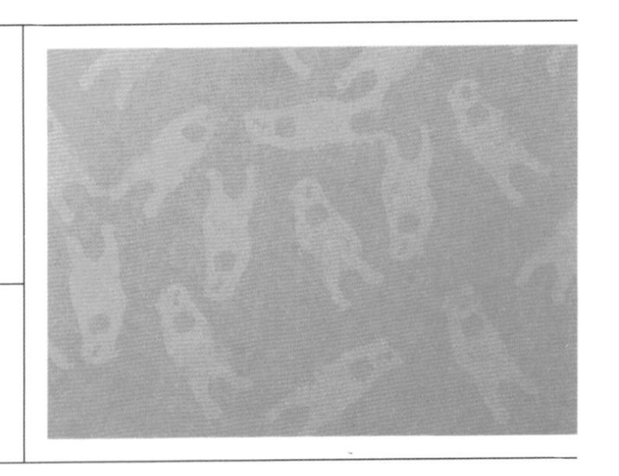

工具 & 材料

樹脂版製成的印章、VersaMark無色印泥（→P.241）、紙。

1　以樹脂版製成的印章、VersaMark無色印泥（→P.241）、紙。

2　先將設計圖案製作成印章。一般而言都是委託刻印工廠訂製，不過如果請凸版製版公司真映社（→P.240）製作，印章版面的材質可選擇較為柔軟的樹脂版，再搭配木製印章台，以便宜的價格就能作出符合需求的印章。

3　先將樹脂版面的木頭印章沾上VersaMark的無色印泥，壓印在紙上預定透光的位置。

4　圖中是便條紙下方壓印透光logo圖案的樣子。選用的紙張不可太厚，才能印出漂亮的透光效果。

5　再以其他款印章，沾取VersaMark無色印泥，印於包裝用的薄紙上（類似牛皮紙)，即能輕鬆完成帶著透光感的包裝紙。

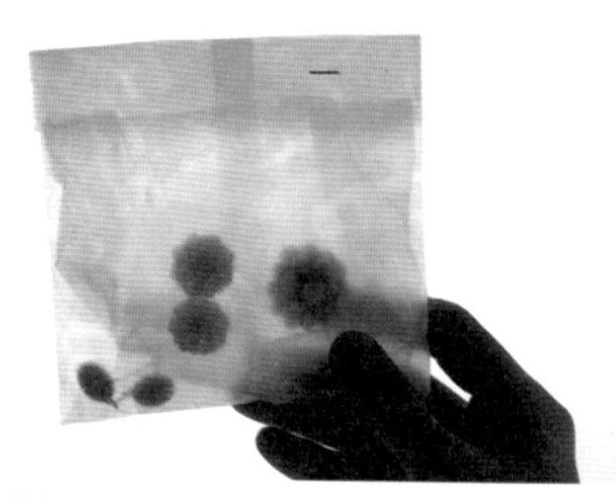

6　將製成包裝袋拿到光線下觀看，可以看出圖案的透光感。

7　再拿有色紙，蓋印上VersaMark無色印泥試看看。

8　完成後，蓋印上無色印泥的部分顏色比紙張略深，這樣的嘗試倒也相當有趣。

9　作為包裝紙使用，用於包裝禮物，不須特別裝飾仍能呈現出華麗的感覺。

18

以感熱紙&透明印泥的反白印刷

印刷——就是以墨水為載體將顏色附著於紙上。這裡要利用感熱紙與油性透明印台反其道而行，當印泥印在加熱會變黑的感熱紙上時，印製的圖案會反白並帶著透光感。此印刷方法只需準備活字印章、木刻印章、活版或燙金用凸版印製工具即能輕鬆完成。

工具&材料

感熱紙、VersaMark無色印泥（→P.241）、活字印章或木刻印章。

1 材料工具是傳真用感熱紙與VersaMark無色印泥。VersaMark無色印泥印在薄紙上能展現透光感，印於有色紙上則能呈現深淺色的層次變化（請參閱P.62）。

2 將感熱紙裁切成適當大小，放入護貝機加熱，白色感熱紙會變成黑色，剛開始先以低溫來加熱，顏色變化不夠時，提高溫度再加熱一次；也可以使用熨斗，但仍建議護貝機較佳。

3 以連續多次輕觸印台的方式，將活字或木刻印章沾上VersaMark無色印泥，印泥沾取不均勻也沒關係，再蓋印於黑色感熱紙上。

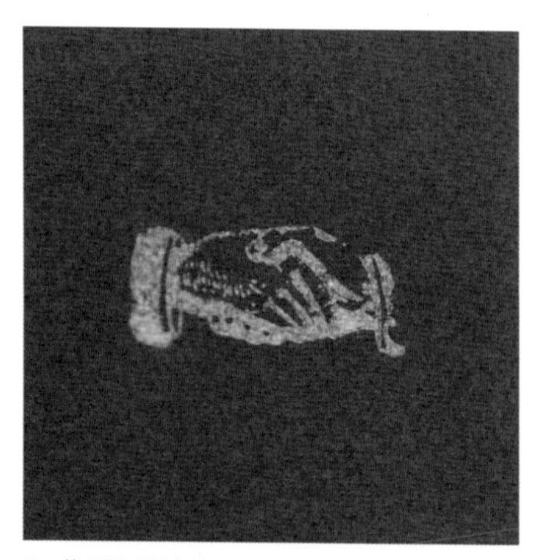

4 蓋印於感熱紙上，印完當下的顏色並沒有什麼變化，但是等待一分鐘後，即可見真章。

5 白色圖案漸漸變得清晰，蓋印的部分會隨著時間過去滲透浮現，感覺相當有趣。接著再以活字印章蓋印在圖案上方。

6 感熱紙屬於薄紙，因此作為包裝紙。除了活字印章之外，也可以嘗試用活版或燙金用凸版來印製，感熱紙的保色度不佳，印在上面的印泥顏色會漸漸消失，建議盡量避免需長期使用的用途。

19

碳粉轉印

只要利用雷射印表機或是碳粉影印機，厚實的瓦楞紙板及已經定型的紙盒等也能透過列印出來的轉印紙，將設計圖案轉印在上面，優點是不管是彩色還是黑白都能轉印。

工具 & 材料

左右相反的圖案影印稿（或雷射印表機列印稿）、去光水、欲轉印的紙盒或紙板。

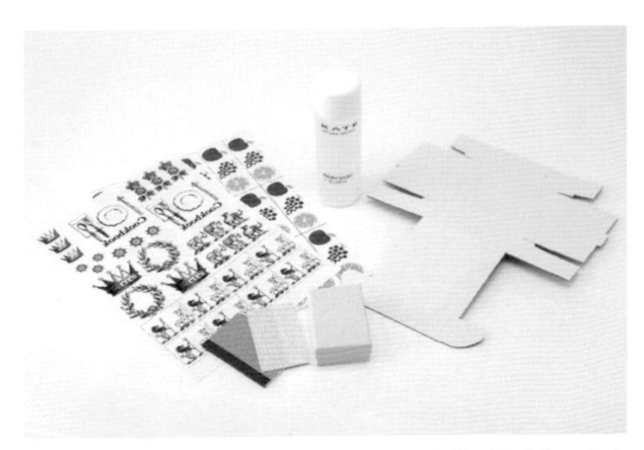

1　準備左右相反的圖案影印稿（或雷射印表機列印稿）、去光水、欲轉印的紙盒或紙板等工具與材料。

2　事先將轉印圖案左右（鏡像）翻轉，再以碳粉影印機或雷射印表機印製成紙稿，不論哪一種方式列印出來的圖稿，裁切時圖案周圍皆要留白。

3　確定好轉印的位置，將轉印紙正面圖案朝下覆蓋在盒子上，先以膠帶暫時固定位置，但膠帶不能貼到轉印圖案的範圍。

4　以沾取去光水的濕面紙按壓於轉印紙上。

5 直至整張轉印紙變濕潤即可。

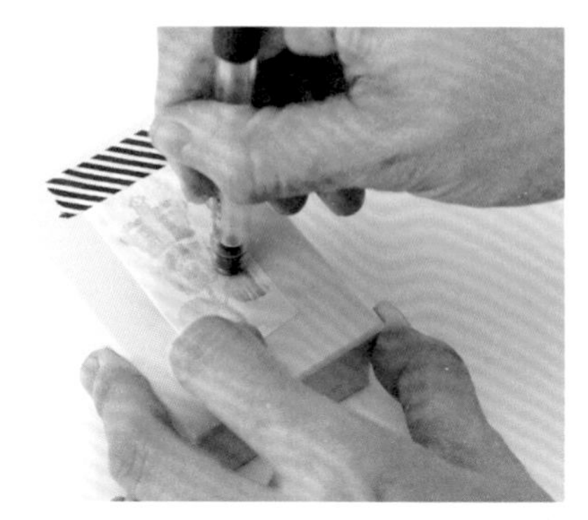

6 以原子筆筆尾輕畫轉印圖案部分，使其轉印於紙盒上，此時如果轉印紙上的去光水已乾，可再次補上些許去光水來濕潤轉印紙。

7 撕除轉印紙。當去光水已經乾透，轉印紙會貼合在紙盒上，所以去光水沾濕轉印紙後，必須快速完成轉印步驟，假使轉印紙已完全貼附在盒子上，不妨以少許水濕潤轉印紙即能撕除。

8 除了紙盒，瓦楞紙箱、木頭皆可轉印，甚連照片中這種圓弧面的木頭鈕釦也沒問題。只要使用彩色雷射印表機，即可作出彩色轉印紙。

20

於卡片的切口面著色

於卡片四個裁切面（切口）著色的加工方法，由於數量不多，自己上色方便又輕鬆，簡簡單單就能改變印刷品的印象，若使用具厚度的紙張會更有效果喔！

工具 & 材料

名片或卡片、明信片（欲著色的紙）、螢光筆、印台。

1 準備要著色的名片或卡片、明信片，先以螢光筆塗色。

2 拿一張卡片，以螢光筆尖由上往下一筆完成上色，有時會因為紙張特性而有滲染的現象，此時可多嘗試幾次。

3 假使著色沒有一筆完成，就如圖中的情況一樣，螢光筆墨水會滲染到正面，請特別注意。

4 完成品。

5 接著是以印台著色，將名片或卡片成疊拿在手上，整理欲著色的切口面，使其平整。

6 以印台輕碰平整的切口面，進行著色。

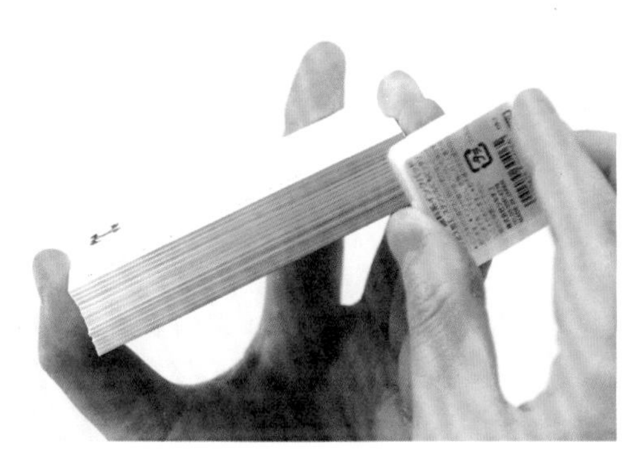

7 來回重複幾次，使顏色更為均勻。

8 著色完成，效果非常好，其他切口面依相同方法完成。

21

於書口或紙張裁切面印上圖案

若想在書的書口（切口面）印製花紋，一般量產時多是採用這種名為「PAD印刷」的特殊印刷方式，但製作數量少的時候，該怎麼辦？此時不妨利用各式小型印章蓋印在書口上，自己也能完成書口印刷。

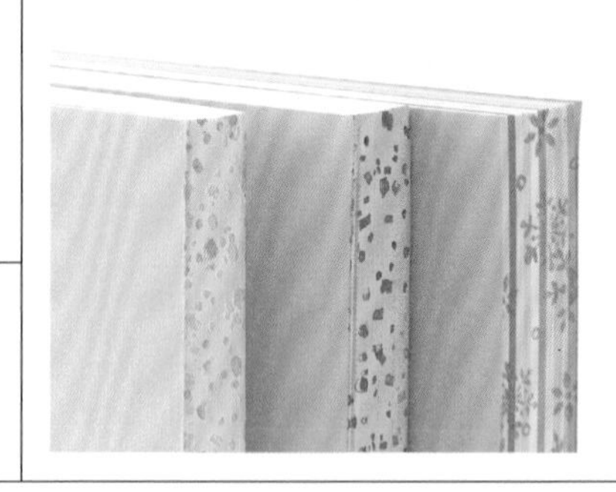

工具 & 材料

已裝訂製書的書冊、印章、印台。

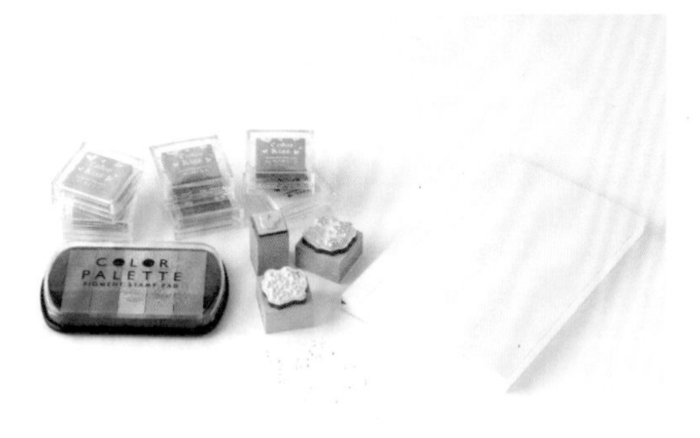

1　準備已裝訂製書的書冊、印章、印台。

2　將已裝訂製書的書冊書口（切口面）疊合朝上，兩端以夾子夾住，固定書口面的紙。

3　以印章蓋印在書口面上，這裡選用小型印章，重複幾次蓋印的效果會比較好，也可以將多本書冊以夾子固定，一次蓋印。

4　選取金色印台，在書口印上隨意分布的圓點圖案。

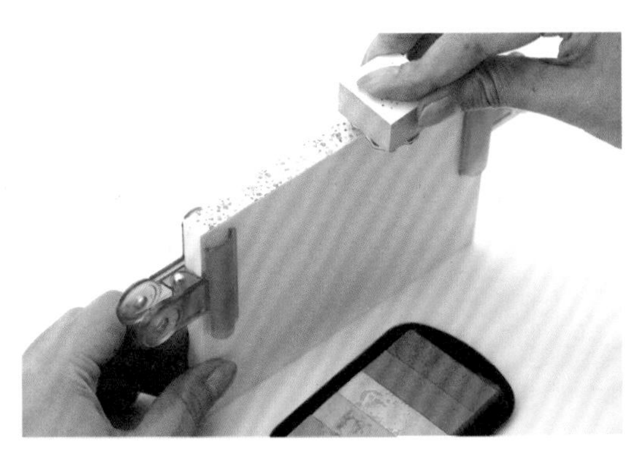

5 再使用同款印章，但換上其他顏色的印台，再蓋印一次。

6 蓋印完成後，放置數分鐘待印泥乾透。

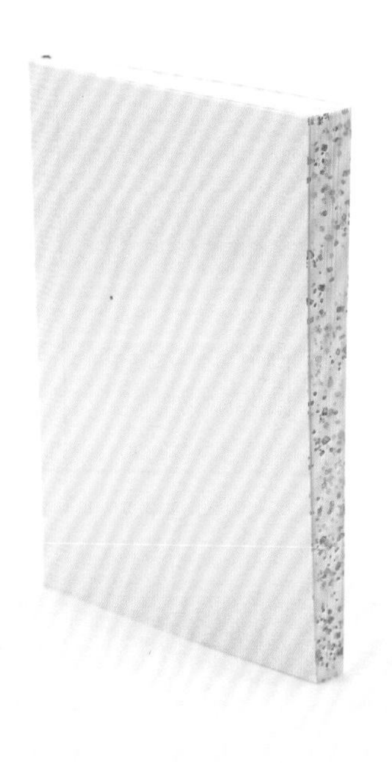

7 完成。書口部分變得繽紛多彩，非常可愛。

8 變換印章顏色，改以雪花圖案的印章，又或以P.54介紹的印台著色方式，將整個書口上色，再印上圓點圖案，這樣的變化印法也很棒。（圖中左起第二本）

22

以軟式樹脂版製作滾筒式印章

滾筒式印章可用來壓印圖案於大面積或紙箱類的立體物品上。只要委託製版廠製作這種具有「柔軟度」的樹脂版，再加上版畫用的滾筒，就可完成原創的滾筒式印章。

工具 & 材料

軟式樹脂版（→P.240）、版畫用滾筒、雙面膠帶。

1　準備軟式樹脂版與版畫用滾筒。樹脂版是製版廠（真映社）訂製（→P.240），向製版廠訂製時，請記得註明是輪轉印刷機用的「軟式樹脂版」即可。

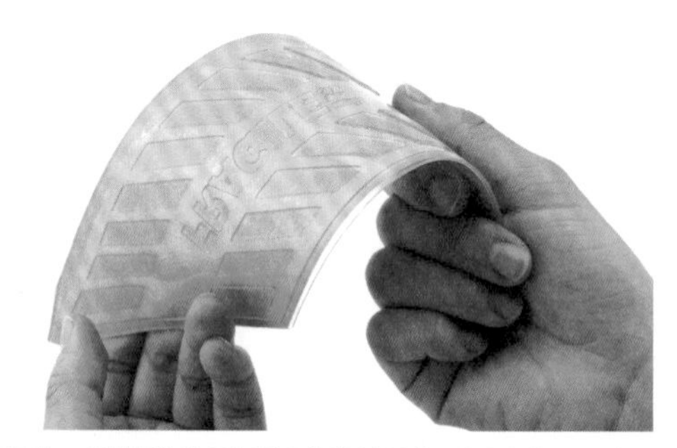

2　不同於一般樹脂版多是以偏硬的塑料製成，這種如橡膠具有彈性的軟式樹脂版，可以隨意彎摺。

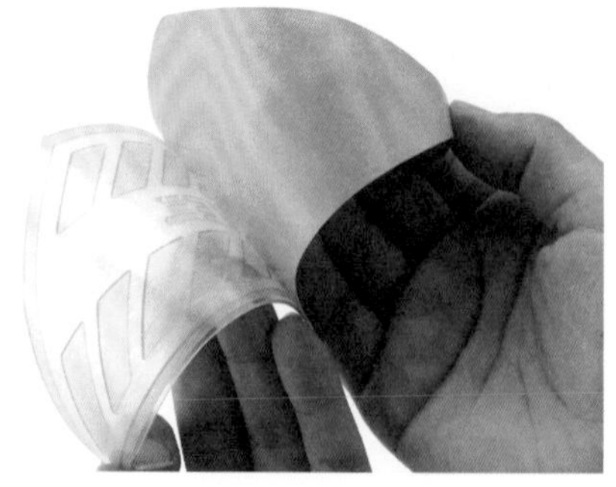

3　在軟式樹脂版的背面貼上雙面膠帶，用來黏貼於滾筒上，雙面膠帶部分，不妨選擇好貼好撕的款式，撕除的時候較好清理，滾筒也較不易損傷。

4　將樹脂版多餘的部分剪掉，因為材質類似橡膠，所以直接以剪刀裁剪即可。

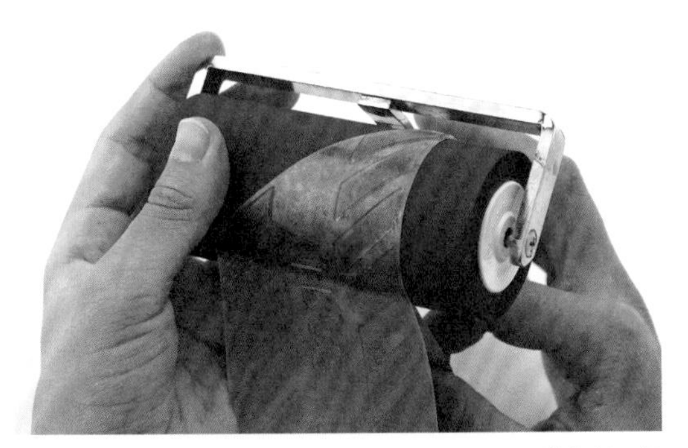

5　對準滾筒位置，然後撕開樹脂版背面的雙面膠帶背紙，仔細地將樹脂版斜貼於滾筒上。

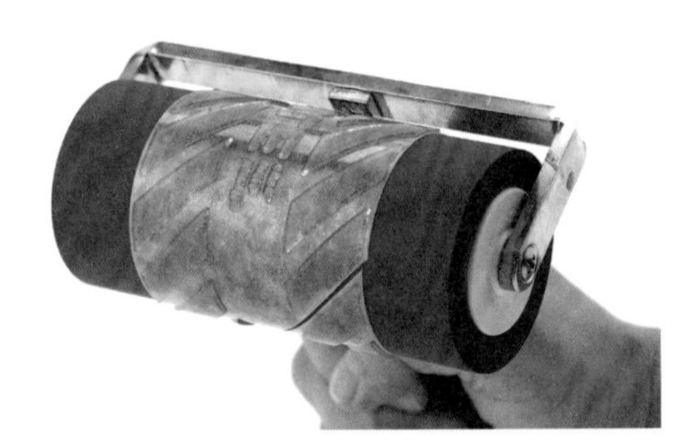

6　完美地黏貼一圈後，原創的滾筒式印章就完成了，精準地測量出滾筒直徑，並配合其尺寸作設計，便能印製出連續的圖紋。

7　一邊慢慢地滾動滾筒式印章，一邊注意印章是否全面均勻沾取印泥，如果圖案留白的地方比較多，可以以面紙輕輕拭去留白部分的印泥。

8　於紙上緩慢直線地滾動滾筒式印章，操作時必須一次壓印到底。

9　印製完成。這次示範圖案中的斜線部分，特別配合了滾筒直徑，讓壓印的圖案能夠接續不斷。

23

以陽光曝曬樹脂版完成製版

樹脂版也能用來製作印刷活版或印章。在此介紹自製樹脂活版與印章的方法，材料備齊之後，只要靠著簡單的工具便能輕鬆作出手刻的樹脂版，由於這個方法採用日照感光製版，所以有可能因天氣影響而失敗，在看老天爺臉色的同時，不妨抱持理科實驗精神，挑戰一下吧！

工具 & 材料

紫外線感光硬化的樹脂版（→P.242）、負片（→P.242）、針或去除墨水管的原子筆、玻璃板、夾子、牙刷。

1　紫外線感光硬化的樹脂版與負片，這兩項材料皆購自於製版廠（真映社）（→P.242）。尚未使用的樹脂版請盡量避免光線照射，另需準備末端尖鋭的金屬模具刀作為描繪工具。

2　在負片的黑色膜面上以刮除方式畫出圖案，除了使用金屬模具刀，也可以針或去除墨水管的原子筆代替，如果難以分辨該畫在哪一面，可先於負片邊緣試刮黑色膜面來確認，之後再開始操作。

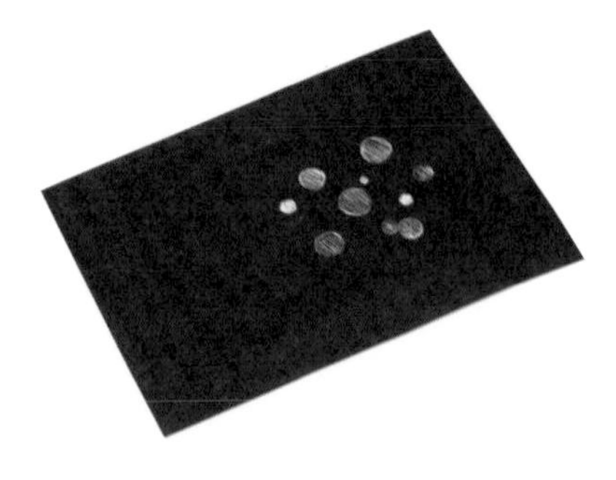

3　圖案完成。負片刮除的地方會變成樹脂版的凸出部分，不擅於繪畫的人，建議請輸出中心翻轉圖案後，再以負片輸出。

4　撕除紫外線感光硬化的樹枝版上的保護膜，對準負片圖案以後，將兩者重疊在一起，因為圖案與印章凸版一樣為鏡像翻轉，所以要注意圖案的方向性。

5　在重疊的樹脂版與負片外加上玻璃板，以夾子夾住固定，如果沒有玻璃板，可以紙膠帶固定，總之重點在於要使樹脂版與負片能夠緊密貼合。

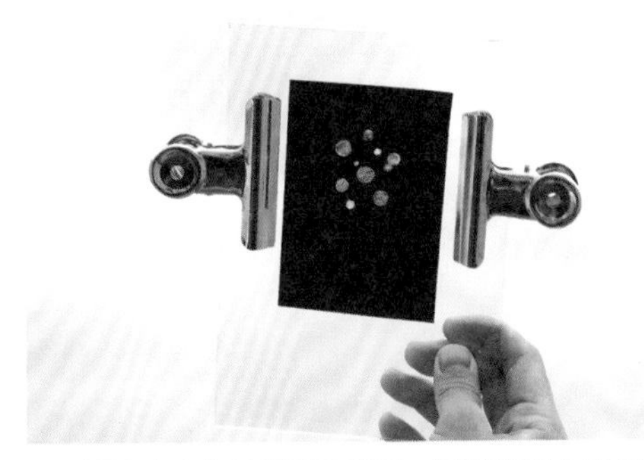

6　重疊貼合之後拿到陽光下曝曬，讓樹脂版與負片感光。晴天約30分鐘至一小時，陰天則需更長的時間。

7　以水清洗感光完成的樹脂版，因為多餘的部分會逐漸溶出，所以必須再以牙刷仔細地輕刷乾淨，刷完後以中性清潔劑洗去黏滑感。

8　將不要的部分清洗乾淨之後待乾，即完成。製版完成的樹脂版圖案會比負片上所畫的原圖略為膨脹。

9　以木片或壓克力方塊作為底台，將樹脂版作成印章，也可以直接當作活版印刷版使用。

24

製作活字組合印章

多數人都不知道如何善用這些委託活字刻印店製作或活版相關活動中購得的活字組合印章？在此以簡單的活字變化組合，及利用黑色長尾夾固定，作出簡易版印章的方法。

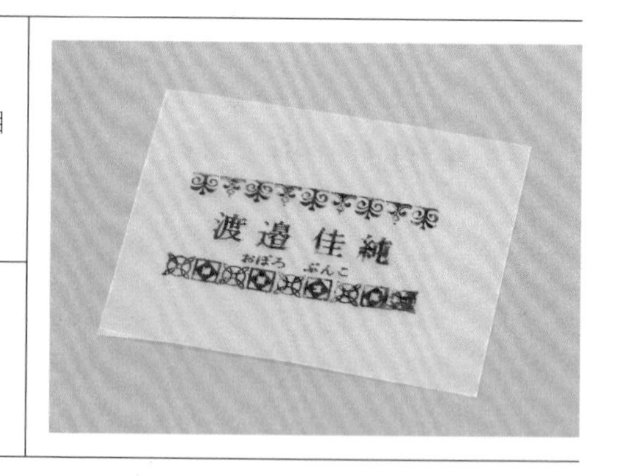

工具 & 材料

活字印章（→P.242）、黑色長尾夾、紙膠帶、紙。

1 準備活字印章、黑色長尾夾、紙膠帶、紙等材料工具。

2 在小木箱一端的底部放置一個具有高度的物品，使小木箱略微斜立起來，接著將活字印章並排在木箱裡，斜立的木箱會使操作更加順手。

3 將活字印章並排在一起，即使是製作多排的活字印章，也要一排一排逐步排列。

4 以紙膠帶固定並排活字印章的側面。

5 紙膠帶必須確實貼附在活字印章上，然後從木箱中取出。

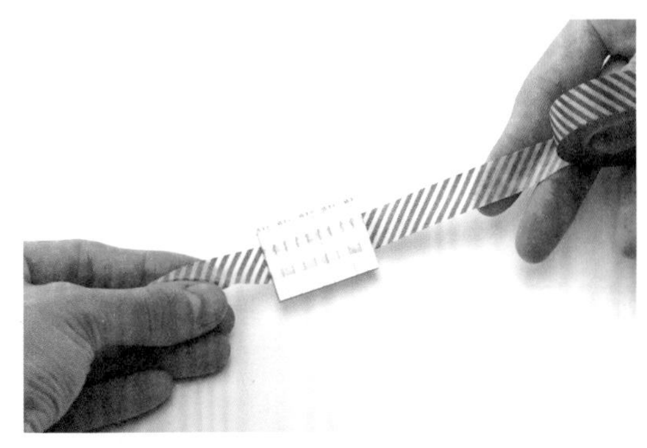

6 從木箱中取出之後，紙膠帶黏貼面朝下放置。

7 將紙膠帶纏繞活字印章用以固定，為使膠帶厚度一致，先沿著活字印章的一邊切除多餘的紙膠帶。

8 繼續將紙膠帶纏繞活字印章兩圈後，沿著印章邊緣裁切掉膠帶，如此一來，每個面的紙膠帶厚度就會一致。

9 文字列的活字印章也是以相同的方式，以紙膠帶固定。

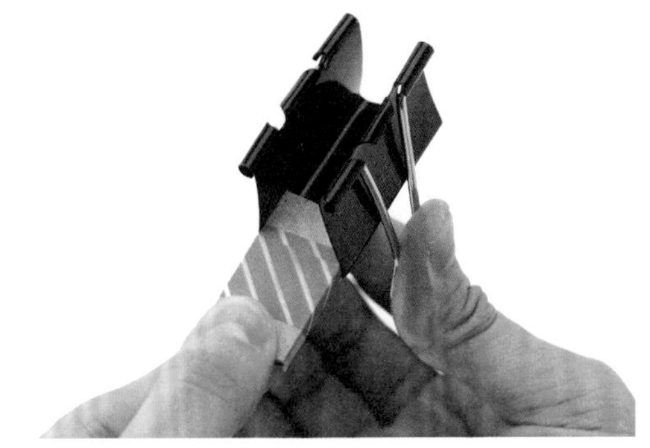

10 如果黑色長尾夾的尺寸大於活字印章高度時，可於長尾夾底部放入厚紙板墊高。

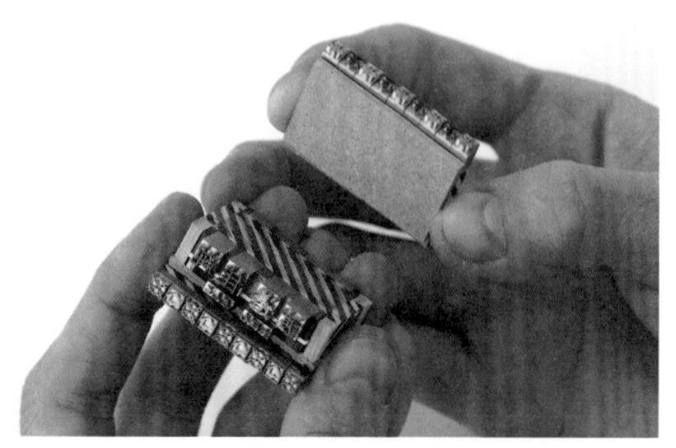

11 將步驟9的活字方塊組合在一起，如果直接組合會缺少行距，所以必須於文字方塊間各夾入適當厚度的厚紙板。

12 以黑色長尾夾固定活字方塊與夾入的行距用厚紙。

13 必須將活字方塊確實推到底。

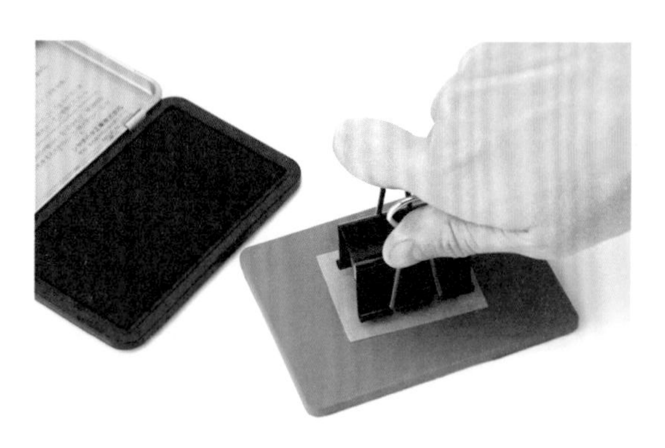

14 壓印時，請將紙張放於印墊上，活字印章沾取印泥後壓印。

15 這次是當作藏書章，以四行活字印章（上下各為花紋活字）蓋印在薄紙上，再貼於書本最後一頁。

25

紙版畫印刷

小時候應該都曾在美勞課玩過紙版畫吧！將厚紙板裁剪出圖案並塗上油墨顏料，再轉印於紙上，如此簡單又熟悉的技法就能完成有質感的印刷品。

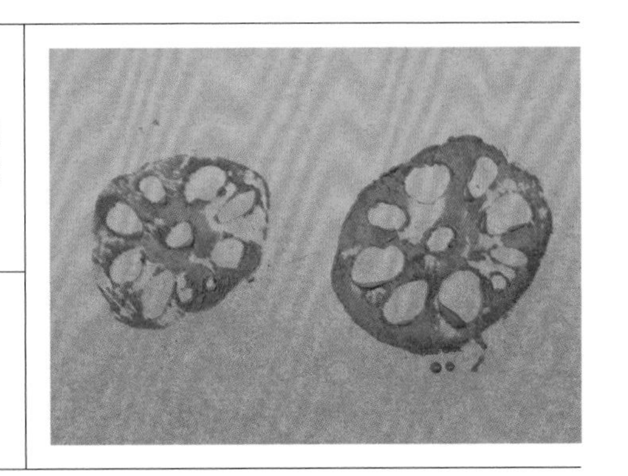

工具 & 材料

厚紙板、印刷用紙、顏料、畫筆(或滾輪)、馬連、口紅膠、剪刀。

1 必備工具。厚紙板(最左邊)以容易上顏料的灰卡紙為佳。由於紙厚度太厚不易刷版，所以只要挑選比面紙包裝紙盒厚度略薄的紙材即可。旁邊的蓮藕圖案是為了印刷製版而列印備用的紙樣。

2 將要印刷的圖案以口紅膠黏貼於厚紙板上。

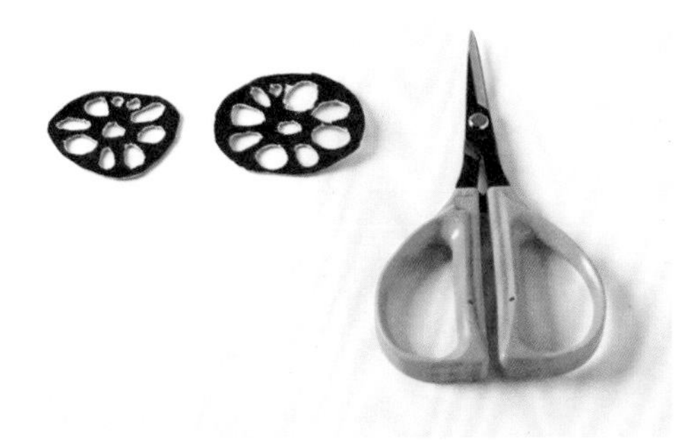

3 待口紅膠乾透之後，用剪刀剪下圖案。

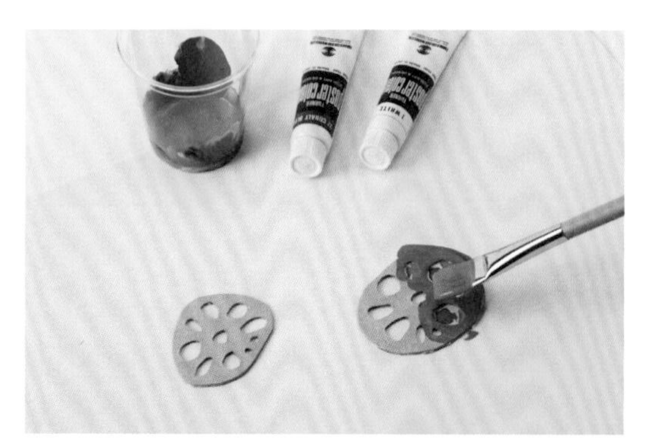

4 在黏貼印刷圖案的反面，塗上想要印製的顏色的顏料。

5 整體塗完之後，放置約20秒讓顏料滲透。

6 進一步疊加顏料。這樣做會使印刷效果更加漂亮。

7 將塗有顏料那一面朝下，配合版面疊放於印刷用紙上。

8 在塗有顏料的紙版上放上影印紙，再以馬連來回壓擦。

9 再將紙版移開即完成。若要量產，可重複此步驟。

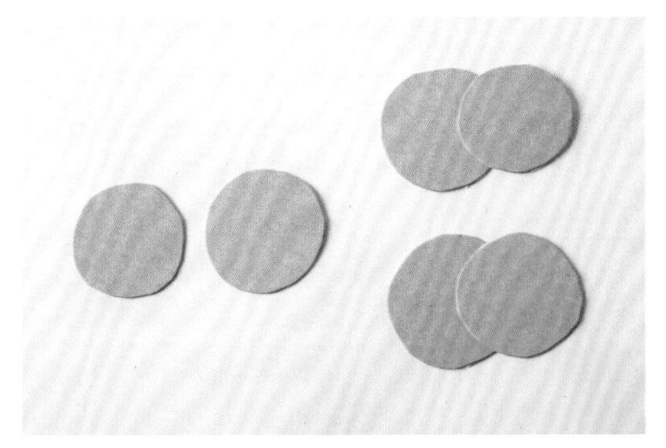

10 也可以使用已裁切下來且配置疊放在一起的紙型。將重疊的部分以口紅膠黏合後，待充分乾透。

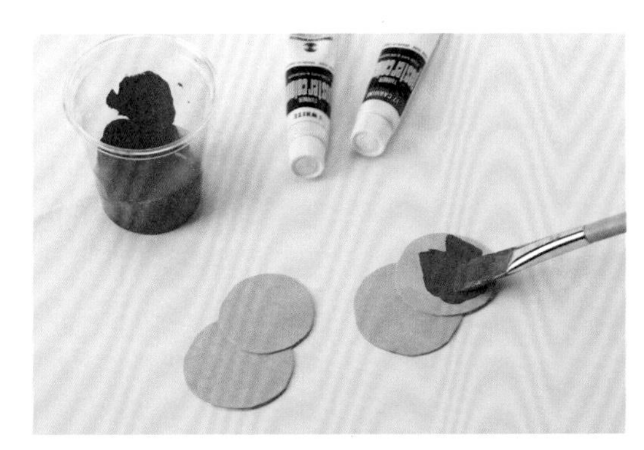

11 與先前的步驟一樣，將顏料塗在紙型上。

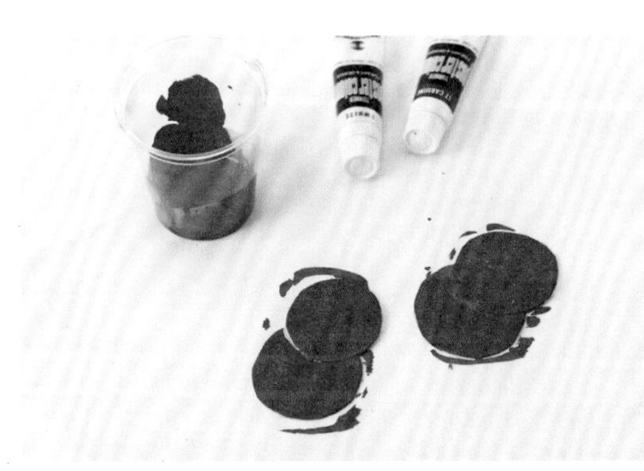

12 第一次先等待顏料乾燥。

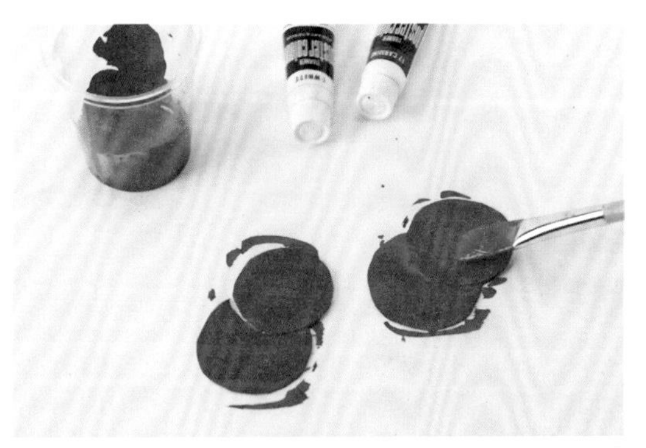

13 待20秒大致乾燥之後，再次將整個紙型塗上顏料。

14 將紙型重疊擺放在印刷用紙上，上方再鋪上一張影印紙，以馬連壓擦。

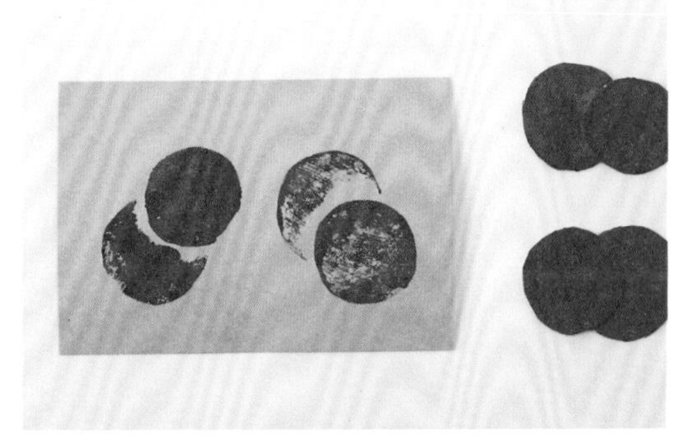

15 拿開紙型後即完成。紙型重疊處因為高低落差而沒有沾到顏料所呈現的效果，也是紙版畫很有味道的地方。

26

刮刮樂印刷

以硬幣刮擦後會顯現底下的文字或圖案的刮刮樂印刷，原本必須使用專用油墨與網版印製加工才能辦到。若想靠手工作業達到同樣效果，可拿廚房清潔劑混合顏料來完成DIY印刷。

工具 & 材料

底紙、廚房清潔劑、顏料、畫筆、透明封口貼紙（沒有亦可）。

1 試著製作刮刮樂用籤。以列表機列印於卡紙上做為底紙。另外，準備廚房清潔劑、顏料（本次選用銀色）、畫筆、圓形的透明封口貼紙。

2 將事先印好的底紙裁切成成品尺寸。若先完成刮刮樂印刷加工後進行裁切的話，銀色刮擦部分可能會被尺劃到。

3 將顏料與廚房清潔劑倒在盤子上，透明塑膠墊或調色盤亦可。

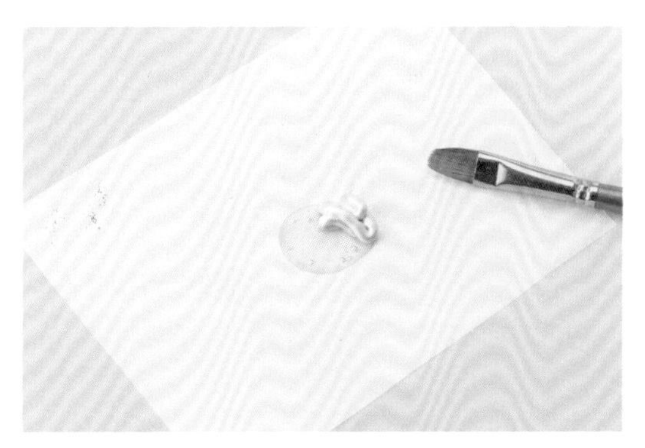

4 顏料與廚房清潔劑的份量大致相同即可，不須精準到1:1。

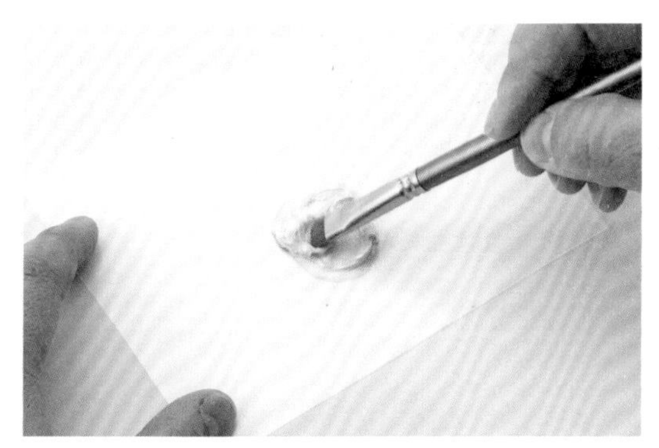

5 以畫筆充分混合顏料與廚房清潔劑。此時須小心避免拌入太多空氣。

6 如果有準備透明封口貼紙，將貼紙貼在底紙上欲隱藏的部分。即使沒有也無妨，不過多了貼上貼紙這個步驟，刮刮樂印刷的刮除效果會比較漂亮。

7 將已混合顏料與廚房清潔劑的塗料，塗佈在欲隱藏的部分。

8 等待塗料乾透。以放置一晚為佳。

9　待充分乾燥之後即完成。只要使用硬幣刮擦後，隱藏於底下的文字或圖案就會顯現出來。

10　同樣都是刮刮樂印刷加工，貼有透明封口貼紙的底紙（右）與沒有貼的底紙（左）。沒有貼紙雖然也可以刮除，但是有貼紙會刮得較為順暢，底下文字也顯現得比較乾淨。

11　刮擦部分除了以徒手塗佈，若想要呈現一定程度精準的造型時，可拆取透明文件夾的一頁來製作模板。

12　將拆取下來的一張透明文件夾疊放於貼有透明封口貼紙的底紙上。

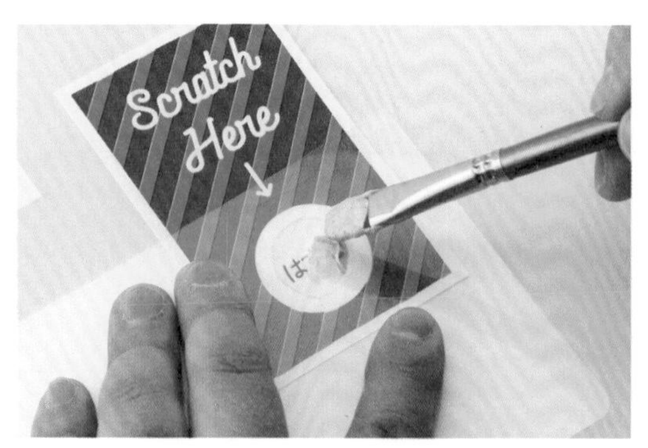

13　以噴漆模板的上色要領，將顏料與廚房清潔劑混合而成的塗料塗佈於覆有模板的底紙上。

14　完成的刮刮樂印刷效果比較接近正圓形。

15 所使用的顏料不限於哪一種顏色。不過，黑色顏料是不錯的選擇，因為刮刮樂印刷部分即使薄塗，也不容易透出底下的文字圖案。

16 使用混色顏料當然沒問題。像照片裡的是調出的粉紅色與廚房清潔劑混合後的塗料。此外，刮刮樂印刷部分不限定圓形，塗成心型等各種形狀也很好。

27

以樹脂版製作印章

若想製作精細的創意印章，雖然委託刻印店幫忙也OK，但尺寸規格上通常會有所限制。本單元將介紹凸版印刷中所使用過的樹脂凸板，自行裁剪來製作印章的方法，如此一來就能隨心所欲製作各種尺寸的印章。

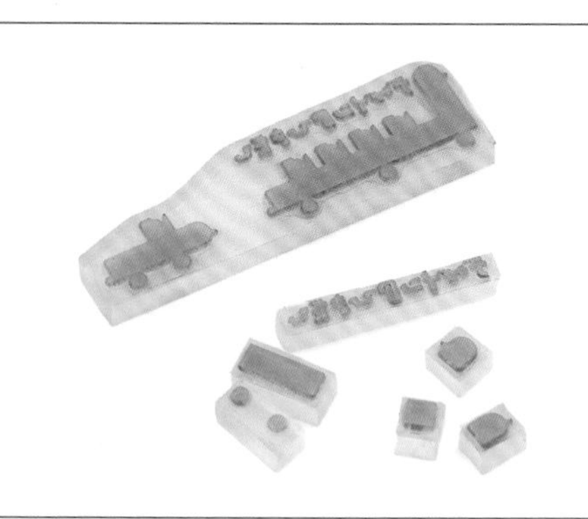

工具 & 材料

樹脂版（→P.240）、雙面膠、壓克力板。

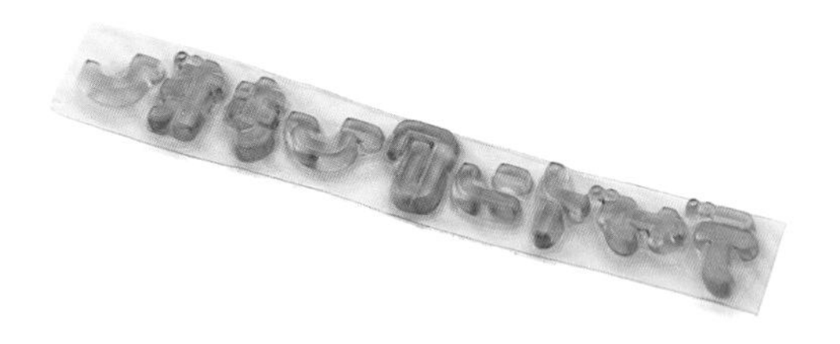

1　印章用的樹脂版，這次委託專門製作樹脂凸版的真映社幫忙，並特別採用最適合製作印章的柔軟彈力樹脂版。不同用途所使用的樹脂版材質也會出現差異，因此製作前請務必先詢問製版廠。

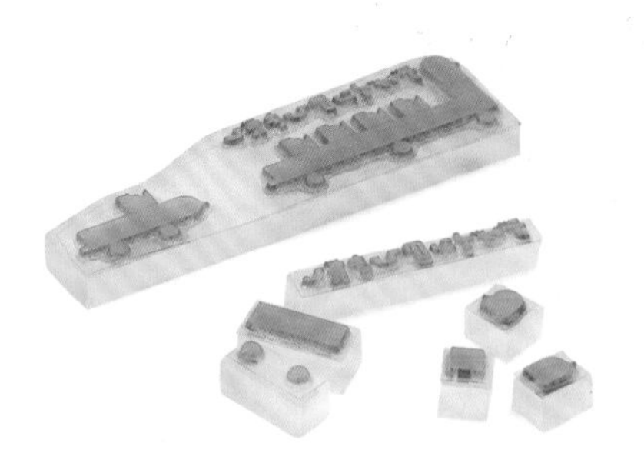

2　在切成適當大小的壓克力台座上，以雙面膠黏貼固定樹脂版。透明的壓克力可從上方確認蓋章的位置，不過為了方便蓋章，也可使用附把手的印章台或木塊等當台座。

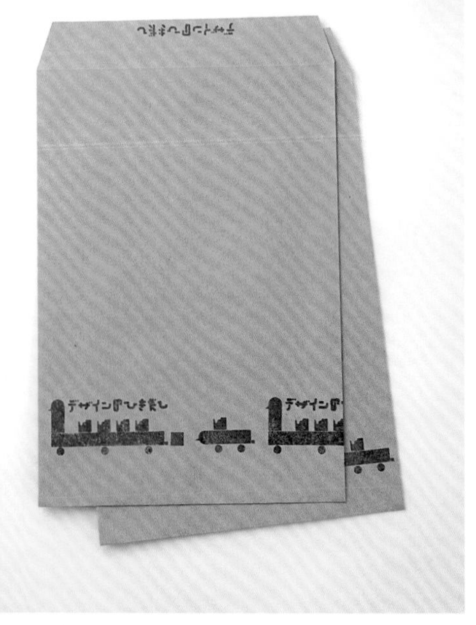

3　使用自製的創意印章在信封印上圖案。只要改變大小印章的搭配組合，就能依蓋章的位置不同而創作出更多的圖案變化。

實踐篇

II

加工

01

利用水裁切紙張

把日本和紙等以長纖維製成的紙張，如手抄紙般在周圍留下毛邊的裁切方法。利用這種方法將較大紙張裁成小尺寸時，就能輕鬆在四邊製作毛邊效果。

工具 & 材料

日本和紙等纖維較長的紙、毛刷或毛筆、水。

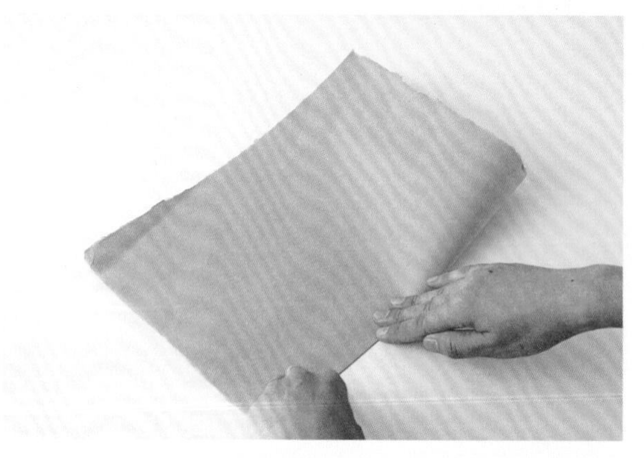

1　準備和紙之類的紙張，摺疊要裁切之處以摺出清楚的線條。

2　將毛筆沾滿水，沿著剛剛的摺線畫一道讓裁切部分沾濕。

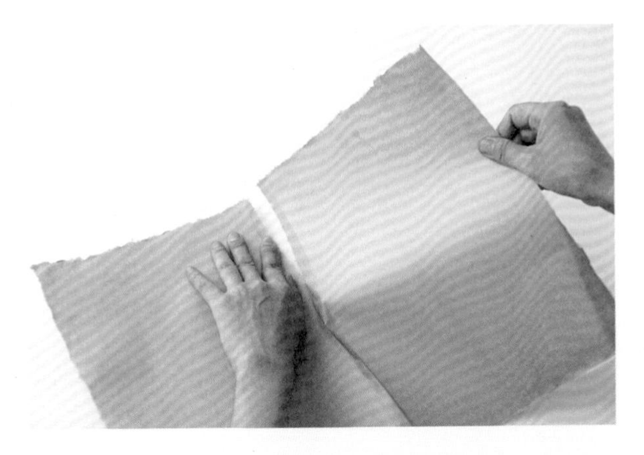

3 手拉住紙張邊緣，撕開沾水的部分，利用桌角或直尺可撕得更整齊。如果把沾水的部分揉成圓形，則可撕出圓弧或不規則的線條。

4 依據紙張種類、厚度或纖維長度的不同，所產生的毛邊也都不一樣，各具特色。

5 四邊全部沾濕並撕開，彷彿一開始就是這種尺寸的和紙，毛邊效果非常特別。

02

以咖啡或紅茶替紙張仿舊加工

就像是在跳蚤市場找到，歷經時間洗禮後的舊紙材。變色發黃的紙張顯得很有味道。要呈現出這樣的古舊感，可以利用咖啡或紅茶做為紙張染料的方法，輕鬆達到仿舊的效果。

工具 & 材料

咖啡或紅茶、加工用紙、尺寸可放入紙張的容器。

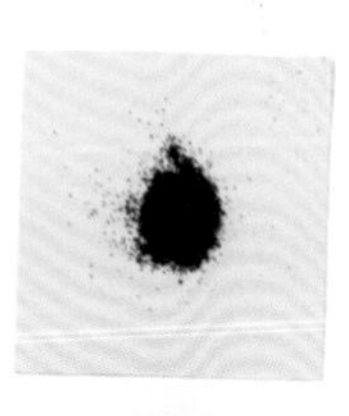

1　準備的工具。紙張使用影印紙即可。想做出更加粗糙質感的話，也可以挑選類似稻草紙紙質的紙張。咖啡除了罐裝咖啡，要做部分深色污漬效果，不妨準備咖啡豆現磨的咖啡粉或是即溶咖啡粉。此外，因為寶特瓶裝紅茶比較淡，想要染深的話，可使用茶包萃取出的茶汁。

2 首先是紅茶的仿舊加工方法。將茶包以熱水煮出濃度較濃的紅茶茶汁。此步驟可視染色深淺調整濃度。

3 將染色用紙（印有字樣圖案）放入容器中。再倒入紅茶直到茶汁略為淹過紙張。等待數秒，讓紙張充分吸收茶汁。

4 紙張完全吸收紅茶茶汁後，從容器取出，將紙張放置廚房紙巾上等待乾燥。

5 乾燥之後的樣子，變成如舊紙般的質感，即完成。

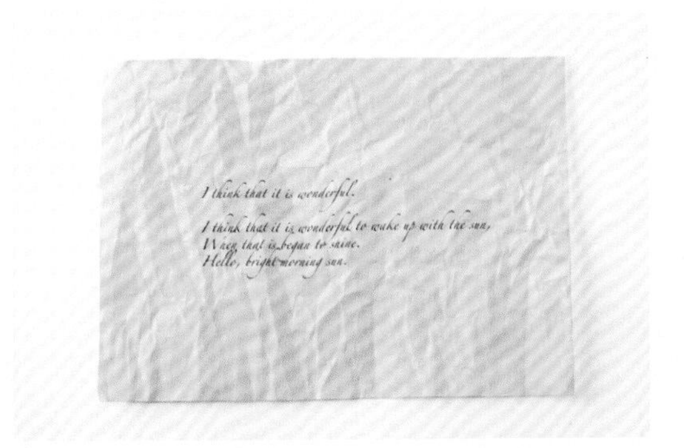

6 若要更加強調古舊感的話，可預先將紙張揉出皺摺紋路。

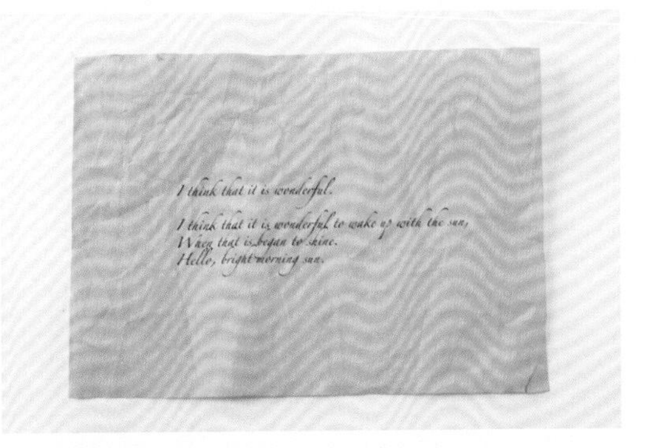

7 將揉皺紙張經過紅茶染色之後會更有古舊感。

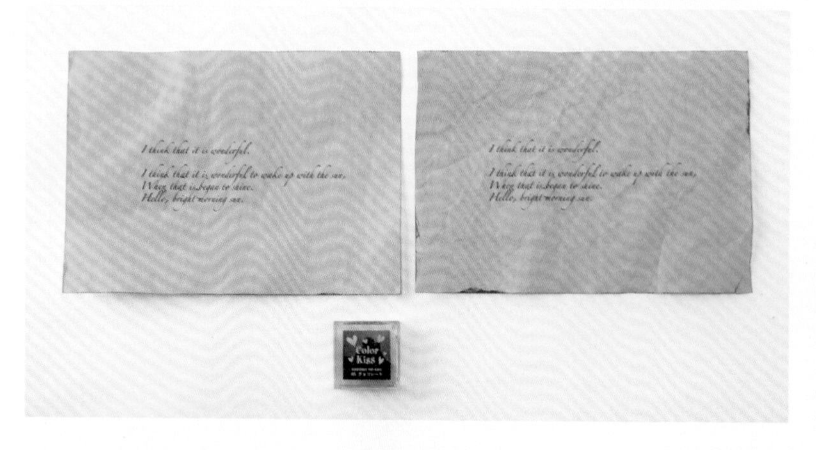

8 以紅茶加工仿舊的紙張還能再多一道步驟，將紙張邊緣以棕色印泥染色。把紙張側面部分沾附於印泥上，染成棕色。側面之外的平面沾附些許棕色印泥來加強做舊效果會更好。左邊照片兩張紙的色調不同，在於使用不同濃度的紅茶汁。

9 咖啡的染色方法。過程與紅茶相同。可準備罐裝咖啡或咖啡豆現磨粉末。使用咖啡染色的話，以平時飲用的濃度即可上色。

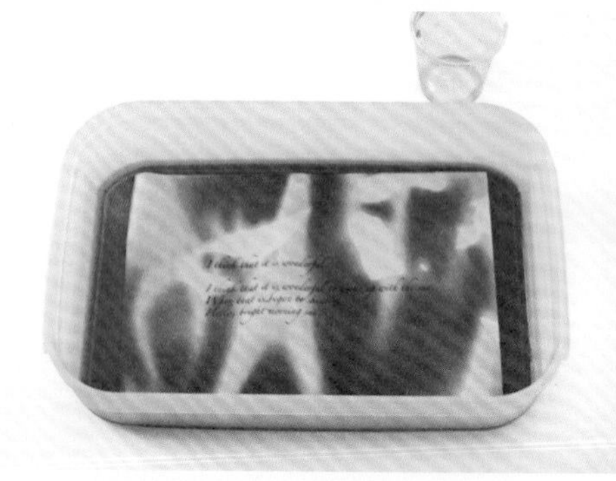

10 將印好字樣圖案的紙張放入容器中。倒入咖啡直到略為淹過紙張。

11 圖為取出紙張放置於廚房紙巾上，乾燥後的樣子。比起紅茶茶汁，咖啡染出來的顏色較深，而且少了一點紅色調。

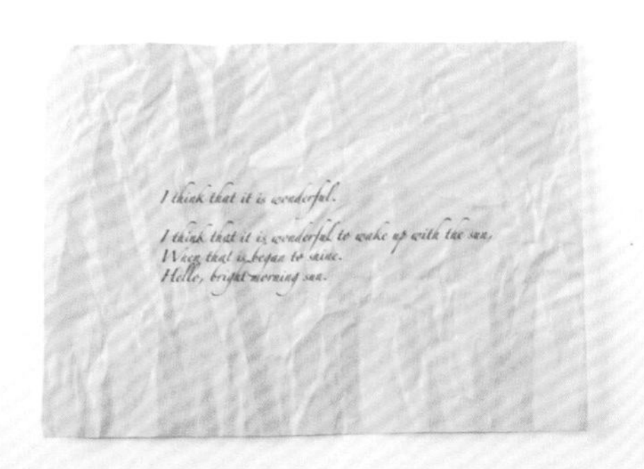

12 要提升做舊的效果，可採用與紅茶染色的作法一樣，預先將紙張揉出皺摺紋路。

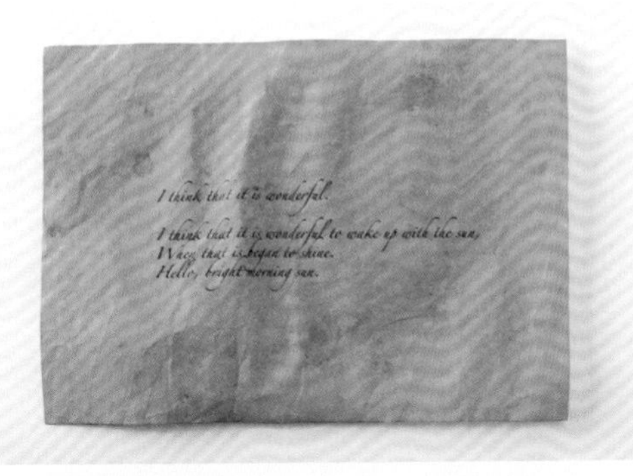

13 這是先將紙張揉皺後再施以咖啡染色做舊的成品。真的像是古早以前的舊紙！

14 想做出更古舊的質感，還有另一種方法。將從容器取出的紙張放在浸泡過咖啡液的廚房紙巾上，再隨處撒上現磨的咖啡粉。保持這個狀態，等待乾燥。

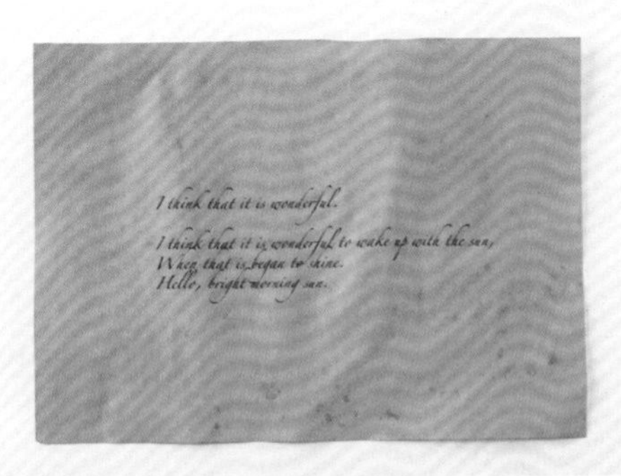

15 乾燥之後，拍掉撒在紙張上的咖啡粉，如此就完成隨處都有污漬的舊紙風格。

03

打洞、穿繩

如書籤、標籤或價格標一般，在紙張上打洞並穿繩。只是在小小的卡片上花點心思，就能營造出各種有趣的風貌。改變繩子的材質或顏色，還可展現出更多的組合變化。

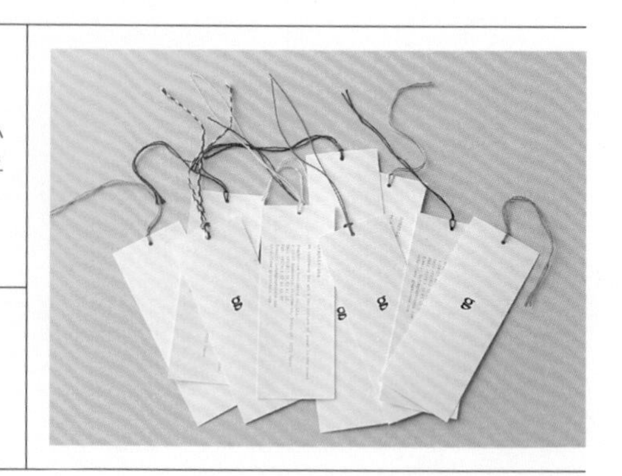

工具 & 材料

印刷好的紙張、繩子或線、皮革打洞器、鐵鎚、切割板或襯墊、美工刀。

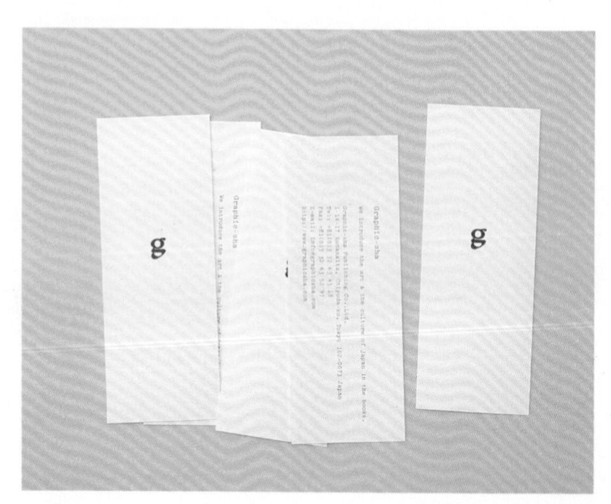

1 把已經印好的紙張裁剪成所需大小。

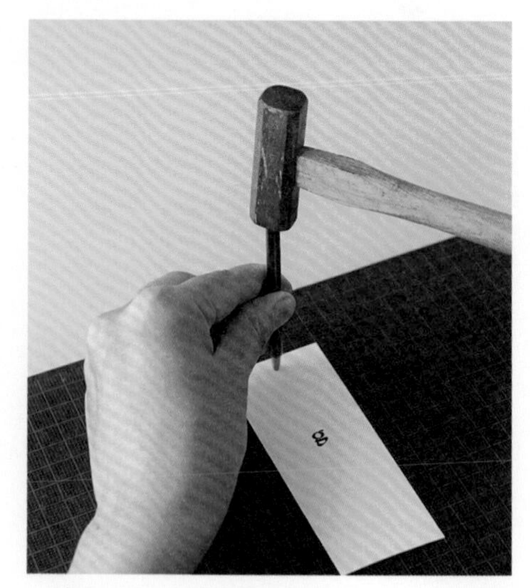

2 確認繩子的粗細，選擇皮革打洞器的尺寸，在適當的位置上打洞。

3 確實打洞，並檢查洞口是否留有紙片。

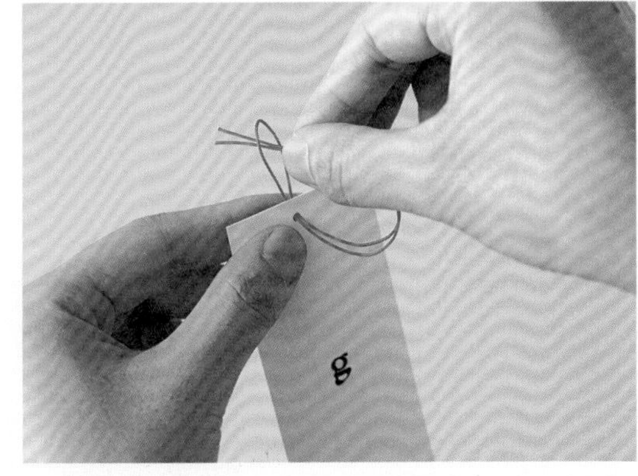

4 依個人喜好裁剪繩子長短，並且對摺。如圖把對摺的一邊穿過洞口，再將另一側的兩條線頭同時穿過拉緊即可。

5 非常簡單的加工手法，可讓印刷品呈現另一種風貌，展現一種特別的效果。

04

信封打洞加工

只是在既有的信封上打洞，就能輕鬆製作創意信封。如果多付出一些勞力，還可挑戰更高難度的作品！改變信封裡的卡片或信紙顏色，就能擁有各種不同的有趣變化。

工具 & 材料

信封、皮革打洞器、鐵錘、切割板或襯墊、可撕式的噴膠、噴膠清潔劑。

1 準備用來打洞的信封。

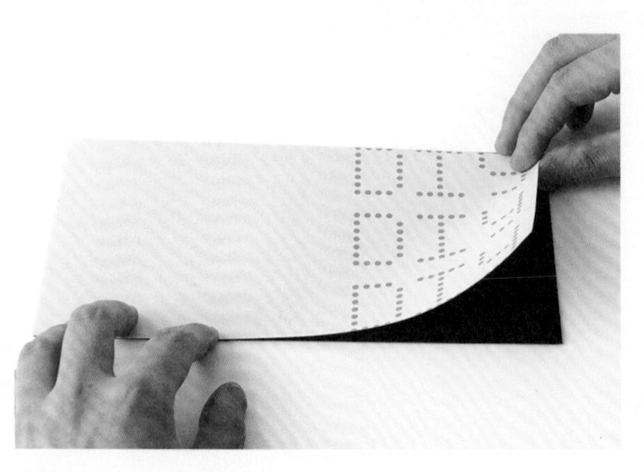

2 印出要打洞的圖案，準備紙型。在紙型背面輕輕噴上膠，並貼在信封平坦（沒有開口）的那一面。

3 以皮革打洞器按照紙型的圖案在信封上打洞。打洞數多所花的時間也比較長，所以設計圖案時就必須先加以考慮。

4 打洞結束後撕下紙型，以噴膠清潔劑擦掉殘留在信封上的黏膠。

5 此為完成品，信封開口的部分也有整齊的洞洞圖案。只要把色紙或彩色印刷的紙張放入信封，就能從洞中看到裡面的顏色，感覺十分亮麗。

05

使用打孔機刻上細緻圓點文字

當駕照或護照過期失效，或是要在各式票券附上日期時，通常會使用到打孔機。打孔機可在紙上刻出「VOID」等固定文字、數字及其他的特殊符號，還能在紙上打出一般刀模無法裁切的細小圓孔。

工具 & 材料

打孔機（→P.242）、紙。

1　本單元所使用的是手動數字打孔機，可以自由設定到七位數。為了通知客戶公司搬遷的消息，所以在明信片上打出搬遷日期。

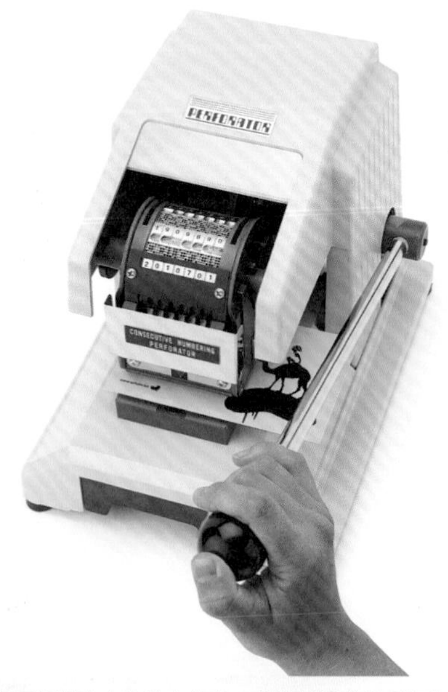

2　只要調整中央的數字轉盤，擺放紙張後將手把往下壓即可。若是單張打洞，即使稍有厚度的紙張，用點力也能順利加工。除了手動之外還有電動的機種。

3 打出來的圓孔極為細緻，直徑僅有1mm。也可更換直徑1.4mm的針來打洞。

4 因為是數字打孔機，所以連續打洞時數字會自動進位。在印好的票券或會員卡上打洞編號，可展現時尚流行感。

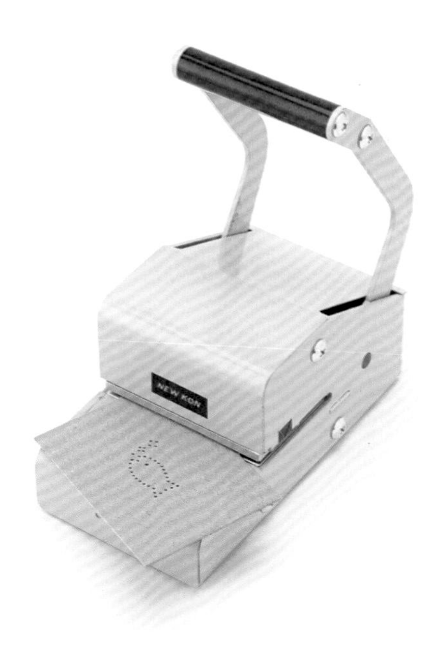

5 除了數字打孔機之外，還有可以刻出固定文字或記號的小型打孔機。廠商或許能配合客戶來提供特別的圖案或尺寸，因此構思DIY設計時不妨洽詢廠商。

06

使用藝術剪刀製作紙袋造型的店頭海報

可剪出波浪或鋸齒狀的剪刀，市面上有各種手工藝用的款式與種類。利用波浪的藝術剪刀，製作出紙袋造型的店頭POP海報。

工具 & 材料

藝術剪刀（→P.242）、紙緞帶、印刷好的紙張、POP立牌。

1　準備材料為已經印好圖案的明信片大小紙張、用來製成提把的紙緞帶及波浪藝術剪刀。

2　先以波浪剪刀修剪紙張上端。使用較厚的紙張，會比較容易裁剪。較長的兩邊必須筆直裁剪，建議使用滾輪式美工刀。

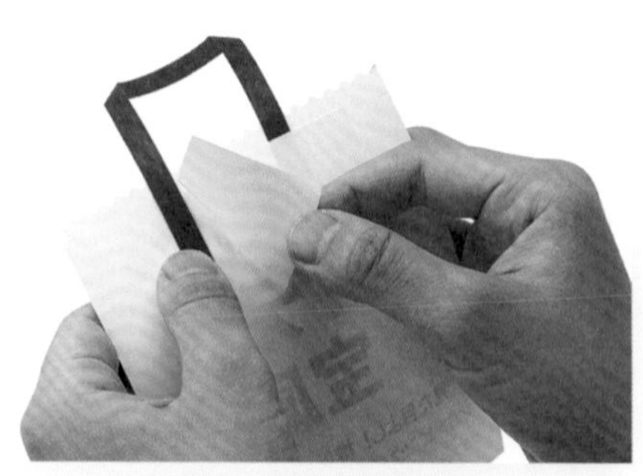

3　裁剪完畢，如圖將摺好的紙緞帶貼在背面，作成紙袋提把的模樣。黏貼時可使用市售的影印用標籤貼紙。

4　將紙袋造型的海報夾在POP立牌上即大功告成。雖然袋口被剪成波浪狀，但猛一看還是非常接近紙袋的造型。

手工藝剪刀從鋸齒狀、波浪狀到略為不規則的形狀，款式非常多樣！

WAVE

RICKRACK

JIGSAW

PINKING

MINI-PINKING

RIPPLE

ROCKIES

TUNNEL

SEMICIRCLE

MINI-SEMICIRCLE

LARGE-SEMICIRCLE

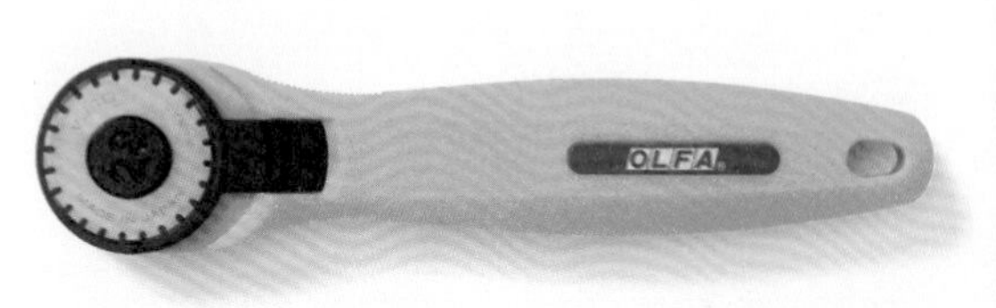

虛線型ROTARY 2B
此款ROTARY滾刀可用來製作紙張或膠片的虛線式裁切線。直徑28mm的圓形刀刃可取下替換。

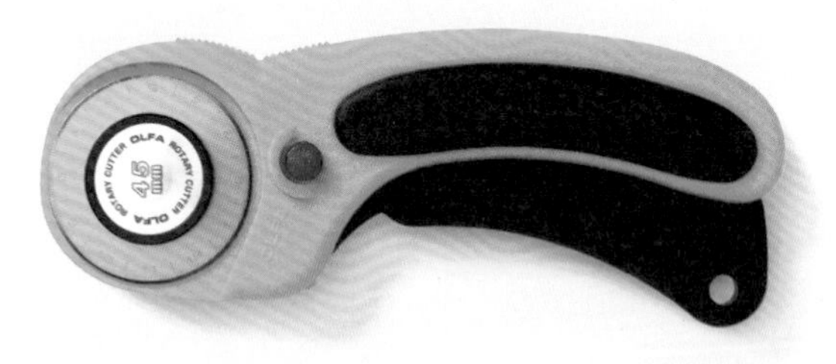

安全型 ROTARY Cutter L型（本體）
此款ROTARY滾刀只有在按住把手時，才會將刀刃推出來。因為使用直徑45mm活動式刀刃，可視需求另購波浪形、鋸齒形、山形等造型刀刃替換。本體附圓形刀刃。

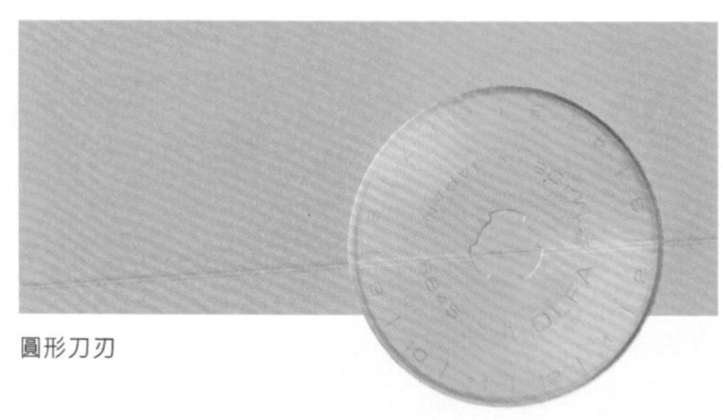

圓形刀刃

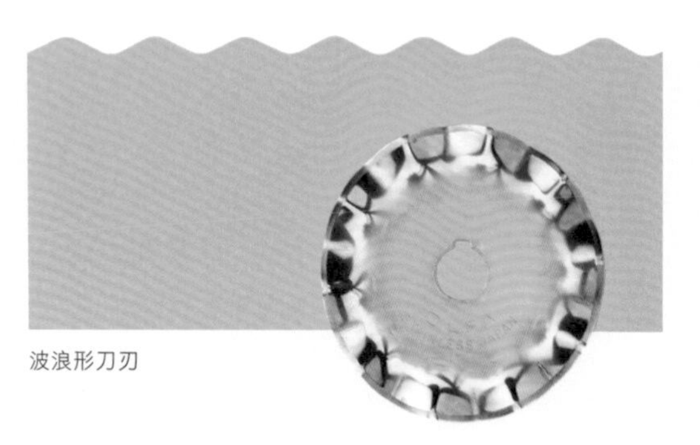

波浪形刀刃

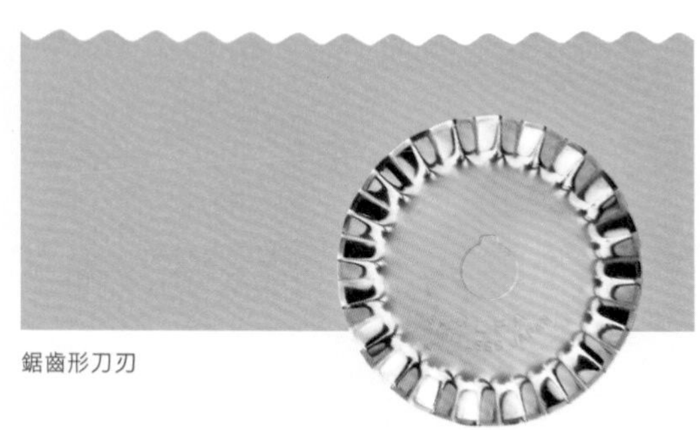

鋸齒形刀刃

07

以圓角器加工做出圓弧邊角

即使是卡片或小冊子等簡單的紙製品，只要將四角邊緣加工成圓角，立刻就能夠大大提升商品質感。因為裁切這項作業相當容易，所以也可應用於印刷完成的明信片、照片等各種不同用途的紙製品。

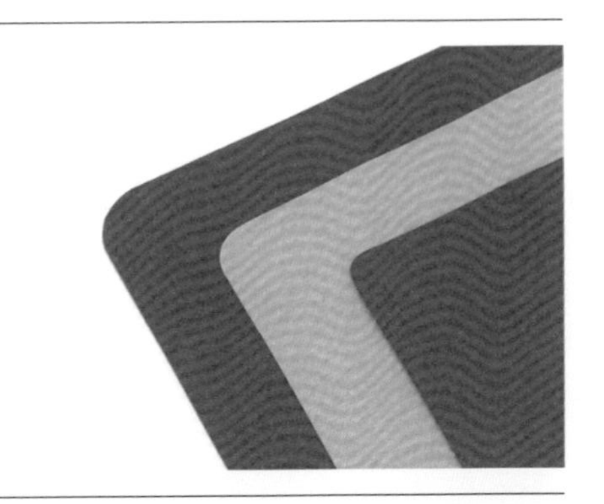

工具 & 材料

KADOMARU PRO（→P.243）、欲裁切的素材。

1 為了將卡片邊角裁切成圓角，在此使用的是壓按式的圓角器KADOMARU。除了卡片類或照片、護貝膠片等素材，若是影印紙的話，可一次裁切3張。

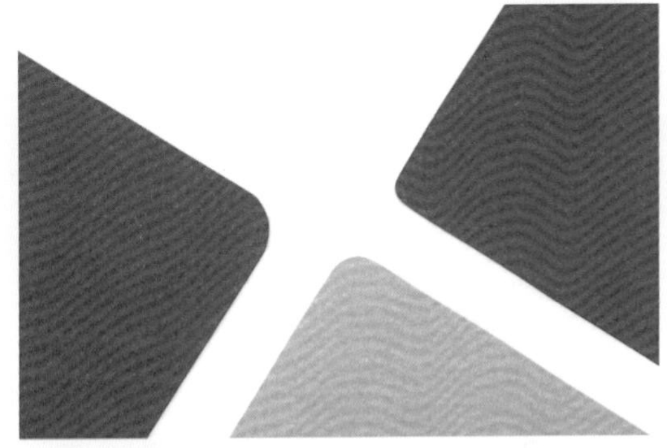

2 KADOMARU PRO一台具有S（3mm）、M（5mm）、L（8mm）三種圓角尺寸。照片右起為使用S、M、L三種尺寸裁切而成的圓角。

3 將想裁切的卡片邊角沿著S、M、L各自的尺寸對準標示筆直插入，接著壓按上方按鍵，要有確實的壓按手感才能裁切到位。

4 以相同方式裁切四個邊角即完成。KADOMARU系列還有固定尺寸5mm，可對應凹凸面的機型（KADOMARU 3），以及便於攜帶的迷你尺寸（KADOMARUN）。

08

以縫紉機製作透明資料夾

以縫紉機縫製組合紙與塑膠等相異媒材，可以展現一種若有似無的新鮮感，這次就來嘗試製作能收納文件的透明檔案夾吧！

工具 & 材料

縫紉機、線、紙、PP透明膠片、轉印筆或凹版雕刻刀、尺、迴紋針、黏著劑。

1　由於考慮到收納文件用紙的尺寸並預留縫份，因此所準備的紙與PP透明膠片的尺寸要略大文件用紙，PP透明膠片的厚度即以市售資料夾來選擇，請特別注意如果資料夾太厚，縫製過程中有可能使車針斷裂。

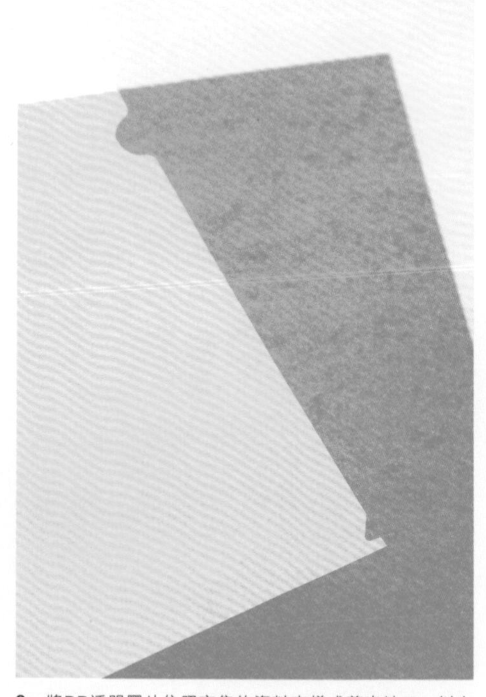

2　將PP透明膠片依照市售的資料夾樣式剪出缺口，以方便後續使用，特別是右下角的缺口，可以保護因為施力集中而導致破損的部分，多了這個細節還能提升完成度，若是直接裁切市售資料夾也是不錯的方法。

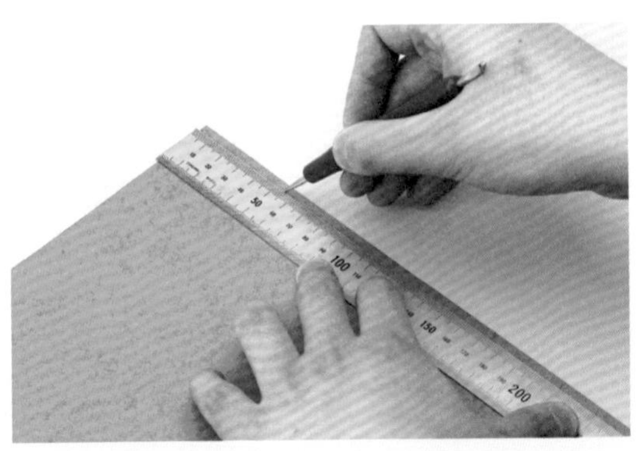

3 當作底墊的厚紙兩邊（左方與下方）預留5mm寬度，作為縫製位置，並以轉印筆輕畫出標記線；也可以鉛筆畫線，不過因為縫製後無法擦掉鉛筆痕，所以下筆畫線時要輕。

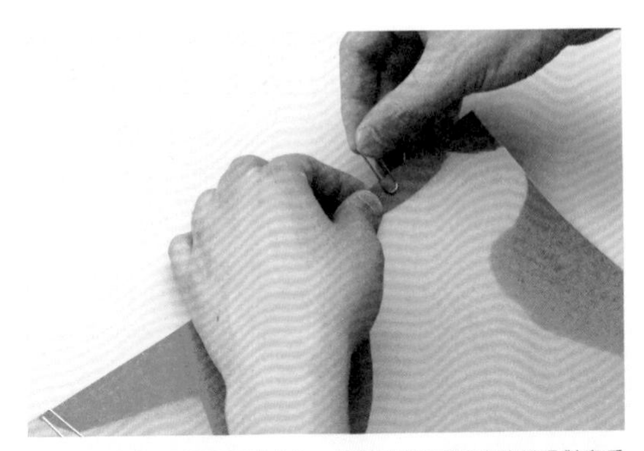

4 為了防止PP透明膠片走位，將膠片與步驟3中的紙張對齊重疊後，以迴紋針固定。

5 以縫紉機沿著步驟3所畫的標記線將PP透明膠片與紙縫製在一起，縫製前，不妨先練習車縫幾次。

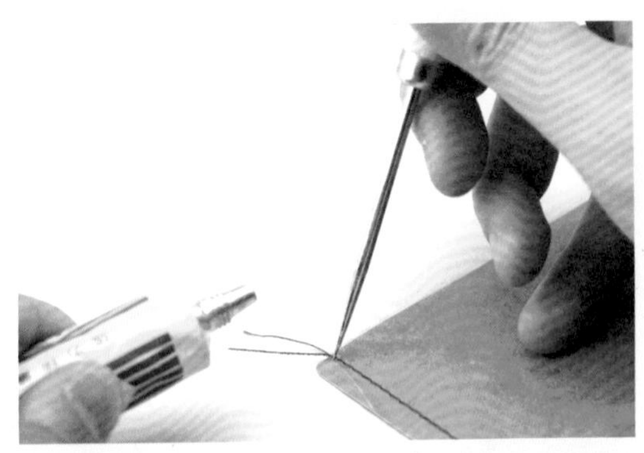

6 縫製完成後，拿尖銳的鑽洞工具沾取些許黏著劑，補強最後的縫線結，以防止脫線。

7 以圓角剪刀修剪PP透明膠片的邊角，使其變成圓角形，這步驟可以預防之後使用時發生摺損的情形。

8 完成品。如果紙張改以蠟紙來製作還能防水，所以不妨多多嘗試不同的紙張吧！

09

以縫紉機封緘（One Touch開封）

不以黏著劑或貼紙，而改以車縫線來封緘，不僅車縫線具有裝飾效果，只是縫製便能使印刷品有著極高的完成度。

工具 & 材料

縫紉機、線、信封或平面信封袋、放入信封袋的內容物。

1　準備平面信封袋、預備放入的內容物。

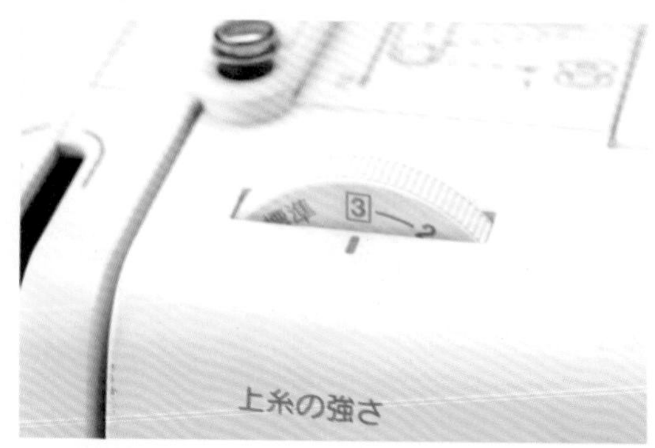

2　調整縫紉機的上線強度，由於縫紉機款式不同，調整幅度會有所差異，所以請自行試縫確認。

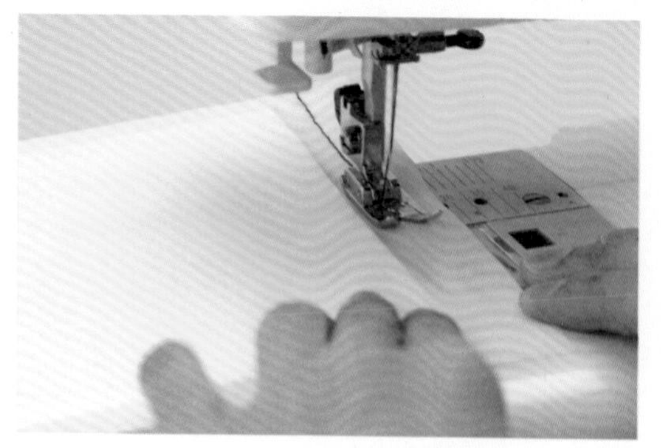

3　將內容物放入平面信封袋，然後以縫紉機車縫封緘。

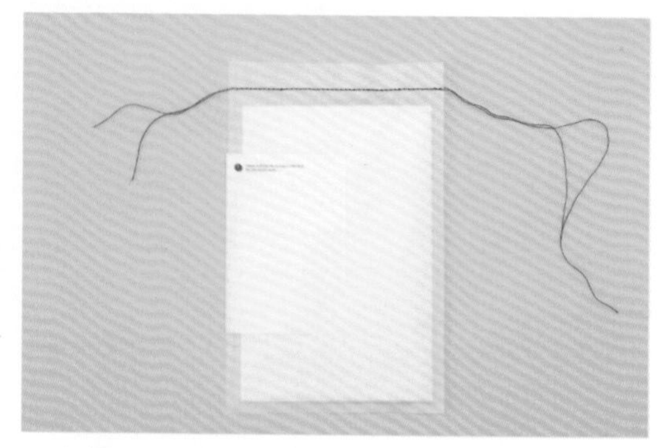

4　完成品。正反面皆貼上貼紙裝飾，加強完整度。

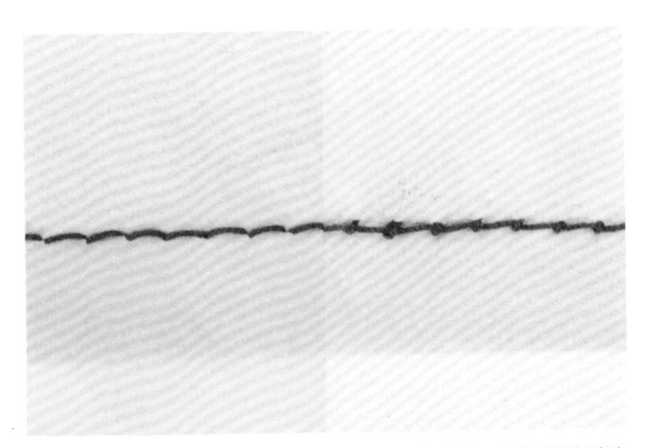

5　左圖是車縫線的正面，右圖則是車縫線背面，可以看清楚車縫線附著的狀態。

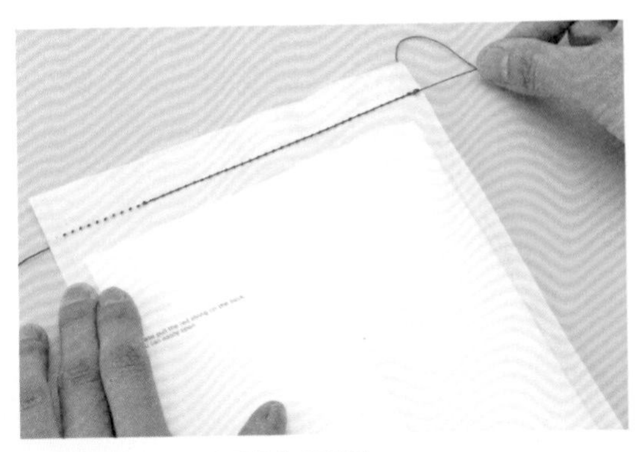

6　開封時，先拉住背面的線（下線）。

7　圖為背面車縫線（下線）被拉除的樣子，只要一拉，車縫線便會輕易脫落。

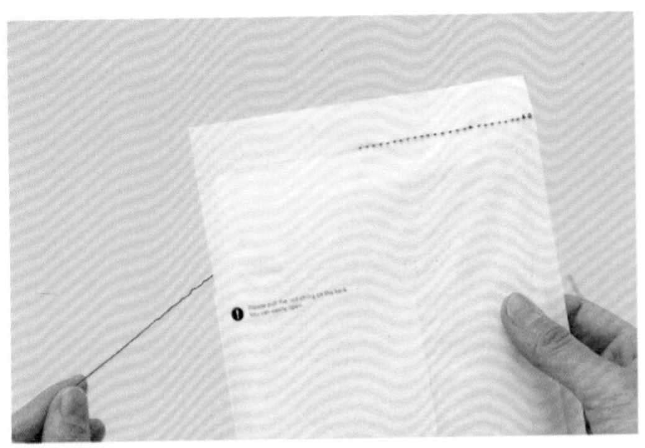

8　拉除正面殘留的線（上線），即可開啟信封袋。

9　開封方式從縫線位置就顯而易見，因此收到的人都能輕鬆開啟信封袋。

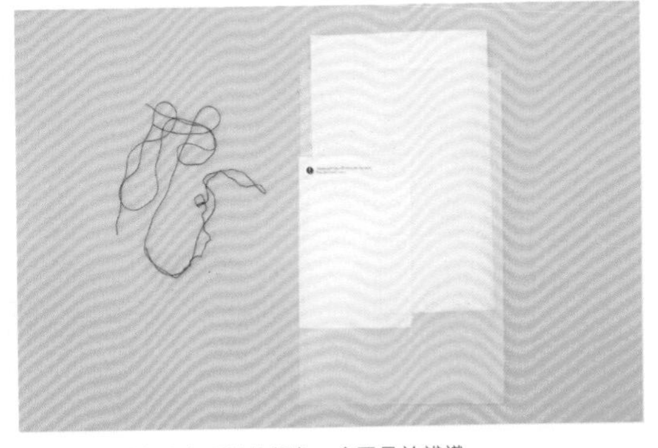

10　若改變上線與下線的顏色，會更易於辨識。

10

以縫紉機封緘(附標籤紙)

將文字列印在深色紙或袋子上，會使人不容易看清楚文字。可將商標logo或資訊印於標籤紙，再以縫紉機車縫固定，同時作為封緘。這次是將兩張紙車縫四邊後製成的創意信封。依照內容物的尺寸，嘗試製作不同大小的信封也相當有趣。

工具 & 材料

縫紉機、線、作信封的用紙（兩張一組）、標籤紙、迴紋針。

1 準備作信封的用紙、標籤紙、內容物。

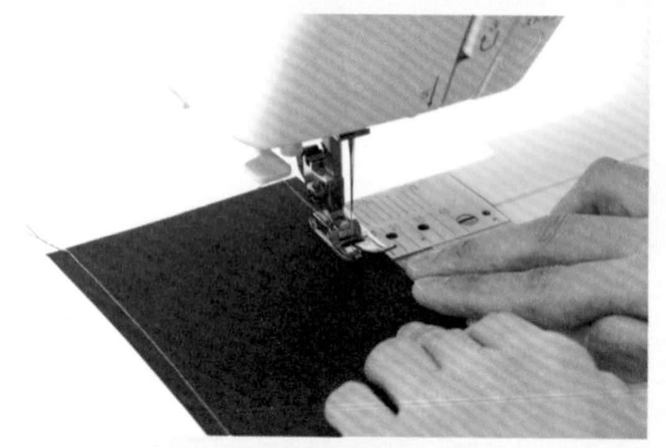

2 首先以縫紉機車縫非標籤紙位置的兩邊。

3 將標籤紙放於信封紙一邊預定的位置，仔細車縫固定，由於此部分的紙張較有厚度，所以事先必須確認車針是否能承受這樣的厚度。

4 最後將內容物放入信封中，再車縫封緘即完成，標籤紙發揮了裝飾作用，使深色信封不再單調，同時也可用於禮物包裝。

11

以護貝機製作加壓護貝式郵簡

為了保護資料或訊息隱私，一般多以這種加壓護貝式郵簡，只要使用護貝專用膠片，就能將喜歡的紙張加壓護貝製成郵簡，因為郵簡無法直接看見內容，所以不妨嘗試作些能使收信人開啟時，感到驚喜的設計吧！

工具 & 材料

加壓護貝膠片（→P.243）、護貝機、紙。

1 準備加壓護貝膠片與護貝機，以及對摺展開尺寸的印刷紙，本次示範的是製作印有晴空圖案的DM。

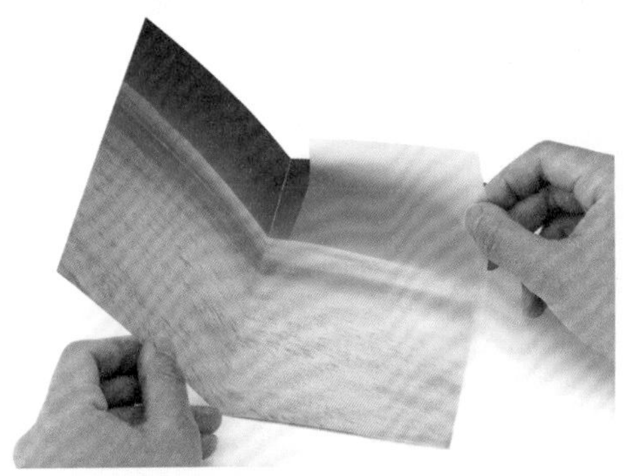

2 將印刷好的紙對摺，在中間插入一張加壓護貝膠片，加壓護貝膠片本身非常薄，容易因靜電而多張黏在一起，使用時請注意，為避免加壓護貝膠片跑出印刷紙外，請將膠片放在正中央位置。

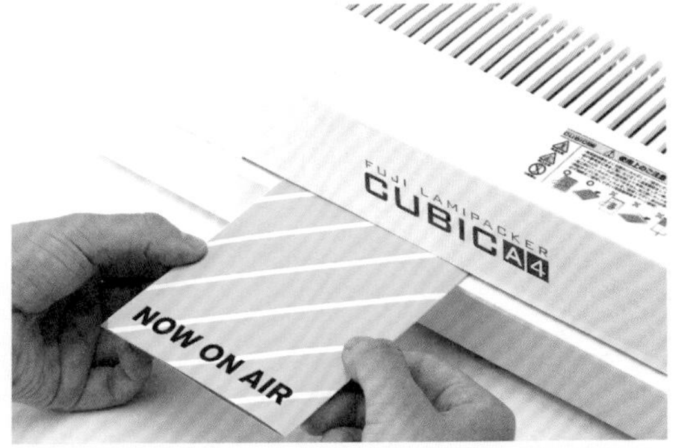

3 插入加壓護貝膠片之後對摺印刷紙，接著放入護貝機護貝，如果紙張較厚，可提高護貝機溫度。

4 護貝機加壓後即完成。一打開，加壓護貝膠片就會分離，露出內側的圖案。

12

以護貝機加工

辦公事務的護貝機，除了能夠在紙張表面加上保護膜之外，還能透過使用方式或印刷品內容的變化，展現趣味，還可以變換媒材或版面設計，同時亦可改以全息攝影膠片取代一般的護貝膠片。

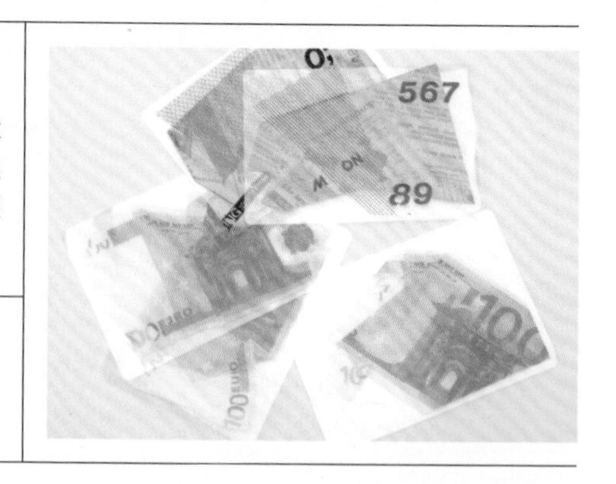

工具 & 材料

護貝膠片（→P.243）、護貝機、紙。

1 備齊要夾在護貝膠片中的媒材，這次是選擇用包裝紙與隨意裁切的網點紙所拼貼製成的卡片。

2 將所有媒材裁剪成適合護貝膠片的大小，然後排列配置，由於護貝機預熱需要一點時間，所以可以一邊準備材料一邊等待預熱。

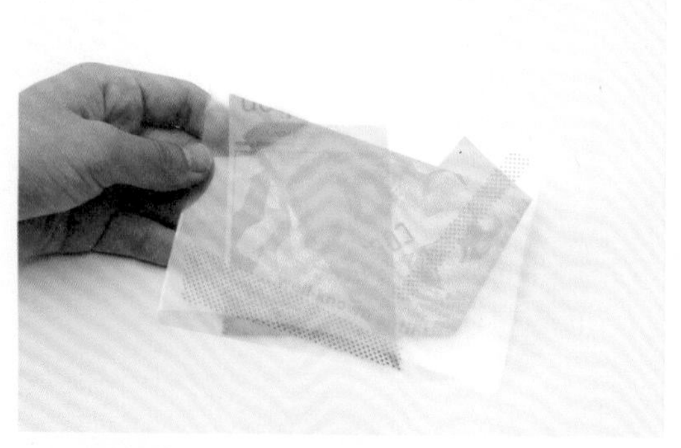

3 媒材排列配置完成，如果過度重疊媒材，可能會使空氣跑入與護貝膠片間的間隙，造成不平整的情形，操作時請特別注意。

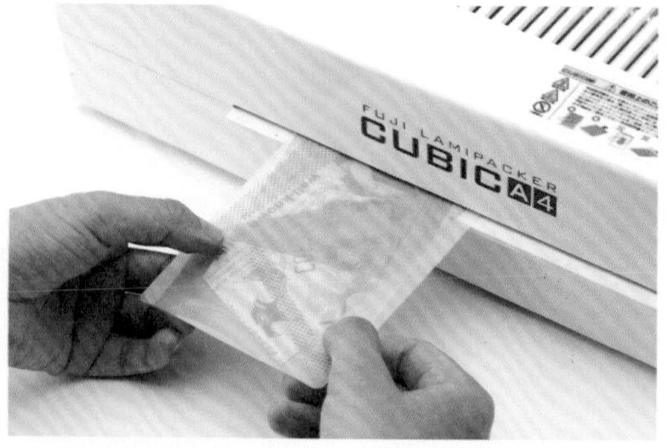

4 放入預熱完畢的護貝機裡，為防止空氣殘留並產生皺褶，必須由膠片開口處這端開始護貝。

5 護貝完成後等待冷卻即完成。夾入的網點紙部分變成背景透明的圓點花樣。

6 除了一般的護貝膠片之外，也可使用全像攝影膠片，作法與一般護貝膠片相同。

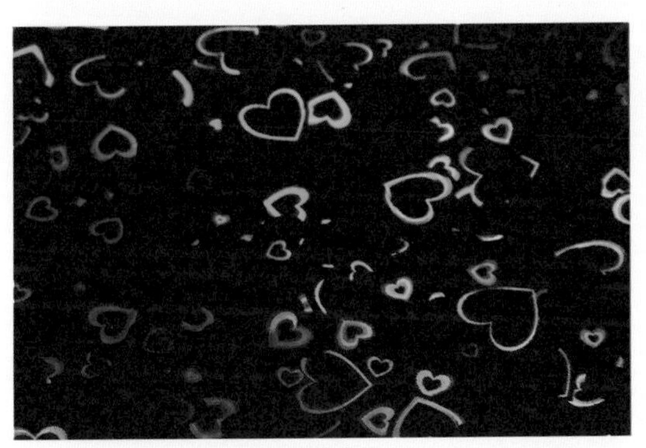

7-1 全像攝影膠片：心形

7-2 全像攝影膠片：星形
※「全像攝影護貝膠片」（株式會社Fujitex販促Express →P.243）

13

以熨斗護貝

護貝機是靠熱能使膠片產生黏著性，加上滾筒加壓讓中層媒材與膠片得以密合在一起，如果手邊沒有專業護貝機，可以用具有類似功能的家用熨斗替代，此單元將介紹操作祕訣。

工具 & 材料

護貝膠片（→P.243）、熨斗、料理耐熱墊、紙。

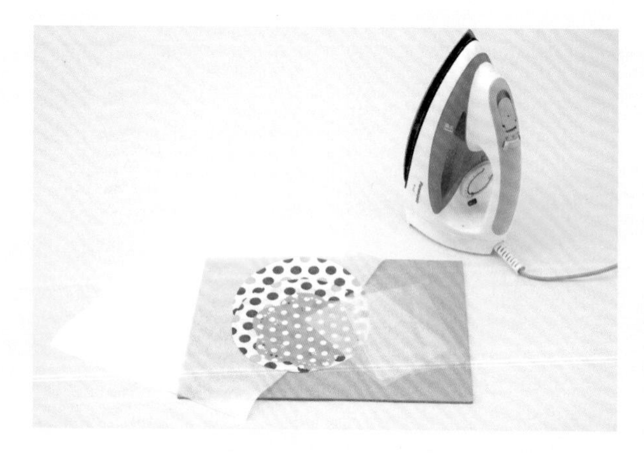

1 不使用護貝機，改以熨斗加工，所需媒材與護貝機加工步驟一樣，放入護貝膠片裡，並在料理耐熱墊上操作後續的熱壓步驟。

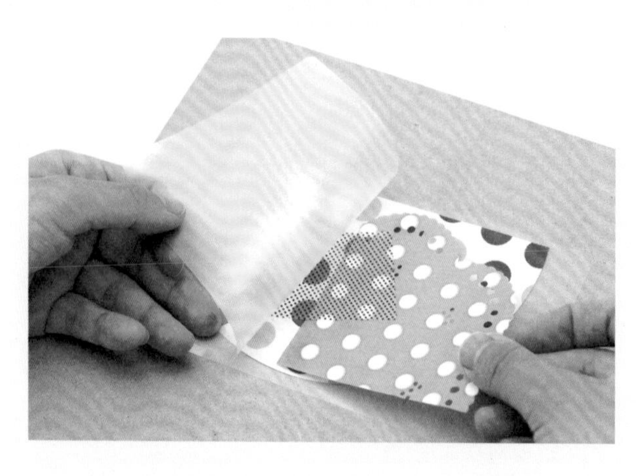

2 將想要護貝的媒材放入護貝膠片中，截至目前為止，步驟都與使用護貝機時相同。

3　以熨斗代替原本的護貝機，但熨斗如果直接接觸護貝膠片，會使膠片表面受熱變形，所以請在膠片上墊上一層描圖紙，底下則是料理耐熱墊。

4　以熨斗加壓熨燙整張紙，如果一下子便使用高溫熨燙，會讓護貝膠片歪斜變形，因此建議從低溫開始，視加工情況慢慢增加熨燙的溫度。

5　護貝效果非常棒！因為一張所需的加工時間比使用護貝機還要多，所以並不適合製作數量大的印刷品，製作數量少的時候可以嘗試這個方法。

14

以護貝機製作重點護貝

一般常見在印刷品上以油光漆凸顯重點設計的作法，現在也能改以護貝膠片來達成類似的效果，只要將這種有花紋的護貝膠片，經過裁剪改造成適當尺寸，即可作為設計加工元件使用。

工具 & 材料

護貝膠片（→P.243）、紙。

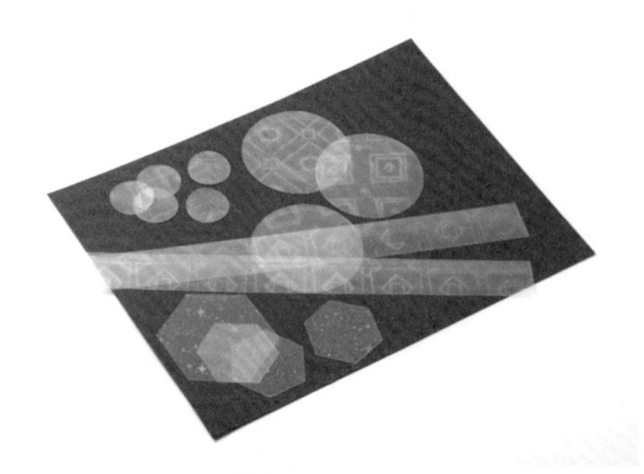

1　準備所需媒材有欲護貝的紙與已裁剪改造的護貝膠片，這次使用全像攝影的花紋膠片作為重點護貝材料。

2　在預定重點護貝的部分，排列配置裁剪成形的花紋膠片，將有如毛玻璃般無光澤的那一面與紙張密合，請務必注意膠片正反面，以免失敗。

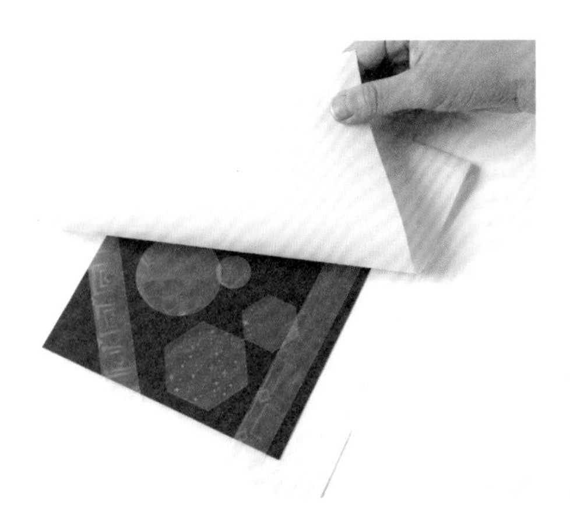

3　在直接放入護貝機之前，為防止膠片走位或被機器捲入，可以拿一大張紙對摺後，包夾於護貝紙上再護貝。

4　先從對摺紙的褶痕那端放入護貝機，除了護貝機，也可直接熨燙整張紙，同樣達到護貝效果。

5　完成護貝之後取出即完成。即使只是一般的透明護貝膠片也能有油光漆般的光澤感，不妨多多嘗試不同的加工方法吧！

15

以書籍包膜膠片作出包膜效果

由於圖書館用的透明書籍包膜膠片比護貝膠片更為柔軟且不易彎摺，因此適合用在大面積的單面包膜，Amenity B Coat這款書籍包膜膠片有透明光澤版與霧面版兩種樣式。

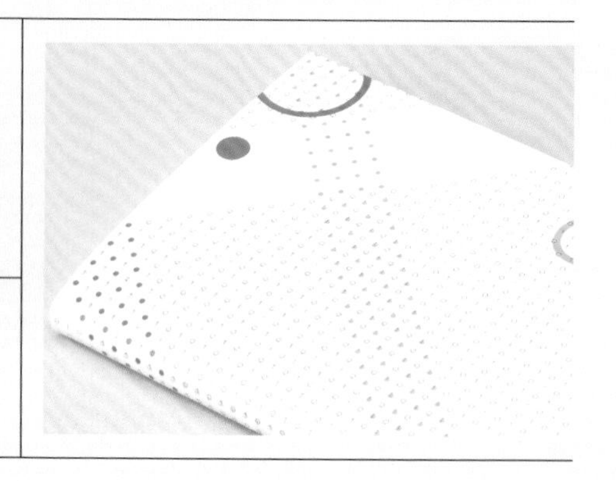

工具 & 材料

書籍包膜膠片（Amenity B Coat）（→ P.243）、尺、紙。

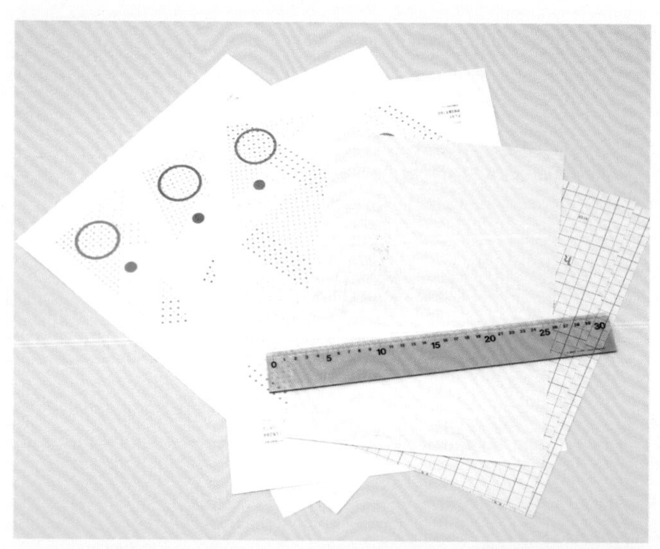

1　為了使包膜的紙與包膜膠片能夠完美地貼合在一起，尺是不可或缺的工具，書中使用的包膜膠片是「Amenity B Coat R」霧面無光澤款，若想要有光亮感，則可以使用「Amenity B Coat E」透明光澤款。

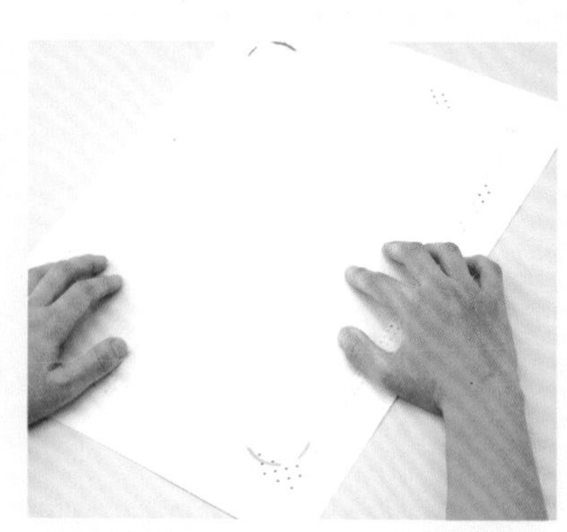

2　先不要撕去包膜膠片的背紙，對齊包膜紙上的膠片貼附位置。

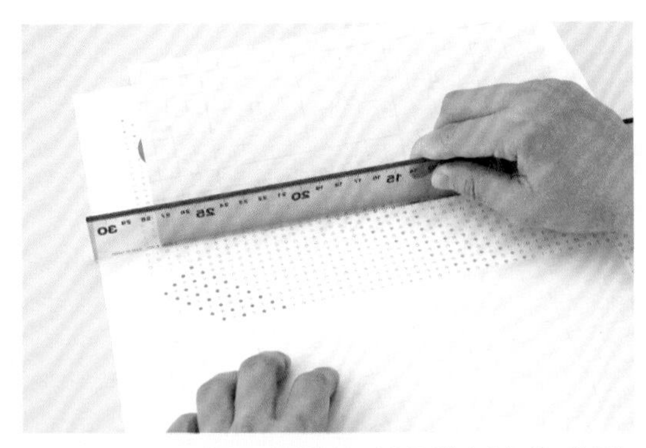

3 先從邊緣部分撕去一小塊背紙，並以尺排出空氣後，貼平包膜膠片，假使是採取從邊緣貼起的方式，另一側也是以相同步驟貼好膠片。

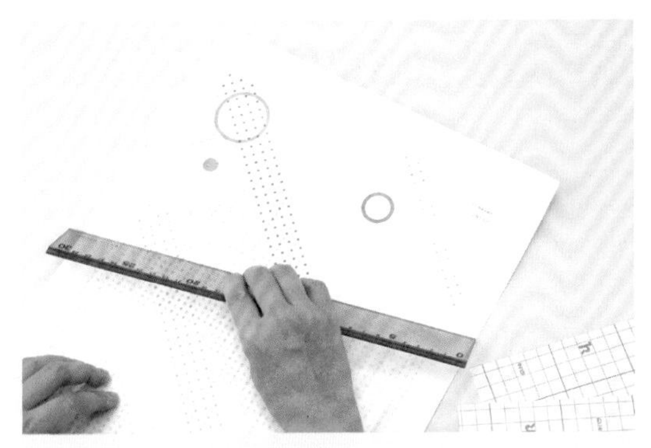

4 如果是一次全部撕除背紙的方式，以尺操作時，以不損傷紙面的力道輕輕劃過整張包膜紙來排除空氣。

5 包膜完成。這次示範選擇的是比紙張略小的包膜膠片，若是想要包覆整張紙，或包覆書籍等具有立體面的物品，則需多預留一些部分再視尺寸裁切貼合。

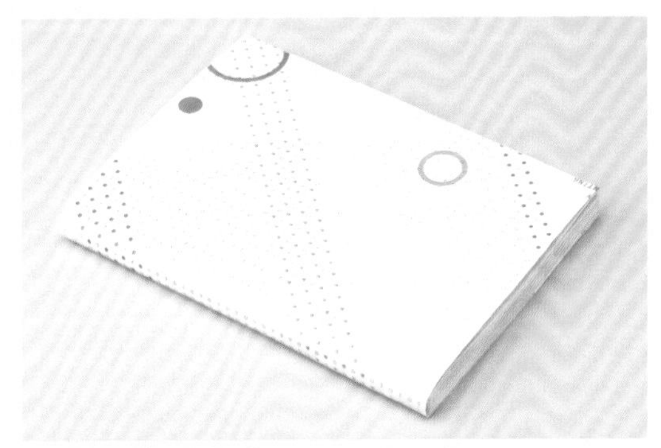

6 以裁切包膜完成的紙張製作成書套。「Amenity B Coat」具有抗菌效果與防紫外線功能，適合用來防護需長期保存的物品。

16

以熱熔紙作出和紙護貝

此單元介紹使用熱熔紙製作和紙護貝的方法，熱熔紙原本是作為補強製書時所使用的布料或紙張的材料，只要以熨斗熨燙，使其服貼於欲護貝的表面上，印刷品的表面就會形成一層像輕薄和紙覆蓋般，有著不可思議的感覺。

工具 & 材料

熱熔紙（薄款）、熨斗、紙。

1 準備熨斗、熱熔紙及預定作成和紙護貝的媒材。熱熔紙有厚薄款之分，請盡可能選擇薄款的熱熔紙，可上網搜尋熱熔紙購買。

2 依要護貝的媒材紙張的尺寸，將熱熔紙裁剪出適當大小，這次要全張護貝，所以裁剪的大小要略大於紙張。

3 將要護貝的媒材紙張與裁剪好的熱熔紙疊合在一起，由於熱熔紙尺寸大於要護貝的媒材紙張，請於最底下墊上一張紙。

4 以熨斗全面地均勻熨燙整張熱熔紙，溫度設定在低溫，如果護貝的效果不理想，再慢慢提升溫度加強。

5　熱熔紙因熱產生黏著性，而與底下的媒材紙黏貼在一起，完成護貝。

6　最後撕去最底層的紙墊，可以美工刀修飾，也可保持原貌，表現出邊緣不規則的樣子。

7　製作完成，與原本的明信片（右）相比，清楚地看出表面質感已經改變。

8　想要使文字更加鮮明，就將文字印在和紙護貝上，圖中示範的作品是將設計圖稿列印在A4紙上，不經過裁剪步驟，直接作和紙護貝，之後再將文字列印於和紙護貝上。因為熱熔紙會增加紙張厚度，後續列印文字時可能會不夠順暢，請小心卡紙的情況。

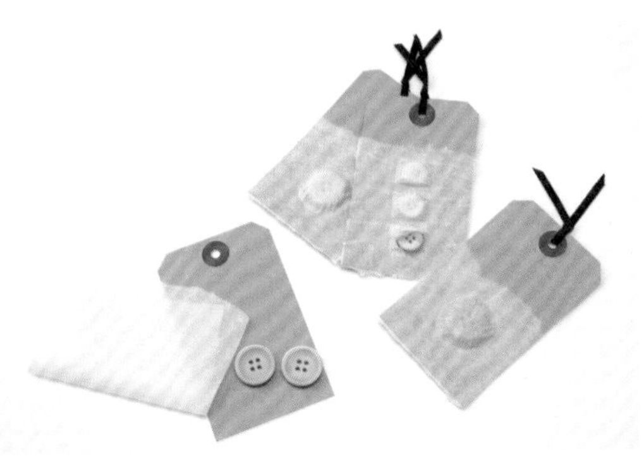

9　和紙護貝進階版的應用方式是將立體物品放入，只是熨燙加熱時，要注意媒材的耐熱性，若不夠耐熱可能導致失敗。

17

以包裝蠟紙製作信封

一般黏著劑無法黏著蠟紙，只要選擇專用的黏著劑或熱熔紙即可黏著固定，這次將嘗試以包裝蠟紙來製作原創設計的信封。

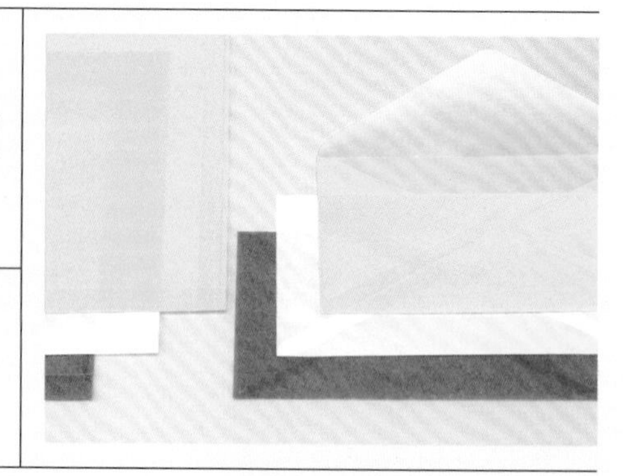

工具 & 材料

蠟紙或包裝紙、美工刀、尺、切割墊、轉印筆或凹版雕刻刀、筆、蠟紙專用黏著劑、熱熔膠、熱熔紙、可剝除式噴膠、噴膠清潔噴霧。

1　準備蠟紙，也可至包裝材料行挑選款式多樣的包裝紙，或自行製作蠟紙，製作方式請參閱P.158。

2　準備製作的信封紙型。

3　將信封紙型噴上可剝除式噴膠後，黏貼於蠟紙上，接著以美工刀沿著紙型裁切蠟紙。

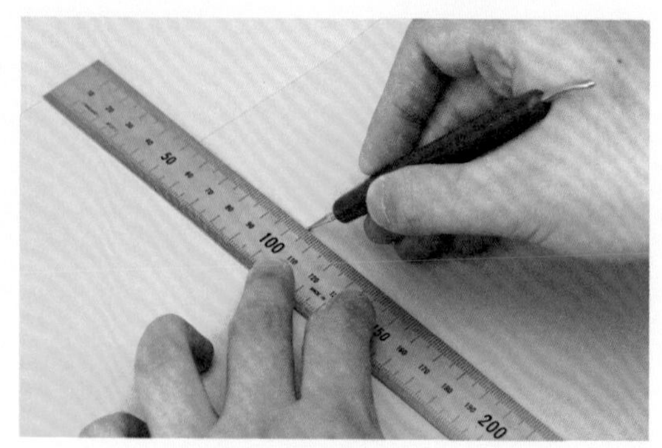

4　以噴膠清潔噴霧清理裁切好的蠟紙黏貼面，彎摺部分再以轉印筆沿著尺邊劃出摺痕。

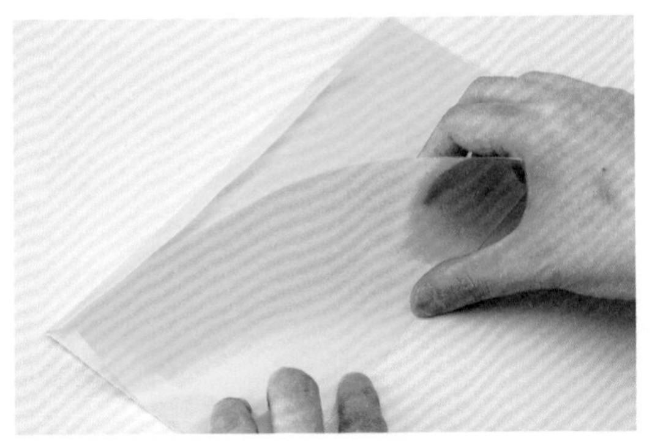

5 彎摺步驟4中劃好的摺痕。

6 塗上蠟紙專用黏著劑，後續同樣以黏著劑黏貼收件人標籤紙與郵票，黏著劑可於網路上購得。

7 靜待黏著劑乾透即完成。

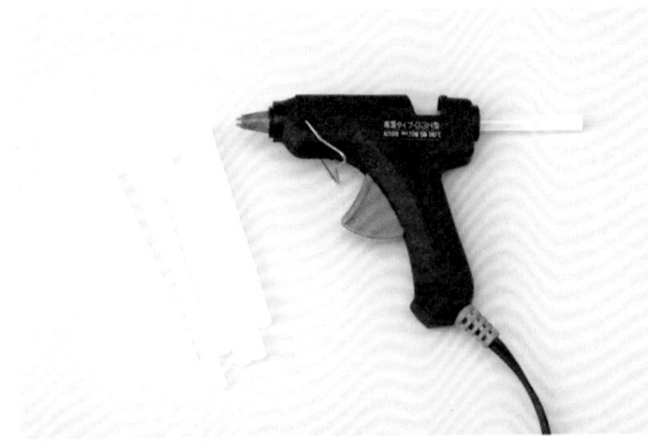

8 除了專用黏著劑之外，也可使用熱熔膠黏貼。

9 如果是以熱熔膠取代專用黏著劑，在塗完熱熔膠之後，必須立即按壓固定，因為熱熔膠很容易冷卻凝固，所以操作時動作要迅速。熱熔膠熔點溫度較高，也請小心燙傷。

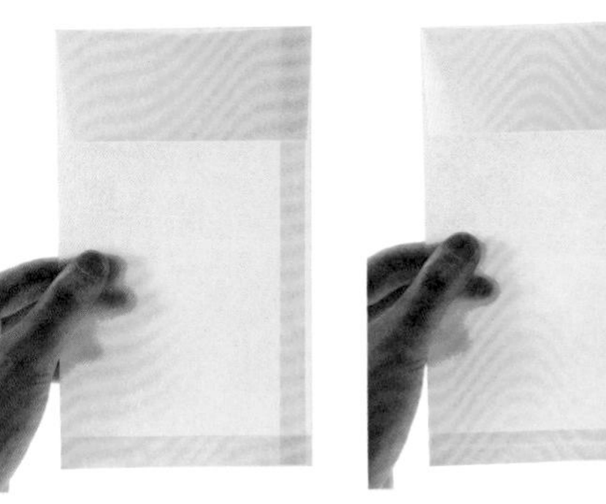

10 完成品。左圖是使用蠟紙專用黏著劑，右圖則是使用熱熔膠黏貼，使用熱熔膠的右圖中，在透光情況下會看到樹脂的痕跡。

18

貼膜&貼皮的完美貼法

於大面積的紙張上貼膜或貼皮時，常常不小心便會跑入空氣，造成不平整，在這裡特別介紹萬無一失的貼法要訣。

工具 & 材料

卡點西德（→P.243）、紙、刮板或三角尺。

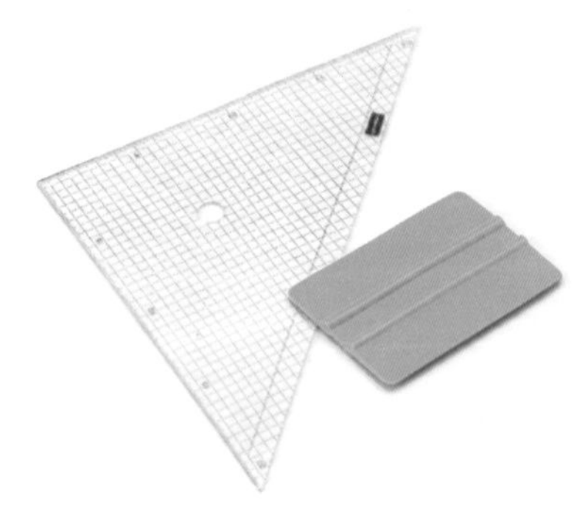

1 如果沒有刮板，也可以準備三角尺。

2 這裡要示範的是將美術紙貼上卡點西德。

3 先將卡點西德的背紙撕開一點點，然後裁切下寬度約2cm的背紙。

4 將步驟3中已裁切掉背紙的部分黏貼於紙上。

5　接著一手將卡點西德的背紙一點一點地往後撕開，另一手手持刮板順著卡點西德由前往後滑過，使其服貼。

6　一邊注意有無跑進空氣，一邊依照前述要領一點一點地貼平卡點西德。

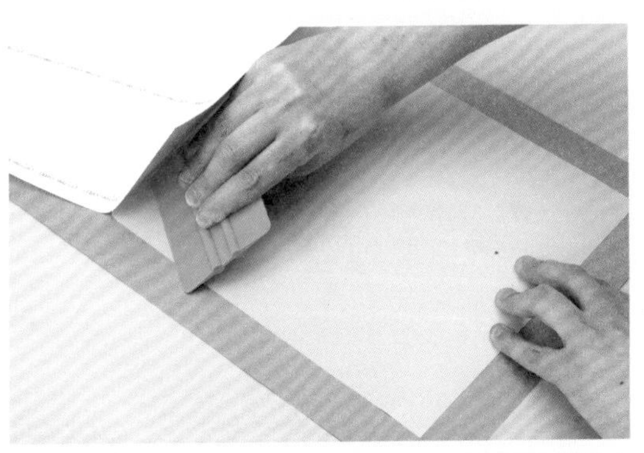

7　萬一空氣跑進去造成皺褶時，先暫停繼續撕開卡點西德的背紙，仔細以刮板將皺褶或空氣往外排除。

8　完成品。除了卡點西德，也可嘗試應用噴上噴膠的紙或膠片來黏貼。

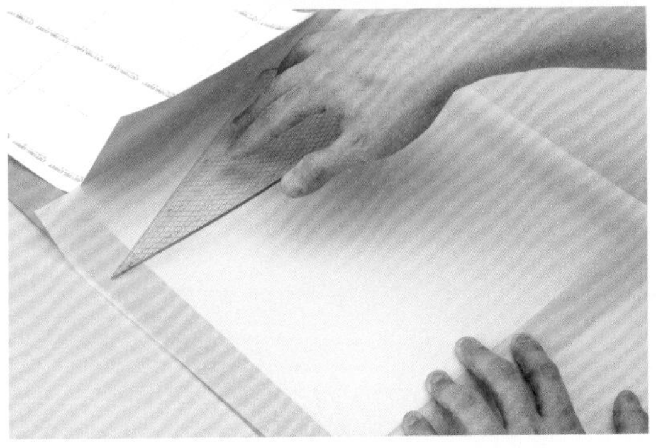

9　若沒有刮板，就以三角尺來代替。三角尺的尖角部分很適合於要在卡點西德上貼上一層描圖紙時使用，能在不傷紙張與卡點西德的情形下，將描圖紙貼得很漂亮。

10　不妨多嘗試用各種貼膜來製作書套。貼膜與貼附的紙張，會隨著材質與厚度而有相適性的問題，如果是高價款的貼膜，建議先試貼一小部分再決定較好。

19

以活版印刷工具製作浮雕效果

將紙張壓印出凹凸紋路的「浮雕加工」雖然製作出來的效果非常棒，但成本也相當高……不過，浮雕加工只要將設計圖稿交給工廠，就能作出凸版／凹版兩種圖版，然後再利用活版印刷工具組，即可自行作出簡易版的浮雕加工。

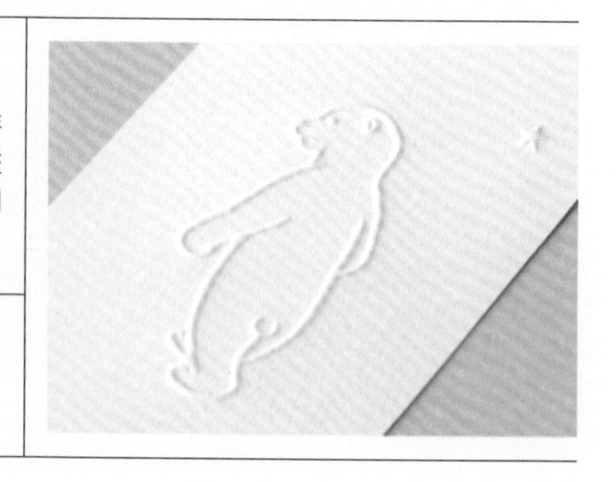

工具 & 材料

活版印刷工具組（→P.240）、浮雕用樹脂版（→P.240）、紙。

1 準備活版印刷工具組（→P.240）、浮雕用樹脂版（委託真映社製作→P.240）、紙。

2 以Illustrator或Photoshop軟體作出設計圖稿，再請真映社製版。有凸版（或稱為陽版）及凹版（又稱陰版）兩種圖版，書中協助提供圖稿設計的是插畫家Fujimoto Masaru。

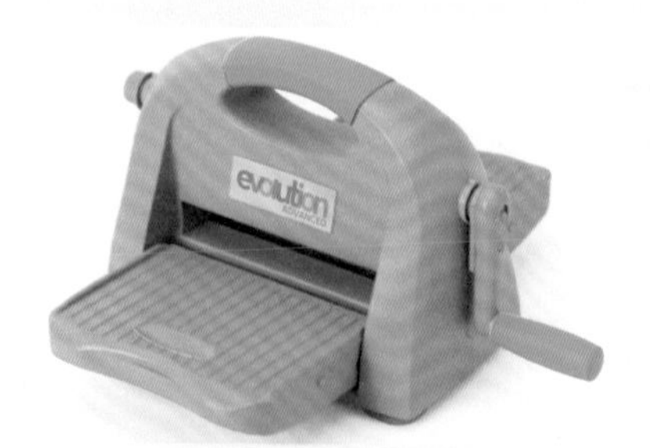

雖然是以上圖的機種組合來示範、拍攝，不過「挑戰個人印刷機的凸版印刷」單元（→P.028） 裡介紹的evolution ADVANCED同樣也有打凸加工的功能。

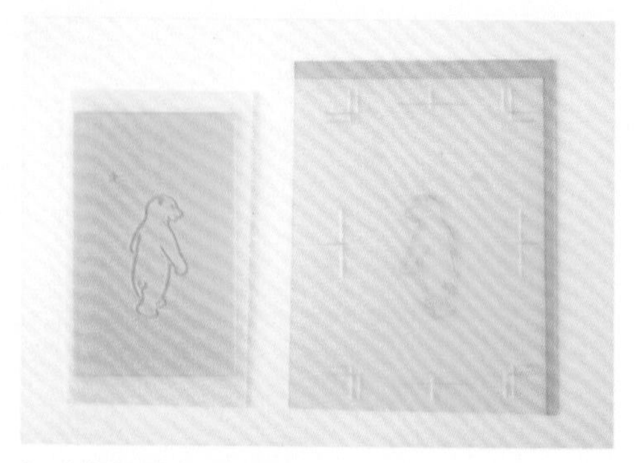

3 完成的凹版與凸版樹脂版。

4 凹凸兩版對齊位置後組合在一起，並於圖版上方貼上透明膠帶固定。

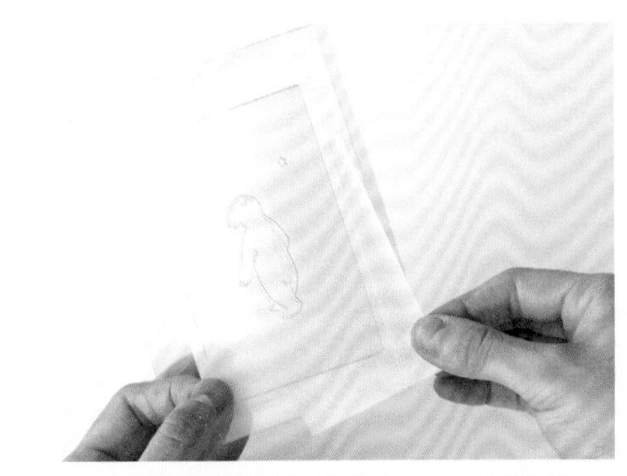

5 將欲以浮雕加工的紙張插入以透明膠帶固定的凹凸版中間。

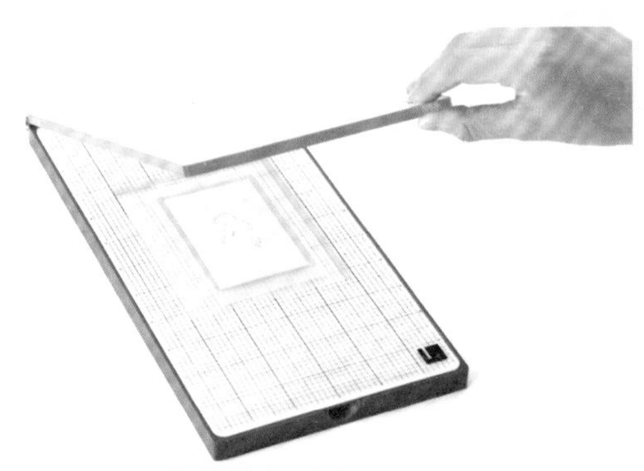

6 再將插入紙張的凹凸版放至活版印刷台。

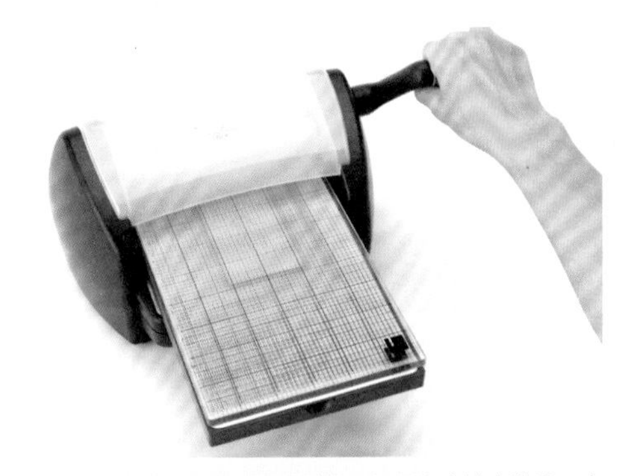

7 將活版印刷台放入簡易活版印刷機，如果沒有這台機器，也可以版畫加壓機代替。

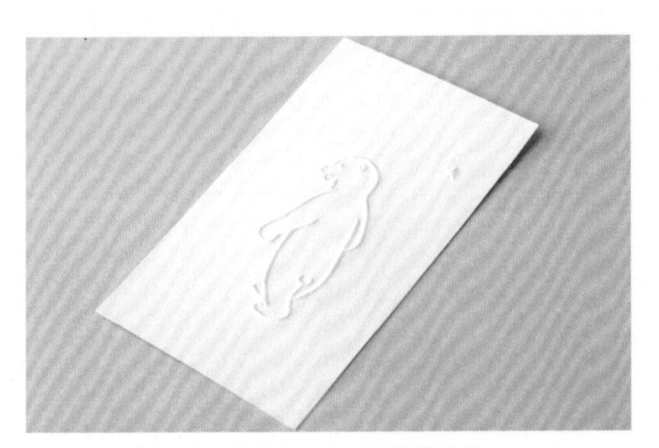

8 壓印完成後取出，圖稿便出現凹凸的浮雕效果。

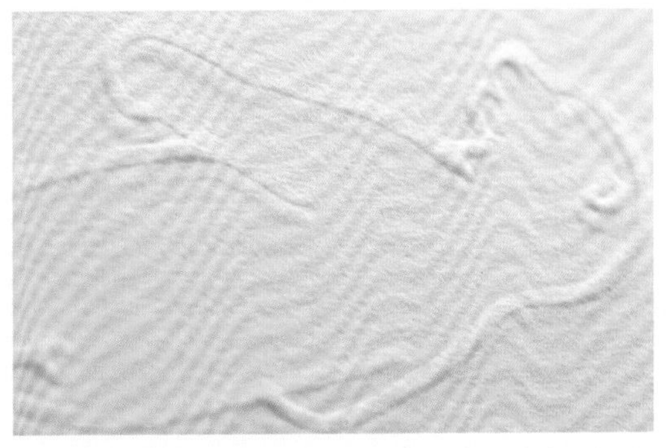

9 這是凹版與凸版沒對準壓印出來的結果。線條變成兩條，即可看出上下兩版沒有對準。

10 若是印刷後想要加上浮雕效果，可以將圖稿再列印一次。

11 與前面作法相同，確實對準凹版與凸版位置，以透明膠帶固定，再將列印出來的圖稿插入凹版凸版中間，此時請務必注意浮雕版與圖稿印刷位置是否吻合。

12 將插入圖稿的凹凸兩版放入簡易活版印刷機加壓，色彩鮮明的圖稿立即就有了浮雕效果。

20

以多功能摺線板製作摺線＋打凸效果

一般要讓紙製品有著清楚凸起的漂亮對摺線痕必須委託專業印刷公司才能辦到， 若想藉由手工再現的話，可利用「多功能摺線板」。除了摺線加工，還能將打凸功能用於摺線上，做出凸起的摺線痕。

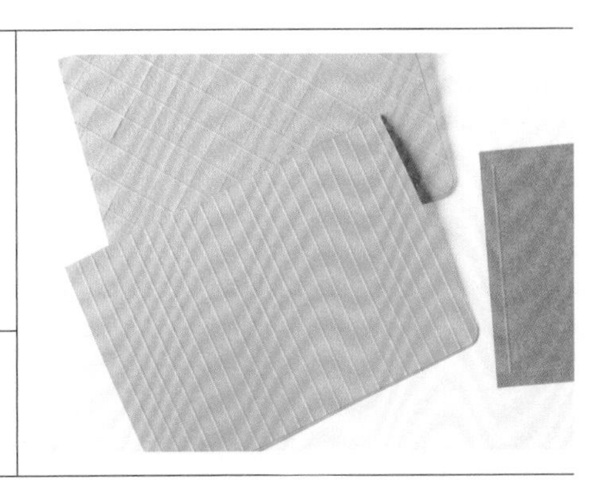

工具 & 材料

多功能摺線板（→P.244）、圓鐵筆（MAXON壓線筆）、紙。

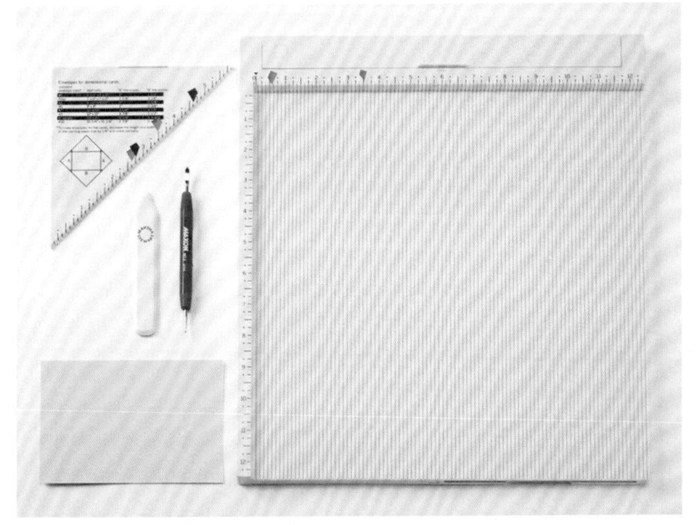

1　使用的工具。右邊是大型摺線板，與左上的三角輔助板，下方的摺紙棒為一組商品。（摺線板與三角輔助板上所貼的粉色與深藍色膠帶是作者在使用時所做的約略記號，商品原本並無膠帶） 附屬的摺線棒雖然可用來做出摺線，不過若備有這種尖端為直徑1mm圓球的圓鐵筆，所壓出來的摺線會更加漂亮。

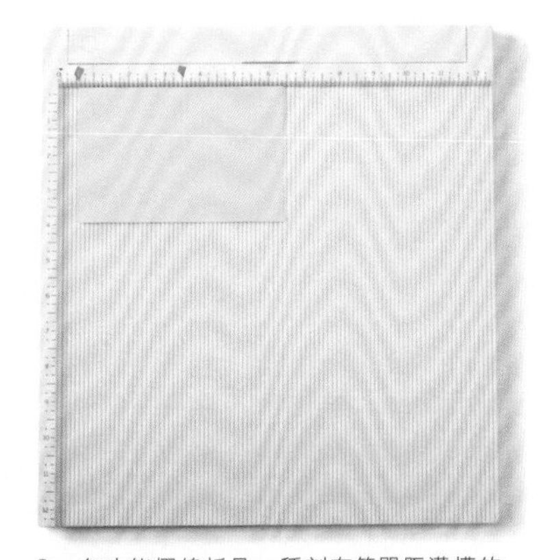

2　多功能摺線板是一種刻有等間距溝槽的板子，將紙張放在上面，用摺線棒或圓鐵筆從紙張上方壓著溝槽劃下，劃過的部分就會產生漂亮的線痕。將要做出摺線的紙張放於摺線板上。

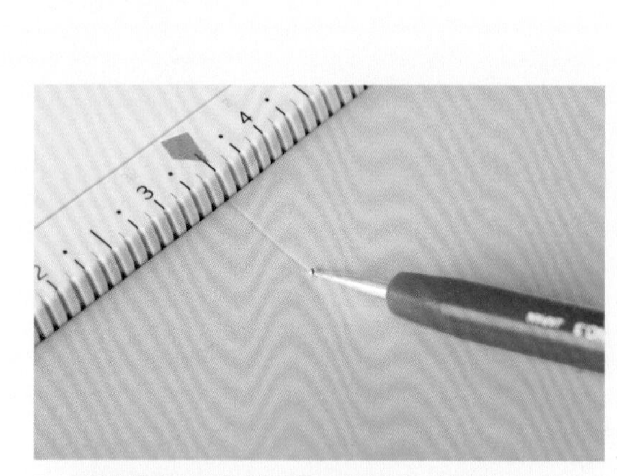

3 把圓鐵筆尖放在想要做出摺線的溝槽處，然後些微出力地劃下。因為紙張底下就是溝槽，所以能做出不歪斜的筆直摺線。

4 在摺線板劃出的摺線反面，是一道清楚凸起的漂亮線痕。

5 順著做好的摺線對摺卡紙。這樣即完成如市售商品般，有著漂亮摺線的對摺卡片。

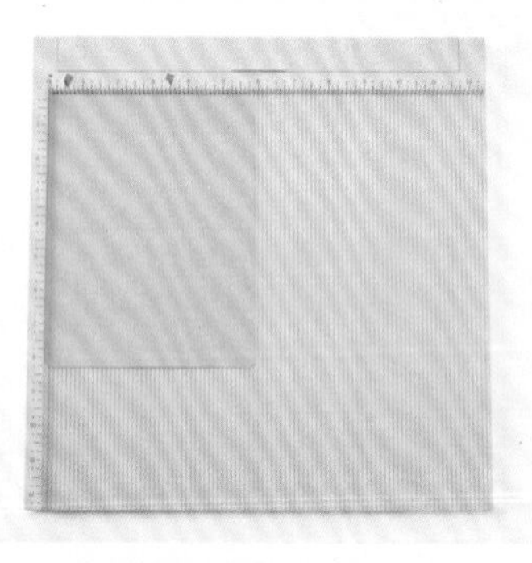

6 接下來要介紹做出打凸紋路的方法。將預先做好中央對摺線的卡紙放於摺線板上設置好。

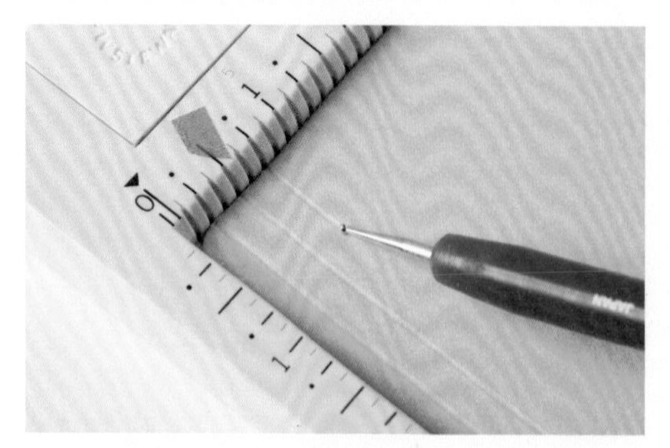

7 對準摺線板上的刻度，以圓鐵筆劃壓出一道一道的溝痕，直到中央對摺線處停筆。

8 整張紙連邊緣處都做滿摺線後，翻至背面的樣子。如此就完成具有等間距凸紋的卡片。

9 可以看到打凸加工的摺線呈現漂亮的圓弧形。

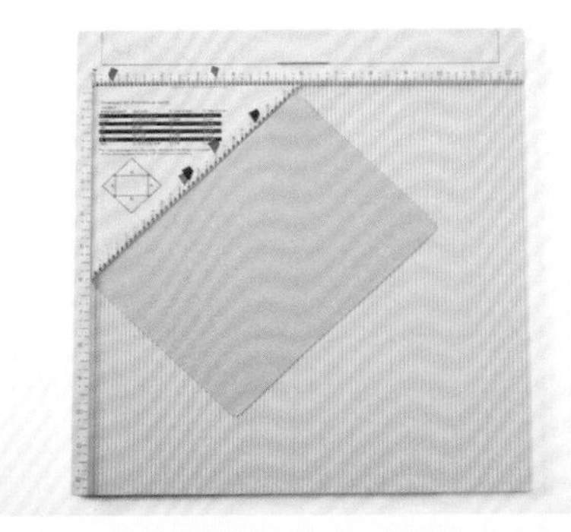

10 在此進一步介紹斜向格紋的打凸加工技法。將多功能摺線板附屬的三角輔助板設置於左上方。接著，紙張對齊置放於三角輔助板左下方。

11 因為想做出大格紋圖樣，所以每隔4個摺線板溝槽劃出一道摺線。

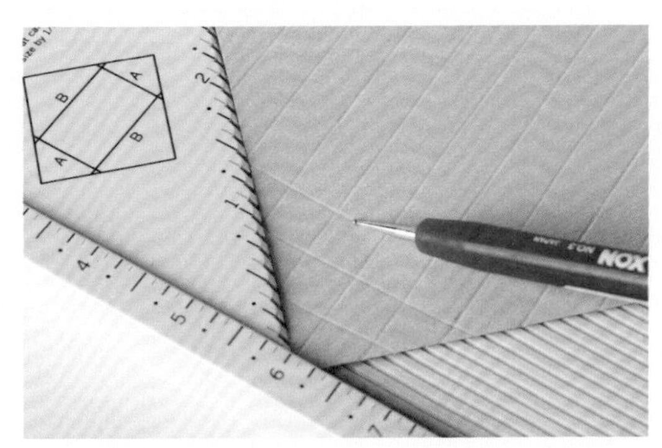

12 完成一個方向的摺線加工之後，將紙轉向90度，同樣以每隔4個溝槽劃摺線。

13 紙張有了漂亮的打凸格紋圖樣。

14 還能幫卡片內面加上像是框線的打凸線條（右）。總之，隨著劃法的不同，可以做出各式各樣的加工效果。

21

以多功能摺線板製作信封

不管是想製作符合要放入的內容物尺寸的信封，或者以原創印製圖案的紙材來製作信封，最簡便的方法就是利用這種多功能摺線板。它能輕鬆且自由地做出漂亮的信封。

工具 & 材料

多功能摺線板（→P.244）、剪刀、圓鐵筆（MAXON壓線筆）、黏膠、紙。

1　使用的工具。右邊的大型板是多功能摺線板。左上是三角輔助板。與下方（剪刀右邊）的摺紙棒為一組商品。（摺線板與三角輔助板上所貼的粉色與深藍色膠帶是作者在使用時所做約略記號，商品原本並無膠帶）附屬的摺線棒雖然可用來做出摺線，不過若備有這種尖端為直徑1mm圓球的圓鐵筆，所做出來的摺線會更漂亮。

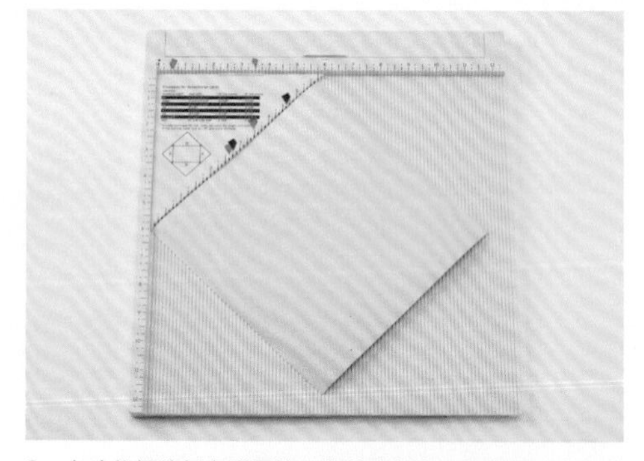

2　多功能摺線板與附屬的三角輔助板為一個套組。本次放上一般的卡紙來製作信封。所準備的紙張為尺寸21cm的正方形。只要將A4大小的長邊部分裁成21cm即可，相當簡單。把紙對準三角輔助板左下方置放。

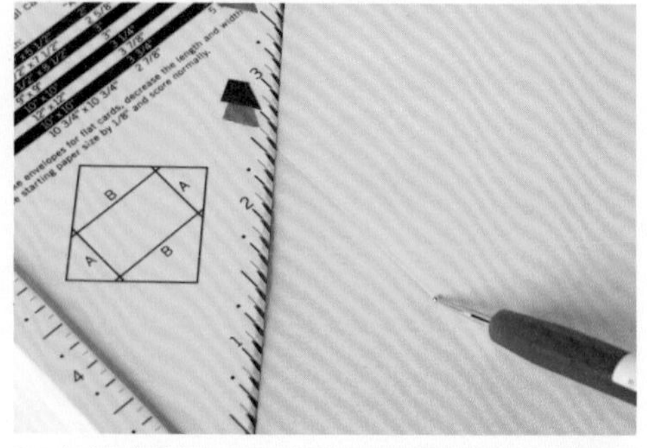

3　多功能摺線板是一種刻有等間距溝槽的板子，用來製作摺線的工具。將紙張放在上面，以附屬的摺線棒或圓鐵筆從紙張上方壓著溝槽劃下來，劃過的部分就會產生漂亮的線痕。這次要在紙張的對角線狀兩邊，目測約「2又8分之5英吋」的位置做出摺線。

4　這次要在步驟3 的另一側對角線狀兩邊，約是「3又2分之1英吋」的位置做出摺線。

5　這就是做好的摺線位置。

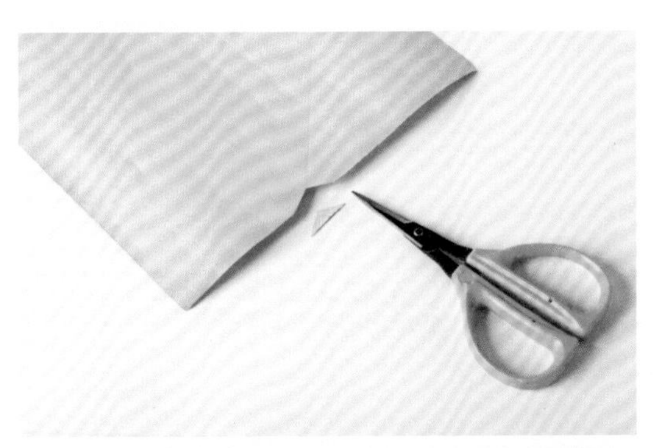

6　接著，將摺線形成的尖角部分以剪刀剪除成缺口。剪除的角度不是順著摺線形成的90度，而是約120度左右的大角度。這樣做能使成品比較漂亮。

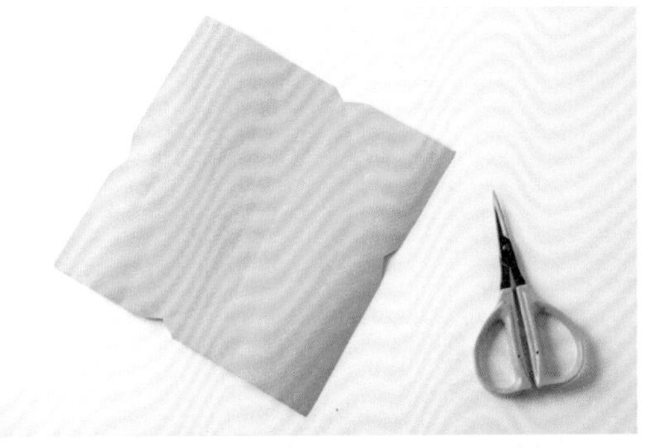

7　四邊全部剪好的樣子。如此就完成基底作業。

8　將四邊剪出缺口的紙張沿著先前做好的摺線摺起，再以黏膠固定。

9　以黏膠固定之後即完成信封袋。或將紙張以反面製做也不錯，尺寸亦可自由地改變。

10　該如何目測決定摺線的位置以製作出想要的信封尺寸呢？雖然可透過精密計算來定位，但如果有現成的信封範本，即能簡單做出大小幾乎相同的信封。這次要製作的是可放入三折A4紙的橫長型信封。將準備的紙張與信封重疊，紙張的尺寸要比信封大一圈，所以是各邊25cm的正方形。

11　將三角輔助板設置於多功能摺線板上，紙張則對準其左下方置放。將信封放在紙的中央，檢視信封左邊約略在三角輔助板的哪個位置是邊緣。

12　本次用深藍色膠帶做為約略定位的記號。

13　將紙張與信封轉向90度，同樣目測找出信封左邊的邊緣部分，再做記號（深藍色膠帶）。

14　確定好約略的位置後，用與前頁相同的步驟製作摺線，剪出尖角缺口，再以黏膠固定即完成信封。由於這種橫長型信封的信封上蓋有時可能過長，不妨在收尾時稍微修剪。

22

利用信封板製作信封

刀模製作的信封，其費用金額頗高。不過，若使用信封板的話，就能選擇自己喜歡的紙材，且配合內容物大小決定尺寸來完成信封製作。

工具 & 材料

信封板（→P.244）、紙、黏膠、美工刀。

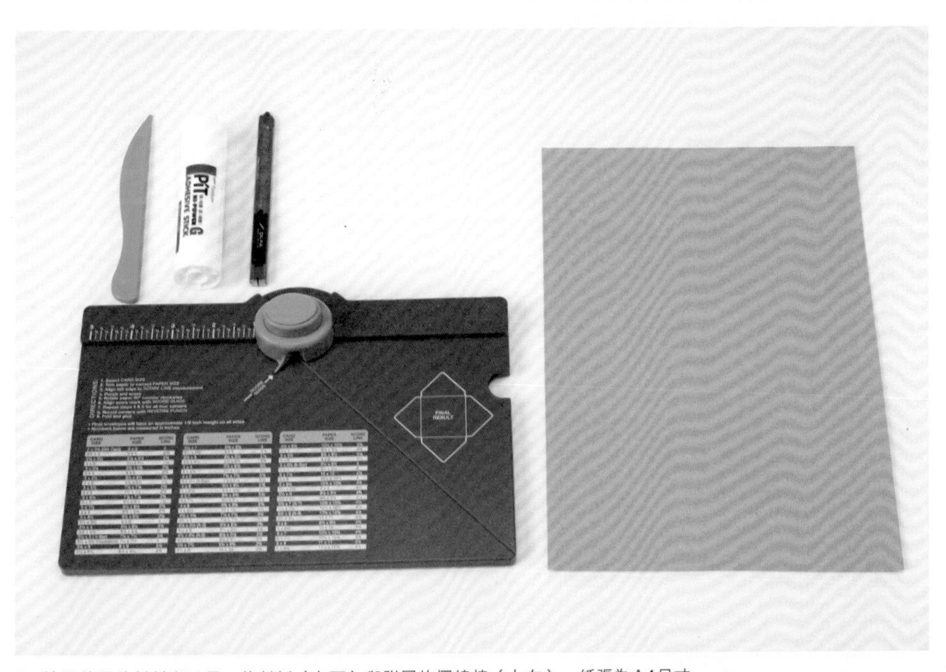

1　這是使用的材料與工具。信封板（左下）與附屬的摺線棒（上左）。紙張為A4尺寸。

2　本次要製作的是可放入一般卡片大小的常規尺寸內的信封。使用的紙張為將A4長邊裁剪成21cm的正方形。

3　紙張放於信封板上。因為信封板本體與附屬的墊子上寫有根據想製作的信封大小，紙張該放在哪個約略位置的刻度，所以只要依此設置即可。

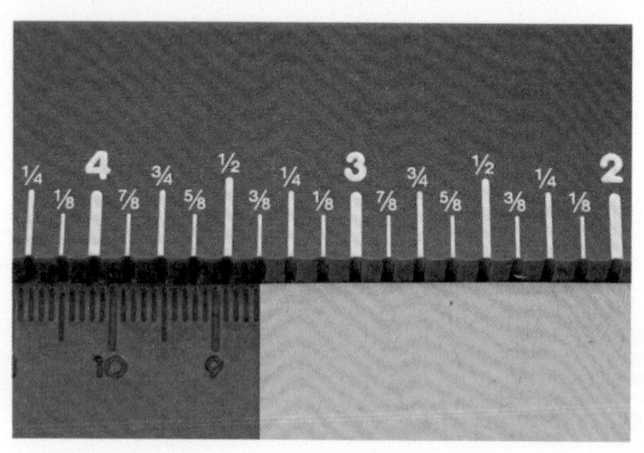

4　本次紙張是設置在「3又8分之3」的地方。

5　紙張設置完成後，按下信封板上方的綠色按鈕來裁切紙張。接著，使用附屬的摺線棒，沿著信封板的溝槽由中央往右斜下方向做出摺線。

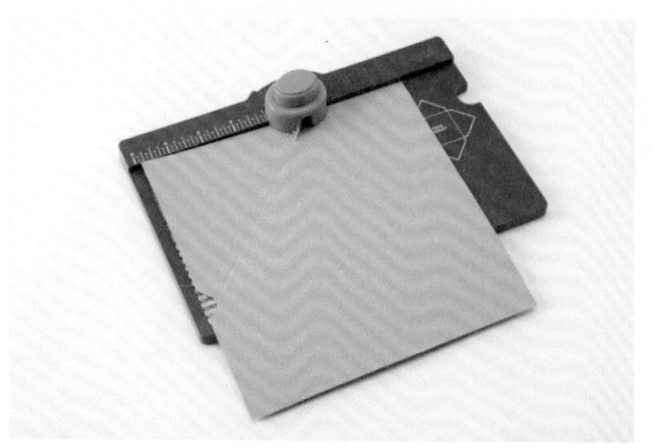

6　將紙張轉向90度後，以步驟5的方式製作摺線，並配合信封板的按鈕左下突出的方向標示設置紙張。再次按下按鈕裁紙。

7　同樣步驟，把紙轉向90度，做好的摺線配合方向標示設置好紙張，按下按鈕裁紙。重複這個製作步驟，完成四邊的尖角缺口，樣子如照片所示。

8　把信封板轉向180度，用按鈕的另一側將紙張的邊角做出圓角。

9　按下按鈕即可裁剪成圓角。四個邊角全都做成圓角。

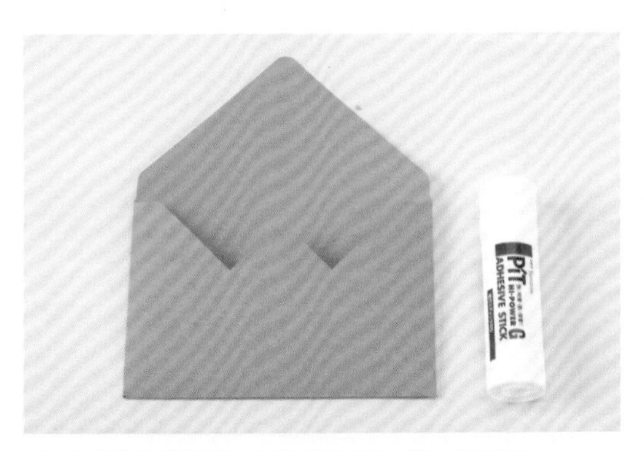

10　之後順著摺線摺紙，兩邊以膠固定，信封就完成了。

11　如果配合紙張大小歸納出摺線的約略位置，就能製作各種尺寸的信封。

23

以塑膠封口機密封

如果手邊有些易於熱熔的媒材，可使用只要幾秒鐘即可熱加壓封口的Clip Sealer Z-1製作，這款夾式塑膠封口機不需要預熱時間，隨插隨用。這次特別示範了許多不同的媒材，大家也可以自行發揮創意，作出與眾不同的印刷品。

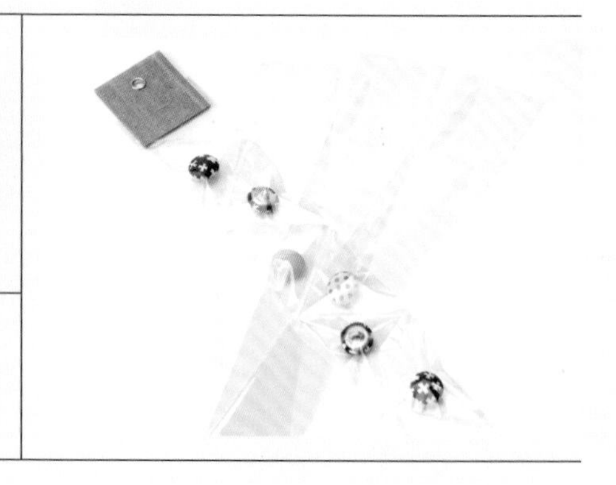

工具 & 材料

塑膠封口機（Clip Sealer Z-1）（→P.244）、可以熱熔的媒材（夾鍊袋、OPP袋、不織布）。

1　首先介紹塑膠封口機（Clip Sealer Z-1）的使用方式。以示範的夾鍊袋為例，內容物放進袋中之後，將夾鍊袋的封口部分以封口機熱熔封口。夾鍊袋在SHIMOJIMA株式會社的店面購得。

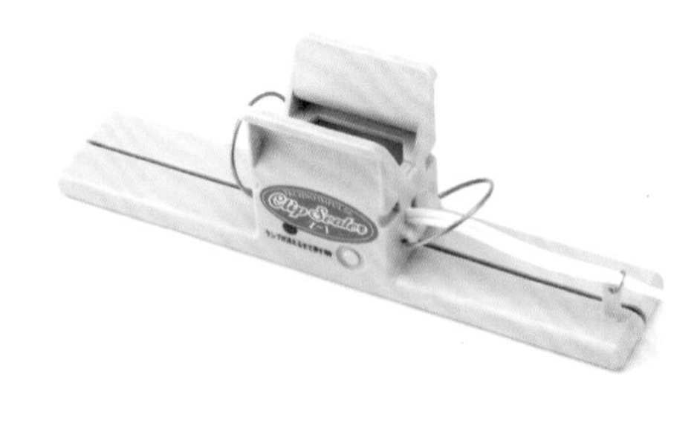

2　這是Clip Sealer Z-1。這種塑膠封口機另有桌上型與單邊熱壓型等不同機種。

3　將內容物放進夾鍊袋。夾鍊袋有透明塑膠製與銀色鋁箔製，另有寬底與平面樣式。

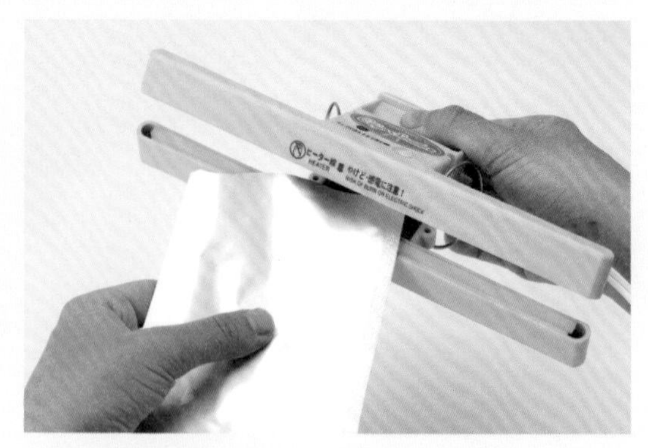

4　放入內容物之後，將夾鍊袋開口部分放至夾式封口機。夾式封口機，就是外型有如大型夾子的封口機，操作相當簡單。

5　按下開關數秒，待指示燈亮起時仍需按住開關不放，按住開關時封口機會產生高溫熱能，一段時間之後會自動斷熱。

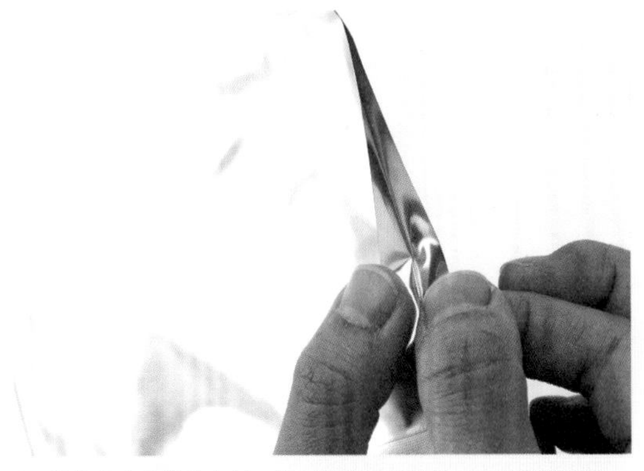

6　將袋底充分熱熔密封，萬一熱熔效果不佳，可以重新加熱一次，再檢視封口情況。

7　最後貼上標籤即完成。

8　這是使用OPP袋的示範作品，細長的OPP袋中放進鈕釦，將開口部分斜放進夾式封口機，作出彷彿一串糖果的包裝。

9　另可將不織布進行局部熱熔封口。書中使用包裝用的大片不織布，將之捲成立體形狀，再局部封口固定。因為不是每一種材質都適用熱熔封口，建議在製作前不妨先測試確認後再操作。

10　這是名為パレットパック（paretsutopatsuku）的平面袋，以類似和紙的材質製成，內側部分可以熱熔。

11　由於パレットパック（paretsutopatsuku）的內側適用熱熔封口，如果是厚度較薄的亦能放進護貝機加工。

12　上圖為經過護貝後，作成剪貼簿風格的示範作品。

24

以透明樹脂使平面貼紙呈現立體感

以透明樹脂加工製作立體感，一點都不輸給書籍封面設計常見的UV亮光膜加工方式。只要使用居家DIY賣場所售的水晶樹脂膠，即能輕鬆作出極具透明感的半立體貼紙。

工具 & 材料

水晶樹脂膠（包含Epoxi樹脂與硬化劑）、電子秤、紙杯、牙籤、印有設計圖稿的貼紙。

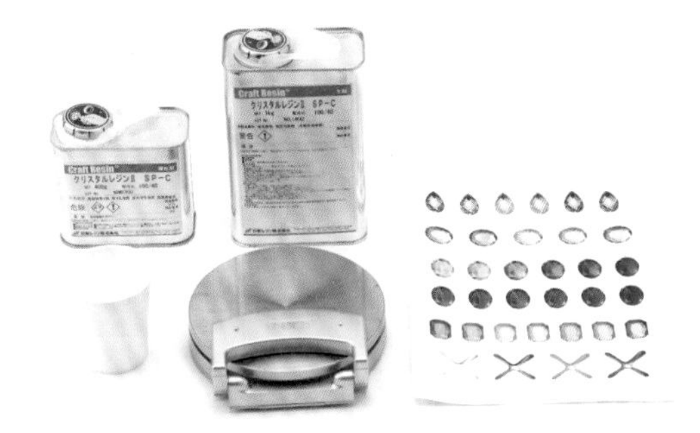

1　準備水晶樹脂膠（包含Epoxi樹脂與硬化劑）、電子秤、紙杯、牙籤、印有設計圖稿的貼紙。

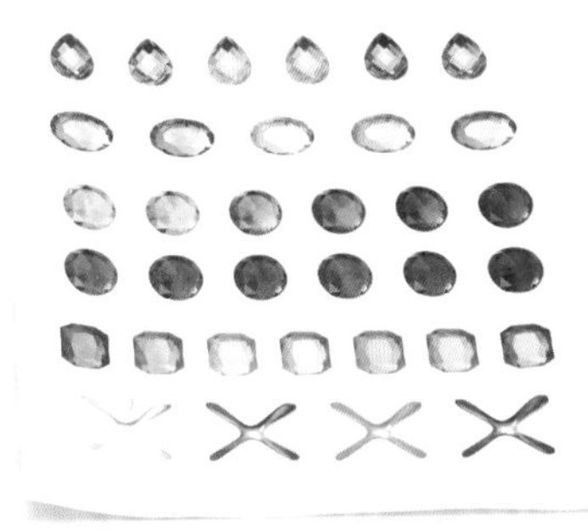

2　設計圖稿是列印在未裁切的標籤用貼紙上。選擇貼紙時盡量選擇厚度較厚的紙張，圖中示範貼紙是含背紙厚度為0.015mm的列印貼紙。將圖稿印出來之後，再以美工刀切割出圖案的形狀（不要切割到背紙）。

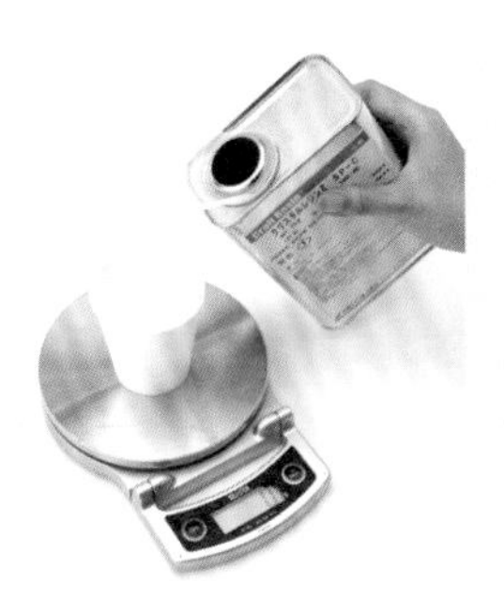

3　水晶樹脂膠在居家DIY賣場或化工材料行有售，也可以利用網路購買。水晶樹脂膠包含了Epoxi樹脂與硬化劑，依照說明書的比例將兩劑倒入紙杯混合即可。為了掌握正確的混合劑量，請使用電子秤。

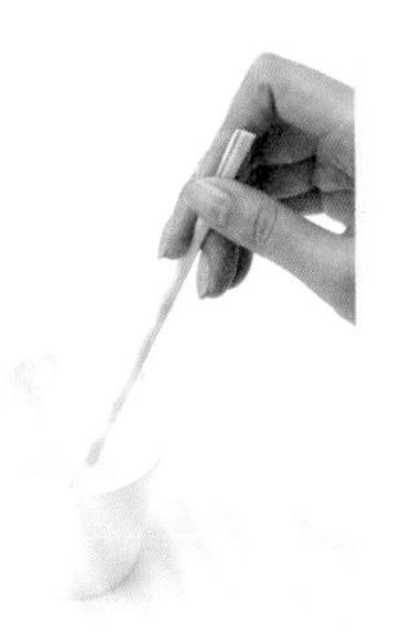

4　將秤量後的Epoxi樹脂與硬化劑倒入紙杯，以免洗筷攪拌混合。

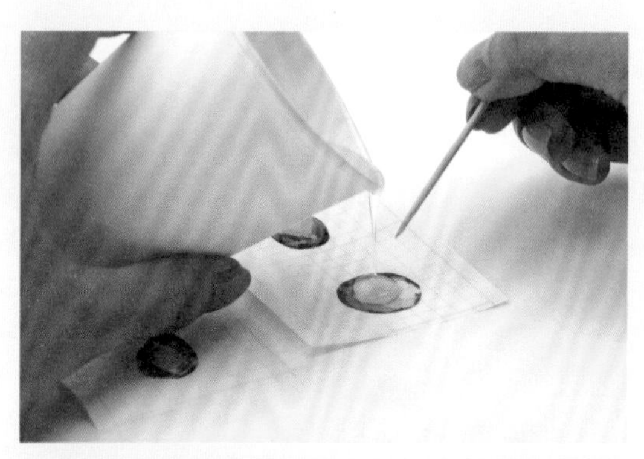

5 裁切貼紙並撕去不要的部分後，將混合好的樹脂膠倒於寶石圖案上。

6 倒入的分量大約是不溢出圖案範圍的程度。

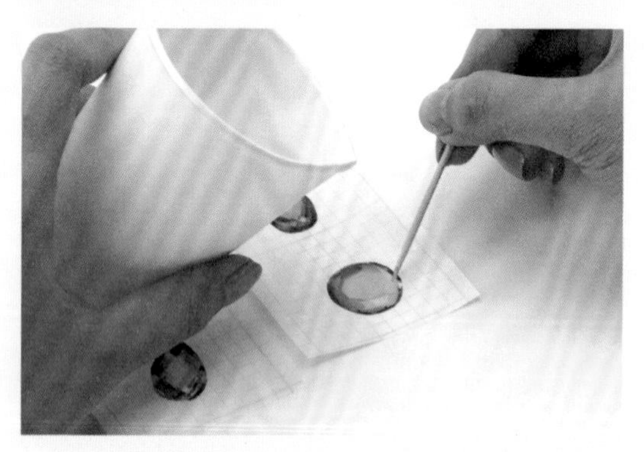

7 如果樹脂沒有流到圖案邊緣，可以牙籤尖端輔助，使樹脂覆蓋至圖案邊緣部分，因為液體表面張力的緣故，樹脂會保持不流動的狀態，直至乾透定型。

8 半立體寶石貼紙完成。加上透明樹脂的貼紙就像是市售品一樣地漂亮。

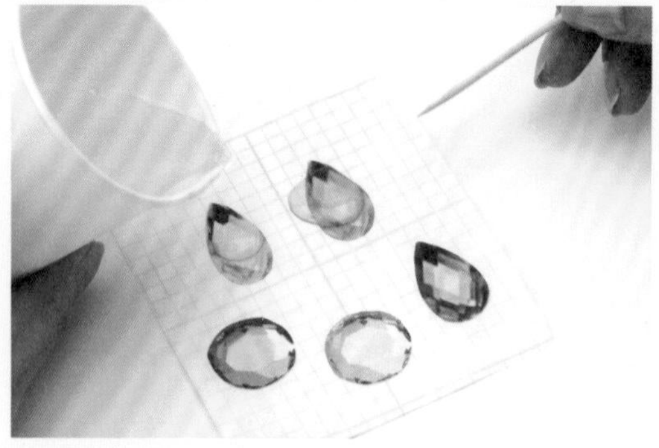

9 有時可能會倒下過多的樹脂膠，導致溢出圖案範圍的情形，操作時請特別注意。

10 貼紙圖案最好以圓形或方形等少凹凸角度的形狀為佳，例如星形圖案很容易在尖角部分失敗。

25

以布皮專用液體防染劑型染布料

型染是將模板圖案部分塗上防止染劑上色的防染劑後再染色的技法。只要使用布料、皮革用的防染劑Quick Mask，即能輕鬆將手帕、手巾型染。趕快來挑戰以紙張或噴畫模板、卡典西德等媒材製作模板，染出留白的圖案吧！

工具 & 材料

Quick Mask（→P.244）、染料、模板紙或卡典西德、欲染色的素材。

1　可防止布料與皮革染色的遮色劑。由於以往使用的防染膠必須大費周章做各種事前準備，改用Quick Mask這種防染劑只要像塗顏料一樣塗佈於素材上就能防染，相當好用。

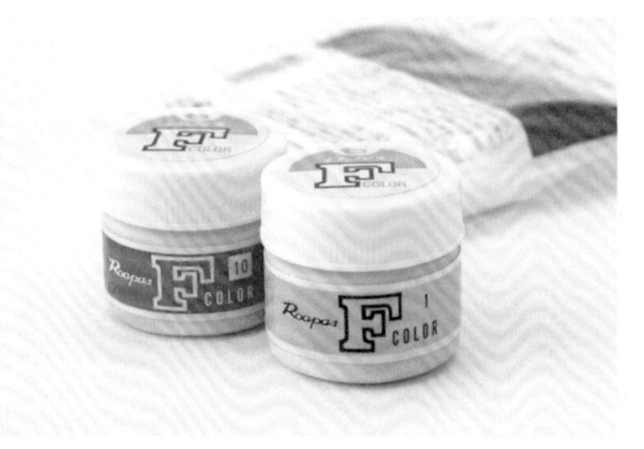

2　Quick Mask最適合冷染的染料。這次選擇同品牌的冷水染的反應性染料，使用色號是Roapas F。F色號可染絲、棉、麻、人造絲等布料。

3　這次要染色的是較薄材質的布包。首先將圖案模板放在布包上。若想避免模板跑位，可先在模板噴上噴膠以暫時固定，或者使用卡典西德也不錯。

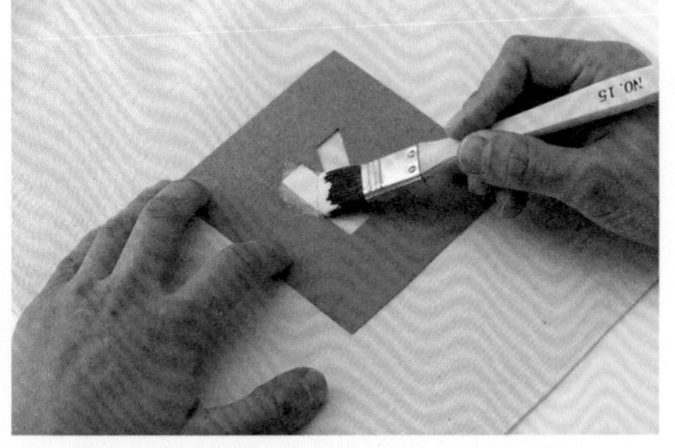

4　沿著模板塗上防染劑。只塗一次的話，圖案較為朦朧。想要圖案清晰，塗二次比較有效果。塗佈完成後等待防染劑乾透。

※由於Quick Mask若放置在強烈陽光直射等過於高溫的場所，可能會有變質的情況，因此請務必常溫保存、使用。

5 將反應性染料與固色劑溶解後製成染色液，然後將布包放入其中染色。攪拌染色液以避免染色不均，同時浸泡約20~40分鐘。

6 完成染色之後，以水沖洗乾淨。接著，以熱水或添加鹼的合成洗劑，洗去布料上殘餘的染料與防染劑。如果是使用合成洗劑，請於最後再次以水沖洗一次，待乾即完成。

7 將染色前與染色後的布包放在一起比對。經過防染劑遮蓋的部分完整地保留布料原有顏色。

26

以立體盒製作板自製派盒

這種尺寸剛好用來放置小物的派盒，一般必須委託專業工廠的刀模＋摺線加工才能做出漂亮的成品。但是，現在只要使用這種立體盒製作板，就能選擇自己喜好的紙材，製作多樣化尺寸的派盒。

工具 & 材料

立體盒製作板（→P.244）、圓鐵筆（MAXON 壓線筆）、紙。

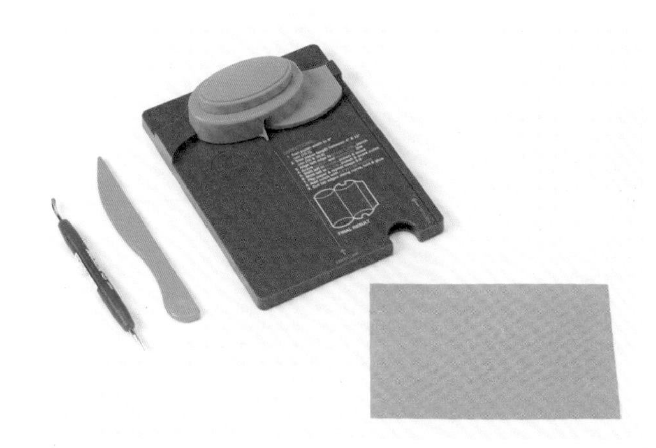

1　這是工具與材料。本次要製作的是短小型的派盒，所以準備的紙張尺寸為明信片大小（100×148mm）。綠色摺線棒是立體盒製作板的附屬工具，不過有圓鐵筆（左）的話，建議還是使用圓鐵筆，成品會比較漂亮。

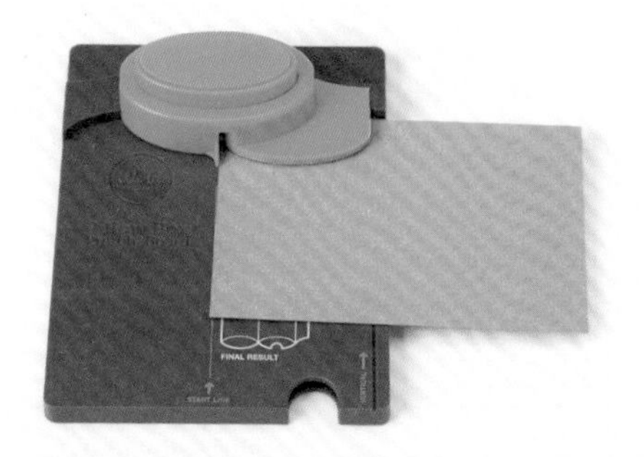

2　對準立體盒製作板的中心線，將紙張橫向置放。

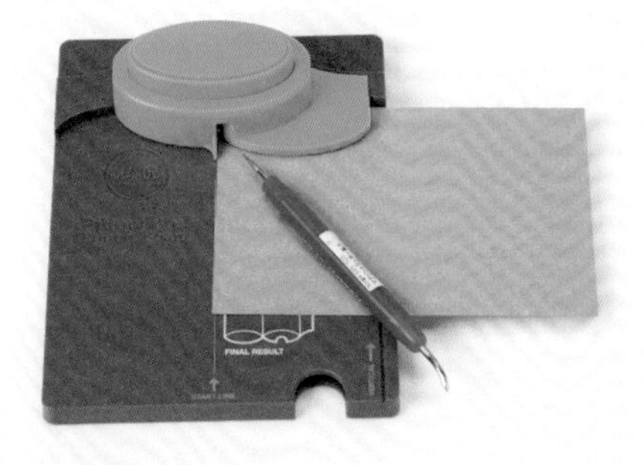

3　按下立體盒製作板上方的綠色按鈕，將紙裁切出缺口。然後以圓鐵筆（或是附屬的摺線棒），在標示的位置做出摺線。因為立體盒製作板的此部分刻有溝槽，所以能劃出漂亮的摺線。

4 將剛剛做好的摺線，對準立體盒製作板上方中央的方向標示後。再次按下按鈕裁切出缺口，並與步驟3一樣劃出摺線。

5 再次將紙張平行往左移動，將摺線對準方向標示，按下按鈕裁切出缺口。

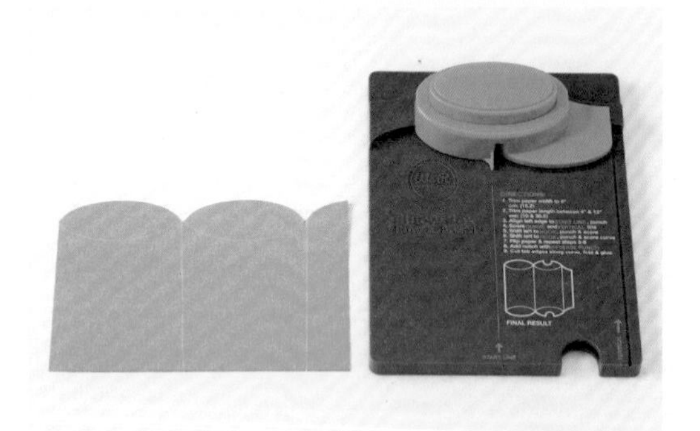

6 這是單面完成裁切與摺線的樣子。

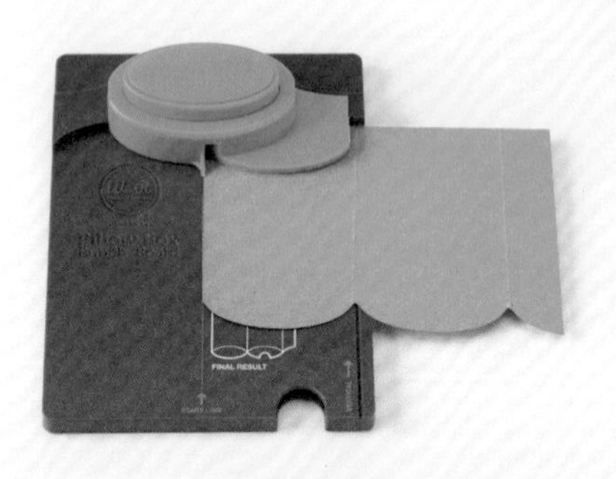

7 將紙張翻至另一面，這面也按照相同步驟做好缺口與摺線。

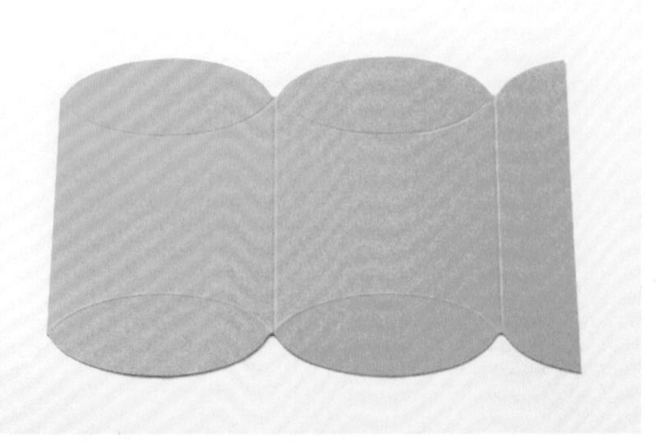

8 兩面皆完成缺口裁切與摺線。

9 把立體盒製作板轉向180度，並將紙張插入按鈕部分後按下按鈕。

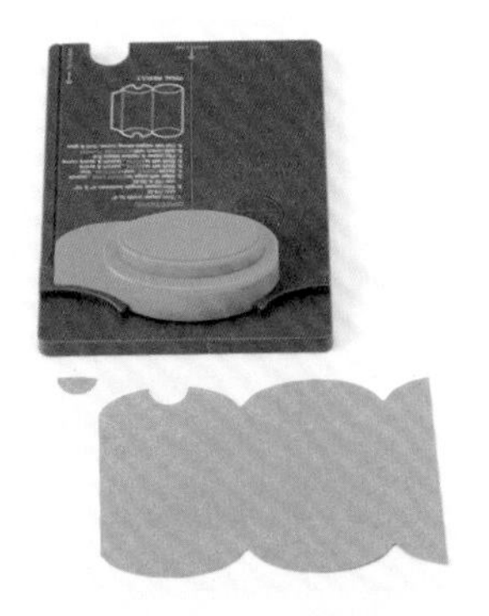

10　裁切出一個半圓形的小缺口。裁切這個缺口是為了方便開啟派盒的盒蓋而設計。

11　斜向剪除黏貼部分的上下兩端。這個步驟的目的在於摺成派盒時，讓盒蓋摺出來比較漂亮。

12　黏貼部分塗上膠後摺成、黏合。

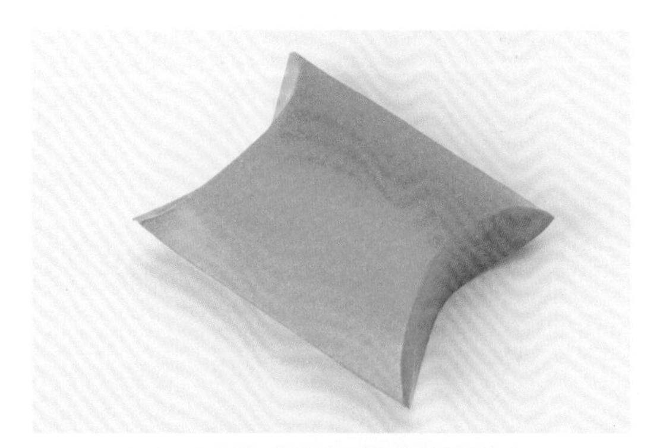

13　將盒身調整出蓬度，兩側的蓋子回摺即完成派盒。

14　改變紙張尺寸也可做出圖中的長形派盒。

27

將印刷品製成真空袋

真空袋主要是為了保存食物，排除袋中空氣後，以真空的狀態來密封。這是被當成一般家庭用品來販售的工具，當然也可用來密封印刷品，袋子緊貼內容物的狀態別具魅力。

工具 & 材料

要裝進真空袋的內容物、PE．PP．PVC塑膠袋（即使材質符合，仍有可能出現無法真空處理的情況，請事前確認）、真空密封機（→P.244）。

1　準備內容物（本單元使用燙金加工的手抄紙），以及能利用真空密封機密封的塑膠袋。

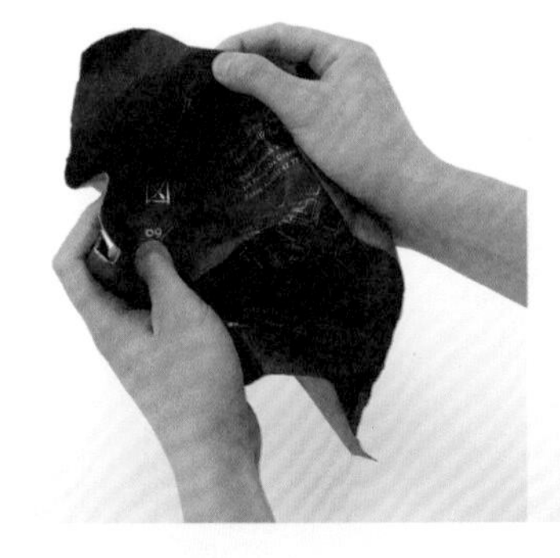

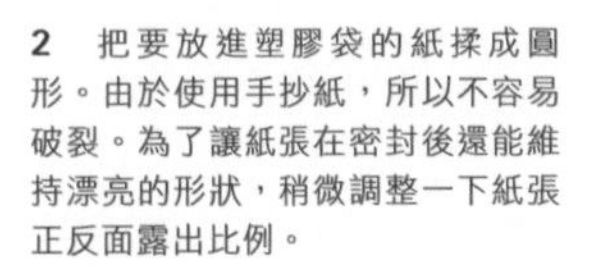

2　把要放進塑膠袋的紙揉成圓形。由於使用手抄紙，所以不容易破裂。為了讓紙張在密封後還能維持漂亮的形狀，稍微調整一下紙張正反面露出比例。

4　把揉成圓型的紙放進塑膠袋，整理一下內容物的形狀或位置，將塑膠袋的袋口夾進真空密封機。

5　按下開始鍵，開始排除空氣。排氣結束後袋口自動加熱封口，便完成真空收縮袋。

6　貼上貼紙就大功告成了！這項作品是日本服飾公司DEVOA的邀請函。

28

利用塑膠封口機密封

PE塑膠袋等不使用接著劑封口，而是直接加熱溶解袋子本身的塑膠材質，並以加壓的方法來封口。許多零食、食物、藥品等都是採用這種方式，若能運用在印刷品或DM的包裝上，也可製造出獨特的效果。

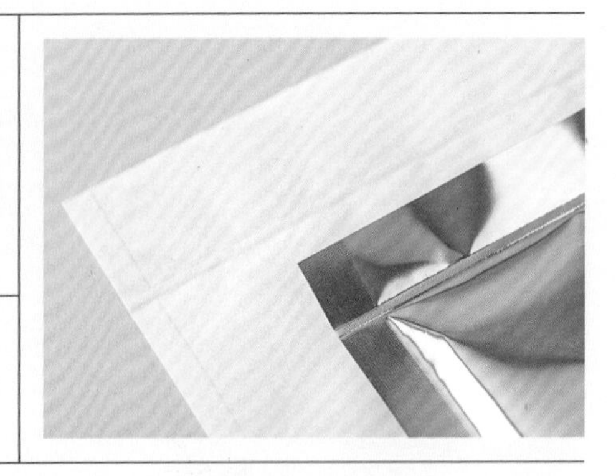

工具 & 材料

PE・PP・PVC塑膠袋（即使材質符合，仍有可能出現無法加熱密封的情況，請事前確認）、塑膠封口機（→P.244）。

1　準備內容物和可用在塑膠封口機上的袋子。本單元是使用購於包裝材料行的銀色袋子，以及內側具夾層加工的薄紙袋。

2　將內容物裝進袋中，內容物過長會卡在袋口，因此選擇內容物時須先考慮大小及袋子的尺寸。

3 啟動塑膠封口機電源，暖機後如圖夾住要封口的地方。

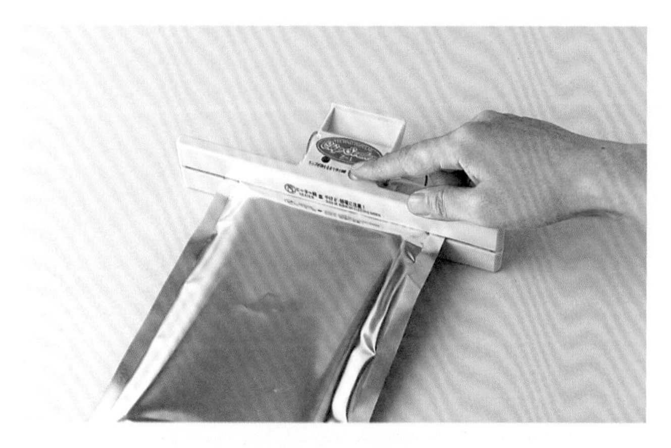

4 按下塑膠封口機的開始鈕。只要改變內容物或袋子的材質，就能自由變化出不同的效果。

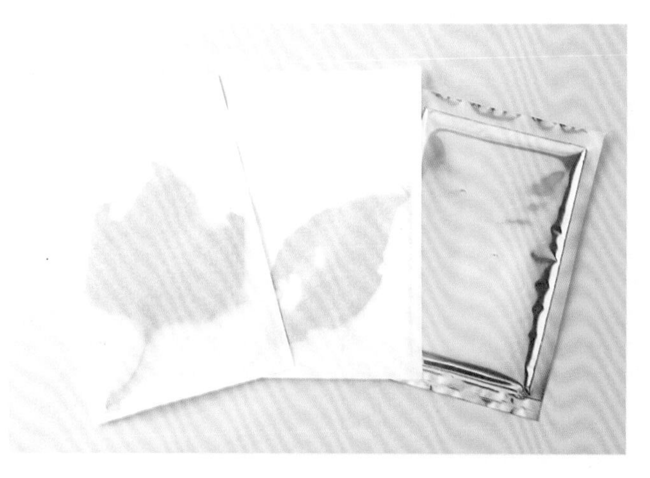

5 只需數秒就能完成封口。不同的塑膠袋材質，所需的熱壓密封時間也會有所差異，製作前請先確認。

29

毀損加工

如同經過褪色加工的牛仔褲般，這是一種刻意製造長期風化．耗損的感覺，帶來經年累月所產生的破損效果。本單元是在厚紙板的邊緣進行毀損加工。

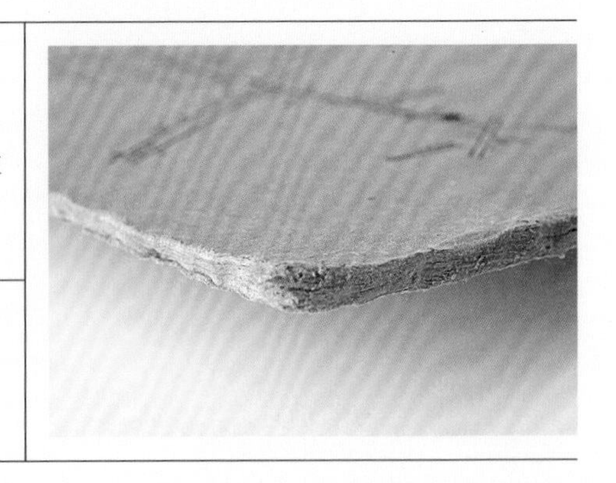

工具 & 材料

厚紙板、金屬刷、方形盤、水。

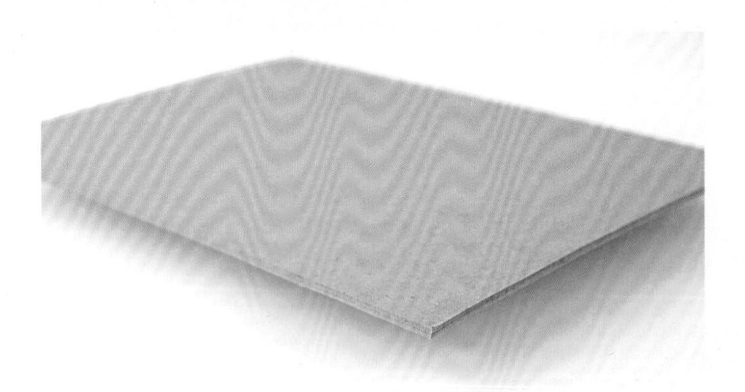

1 準備一張厚紙板（這次使用 4 mm厚的紙板，若要製作DM或卡片，請準備已印刷完成的紙板）。

2 在方形盤內裝水，並如圖將厚紙板的四邊浸水。

3 浸泡時間太短紙的纖維不易鬆開，浸泡時間太長厚紙板則會分解，所以必須配合紙的特性來調整浸泡時間。

4 厚紙板吸水變軟後，利用金屬刷在厚紙板的邊緣來回刷或敲打，製造出破損的感覺。

5 作出自己想要的感覺後，等紙乾燥就大功告成。

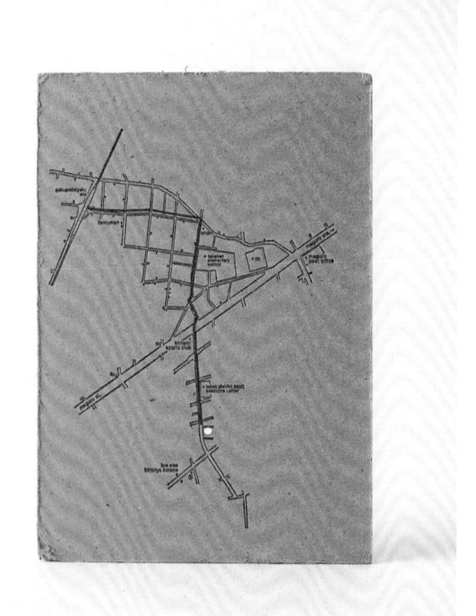

6 乾燥後的完成品。這張卡片是服飾公司DEVOA的時裝秀邀請函，以燙印及版畫的方式呈現出資訊內容。

30

毀損加工＋著色

利用前一個單元所介紹的毀損加工，繼續著色來加強年代久遠的效果。運用毛細現象，讓紙張染色。

工具 & 材料

紙、方形盤、水、染料（咖啡色、黑色等）。

1　將完成毀損加工的厚紙板（乾燥前的狀態），整張輕輕地以水沾濕。接著把厚紙板的四個邊，如圖浸泡在事先調好的顏料中（深咖啡加上少量的黑色墨水混合均勻）。

2　輪流將厚紙板的四邊浸泡顏料，讓墨水滲入邊緣。

3　等顏料滲透後，乾燥即完成。使用不同的紙質或顏料，就能作出各種不同的變化。

31

縐紋加工

用手揉捏紙張，刻意作出縐褶的效果。請選擇容易留下縐紋的紙張，不同紙質所產生的紋路也風情萬種，簡單卻帶來極具味道的效果。

工具 & 材料

容易留下縐紋的紙張或紙袋（本單元使用上蠟的牛皮紙袋）。

1 準備要加工處理的紙張或紙袋。半透明的上蠟紙張會留下白色的紋路，讓效果更佳。

2 以手揉捏紙張，不同紙質所產生的縐褶效果也不一樣，不妨多嘗試各種紙質及揉捏方法，找出自己喜歡的模式。

3 將揉好的紙張或紙袋慢慢打開，小心別弄破。紙張的攤開程度也可依個人喜好來決定。

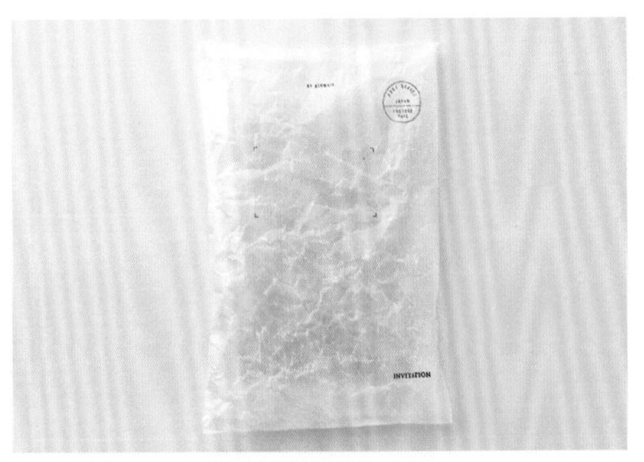

4 採用縐紋加工製作而成的服飾公司「The Viridi-anne」時裝秀邀請函，傳達出時裝秀的主題「蛹」。

32

利用熨斗熱燙箔紙加工

通常燙箔加工是使用金屬凸板來壓印，即使只印製數張或是在說明企劃案時使用，成本都會非常高。此時若準備燙印箔紙，就能利用一般的熨斗進行燙印加工。

工具 & 材料

燙印箔紙（→P.245）、熨斗、印刷好的紙張。

1 燙印箔紙是利用熨斗燙出壓箔效果的薄膜，除了金色、銀色之外，還有彩色金屬或雷射光等。

2 準備以影印機或雷射印表機印好的原稿、以及想使用的燙印箔紙。如果使用噴墨印表機印出原稿，請務必將原稿影印後再使用。

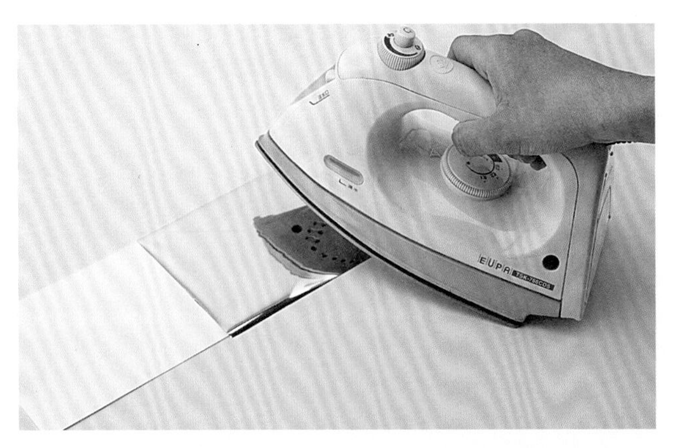

3 把箔紙疊在原稿上，接著讓熨斗加熱到指定的溫度，並輕輕壓在箔紙上。此時箔紙若出現縐褶會整個黏在一起無法順利分離，處理時請小心。

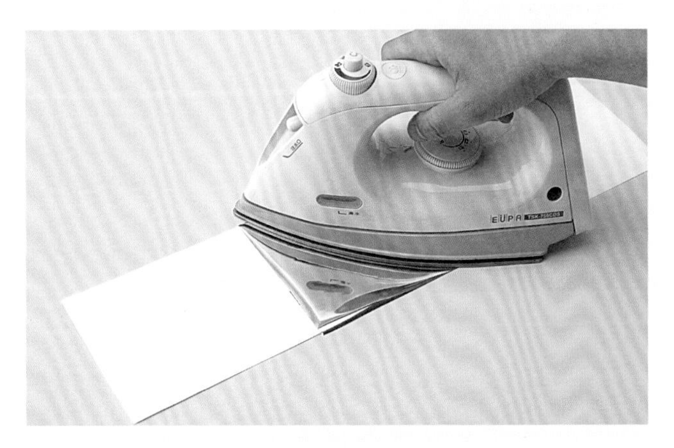

4 等箔紙完全貼合在紙上，開始利用自己身體的重量用力向下按壓熨斗，由於熨斗的熱燙面積有限，所以慢慢移動熨斗的位置分次按壓。

5 一邊確認箔紙是否完全印在紙上，然後輕輕撕離多餘的箔紙便完成。

33

收縮膜加工

在書店經常會看到包著收縮膜的新書。如果是個人出版或印量較少的書籍，包上收縮膜不僅感覺更專業，同時還能避免新書破損髒污。只要利用不同的收縮膜包法，就可創造出全新的書籍包裝模式。

工具 & 材料

收縮膜封口機、熱風槍、收縮膜（→P.245）、要包收縮膜的物品。

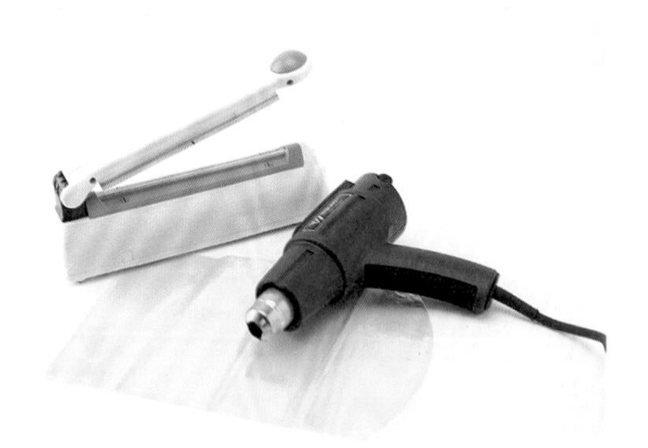

1　包收縮膜的所需工具組。雖然使用一般吹風機也OK，但溫度太低可能會影響到完成度，為了讓作品更完美，建議購買專用的熱風槍。

2　把物品裝入收縮膜內，收縮膜有各種不同尺寸，請依用途來選擇。

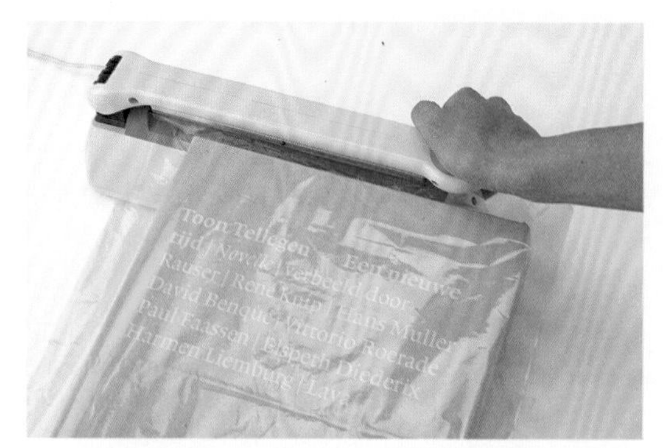

3　利用封口機壓住收縮膜的袋口。如果膠膜太大無法一次完全壓合，可分次來封口。

4　以熱風槍對著收縮膜吹送熱風，不要集中在某一個部位，而是整體均勻地加熱，於是膠膜就會開始收縮。

5　當收縮膜整個緊繃，表面平滑無縐褶便完成。如果為了去除收縮膜上的縐紋而過度加熱，有可能導致膠膜溶解破損，因此適度加熱是重點所在。

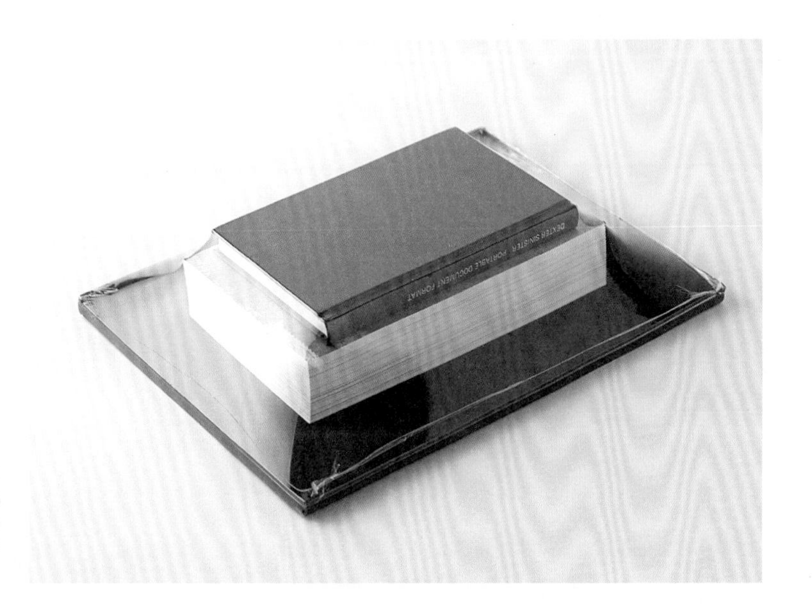

6　把好幾本書一起包進收縮膜，甚至連立體的物品也能利用收縮膜包裝。只要發揮創意巧思，就能找到全新的包裝方式。

34

使用微晶蠟上蠟加工

可產生獨特透光效果的上蠟加工，通常會運用在捲筒紙的大量印刷上，如果印量較小時廠商可能無法承接。但只要善用家中工具，就能自行上蠟加工。

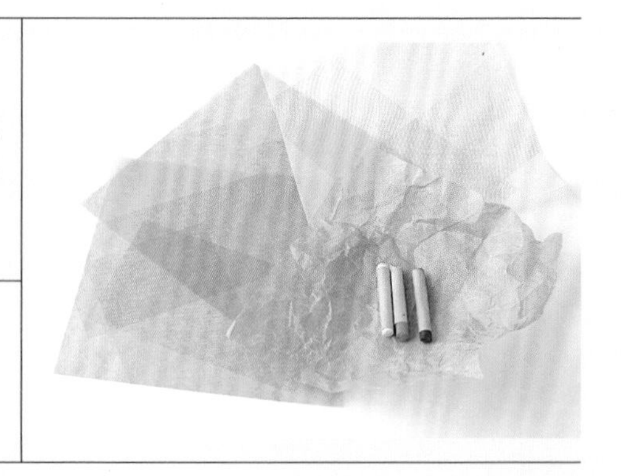

工具 & 材料

熨斗、廚房耐熱墊（具矽膠塗裝加工的耐熱墊）微晶蠟（石蠟或蜜蠟亦可）、紙。

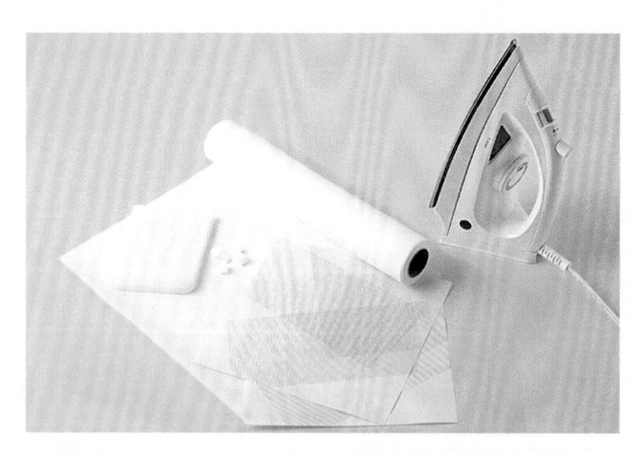

1　使用工具有熨斗、廚房耐熱墊和蠟。具柔軟度的微晶蠟使用起來很方便，但石蠟或直接削蠟燭來代替都可以。

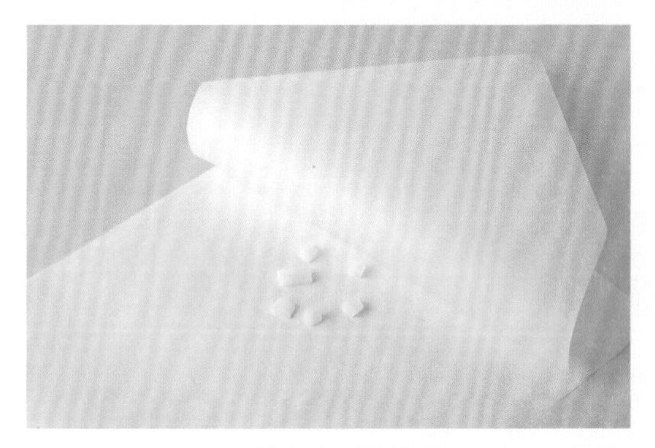

2　把切碎的微晶蠟夾在對摺的廚房耐熱墊裡，一次放太多蠟溶解後會滲出，所以剛開始宜少量，之後再慢慢追加即可。

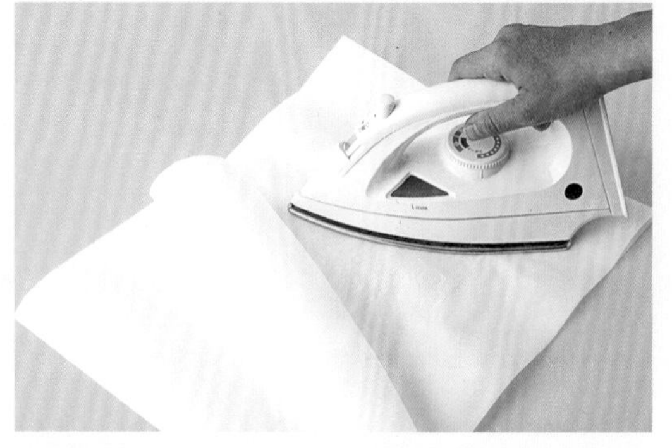

3　如圖以熨斗加熱溶解微晶蠟，並讓蠟油擴散開來。微晶蠟的溶解溫度為70℃至80℃，而石蠟則是55℃至70℃，因此設定低溫即可。

4　掀開廚房耐熱墊，夾入要上蠟加工的紙，選擇薄而小的紙張會比較方便作業。此時若微晶蠟已凝固變硬也沒關係。

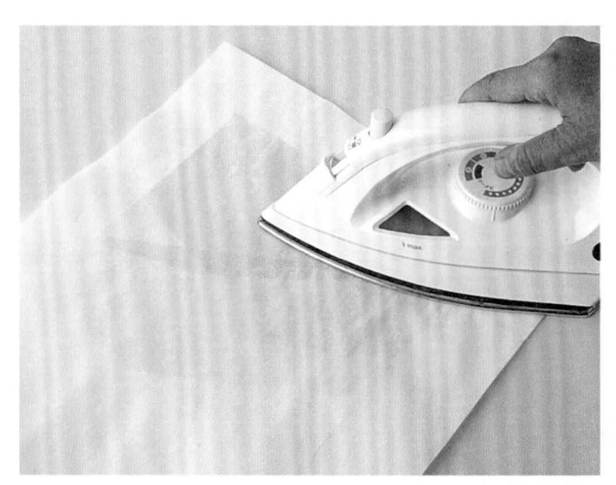

5 繼續以熨斗整面加熱，溶解的微晶蠟會慢慢被紙張吸收，所以使用時一定要均勻地按壓。

6 等微晶蠟完全滲透吸收，取出紙張即完成。如果紙張的某一部分未染到蠟，可依前面步驟追加上蠟，而蠟太多則以吸水紙去除，再次加溫就能作出漂亮的效果。

上蠟加工前 上蠟加工後

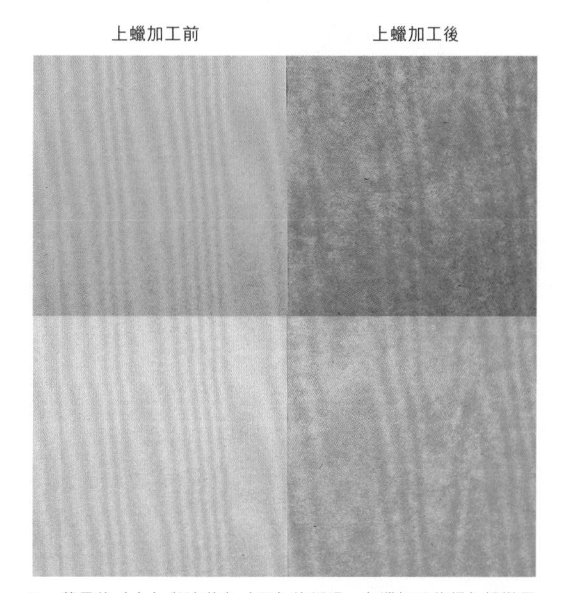

7 蘋果綠（上）與淡黃色（下）的紙張，上蠟加工後顏色都變得更深，而且呈現出透光感。

35

使用手動式壓紋機加工

如果希望結婚請帖或信紙更具高級質感，不妨多利用手動式壓紋機。只要選購針對個人使用者而製作的簡單機種，就能輕鬆自行加工。

工具 & 材料

手動式壓紋機（→P.245）、紙。

1　手動式壓紋機的本體。有攜帶型和桌上型兩種，主機的顏色也有多種選擇。

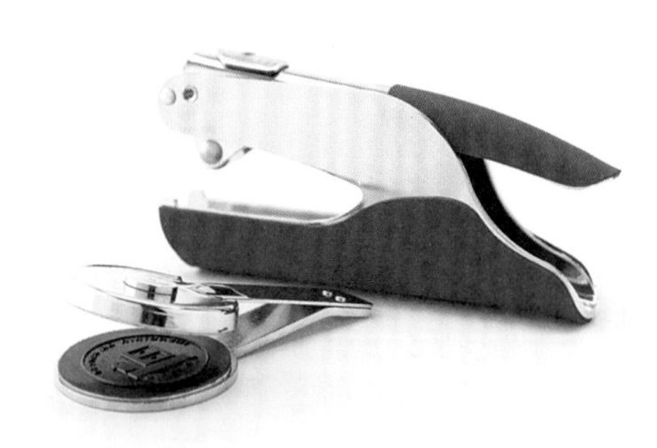

2　主機和模版（壓紋版）為可拆解及替換的設計。模版有固定的款式，也可訂製特殊圖案。

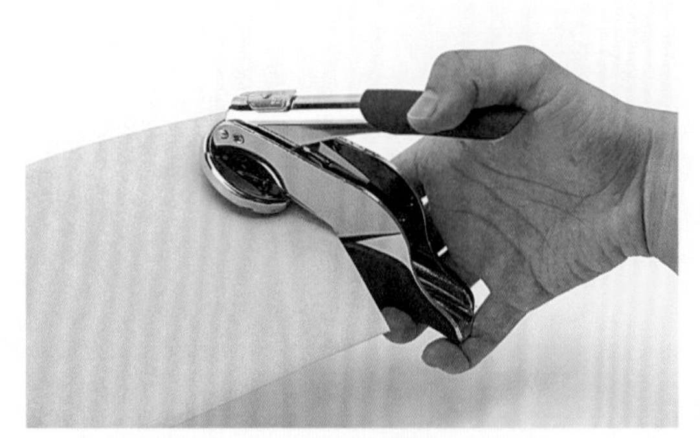

3　只要把紙張夾入壓紋機，直接按壓即可。輕鬆就能壓出美麗紋路，不論信紙、名片或信封等都可隨意加工。

4　壓紋加工後的信封與信紙。即使原本就有凹凸紋路的紙張也不會受影響，而且細小的文字都能清楚呈現。

36

製作貼紙

一般的貼紙DIY方法是拿印表機專用的噴墨貼紙列印製作。不過，遇上對紙材有所堅持，或是想將現成印刷品做成貼紙的時候，不妨使用這款XYRON Seal Maker，立刻就能完成原創的貼紙。

工具 & 材料

XYRON Seal Maker（→P.245）、欲製作成貼紙的紙材。

1　XYRON Seal Maker推出了多款機型（網路銷售為主）。這台為無法補充膠帶的款式。其他還有貼紙機本體可補充新膠帶的可移除式機型。

2　裁剪要做成貼紙的印刷品或紙張。

3　放入XYRON Seal Maker。

4　拉住從貼紙機後方出來的貼紙膠帶，等到印刷品或紙張的範圍全部出來之後再剪下。

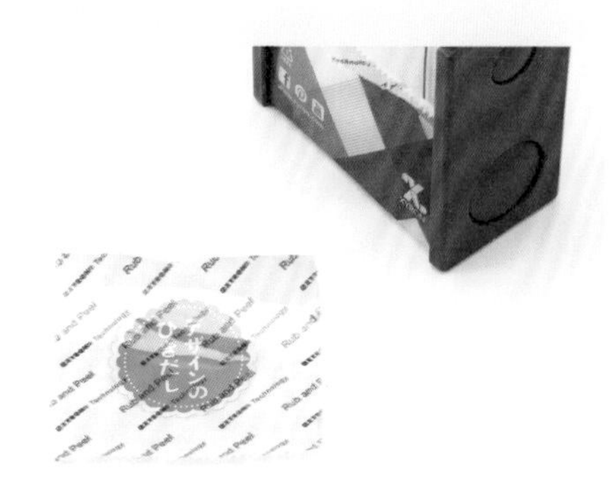

5 如圖，即完成貼紙。

6 剝除上層的護膜後，就成為貼紙與離型紙。因為藍色紙張背面塗有黏膠，所以從離型紙剝除後即完成貼紙。

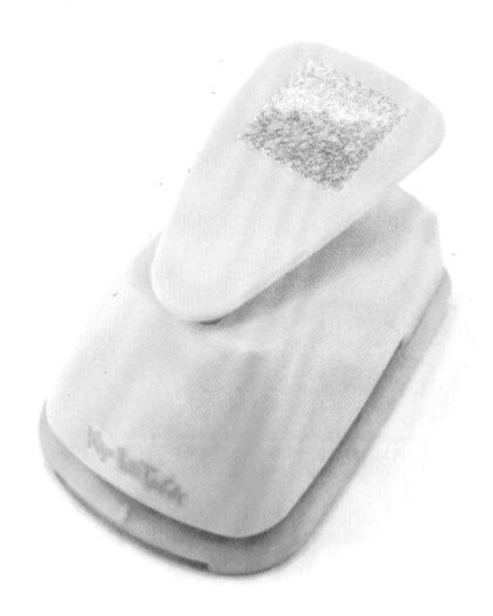

7 想製作造型繁複的貼紙時，使用造型打洞器是個不錯的方法。這次選擇的是郵票型的打洞器。

8 將列印的圖案以打洞器取形裁下。若想精確對準圖案的裁切位置的話，可將打洞器底座儲存紙屑部分的蓋子打開。接著插入印好圖案的紙張，檢視調整至最佳位置後壓下打洞器的把手。

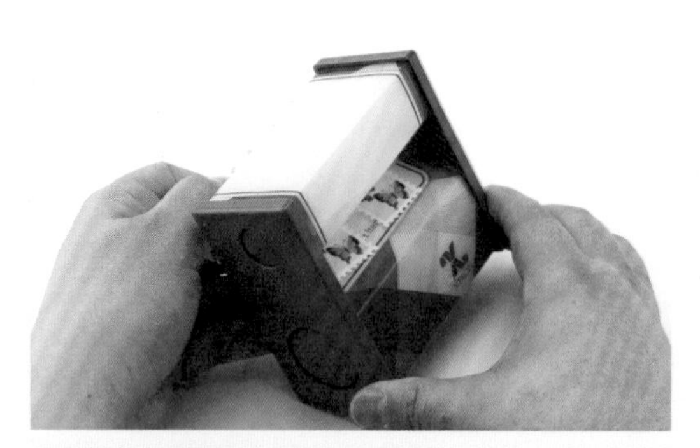

9 紙張做成郵票造型之後，放入XYRON Seal Maker，然後拉住從後方出來的貼紙膠帶。

10 剝除上層的護膜之後，即簡單完成郵票造型貼紙。

11 這種印表機用貼紙中所缺少的厚質紙材也能做成貼紙。手寫文字，蓋印章，剪下後備用。

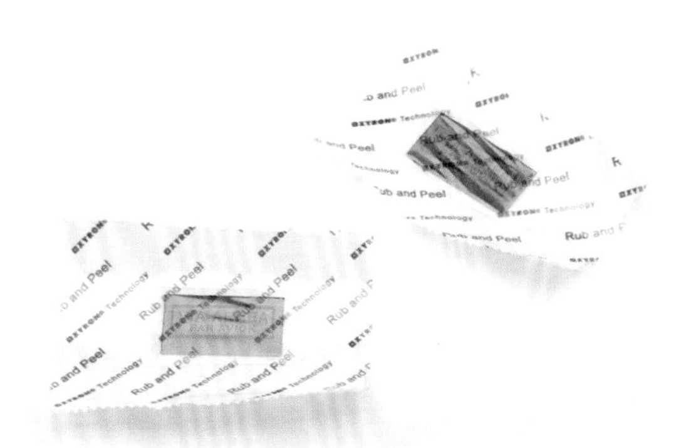

12 經過XYRON Seal Maker處理之後，立即完成如此具有存在感的貼紙。

37

以壓花刀模機加工

本書P.28頁所介紹的個人印刷機是屬於壓印機種，如果捨棄印刷版，改用刀模版，就可依照相同操作步驟輕鬆完成刀模加工。市售的刀模版種類繁多，提供創作者選擇。

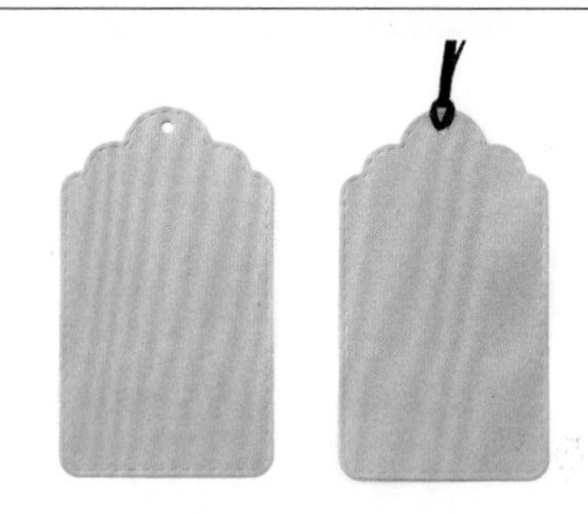

工具 & 材料

個人印刷機（→P.240）類型的壓印機、刀模專用底版、刀模版、要製作刀模的紙材。

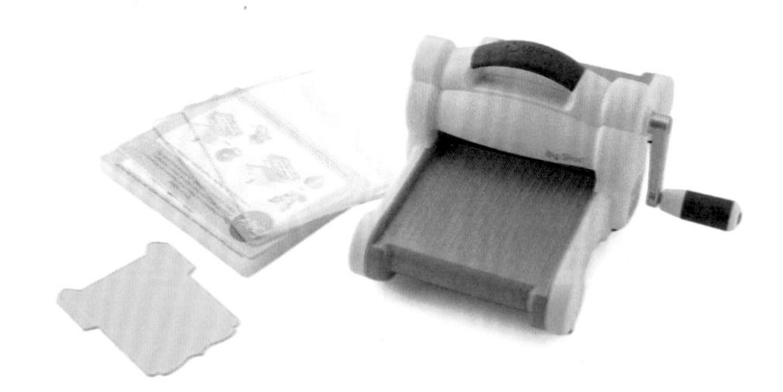

1　本次拍攝使用的是「Big Shot」壓花刀模機。不過，P.28頁介紹的個人印刷機或在網路購物搜尋「刀模機」所出現的機型，其實都可以。照片左邊為刀模版。

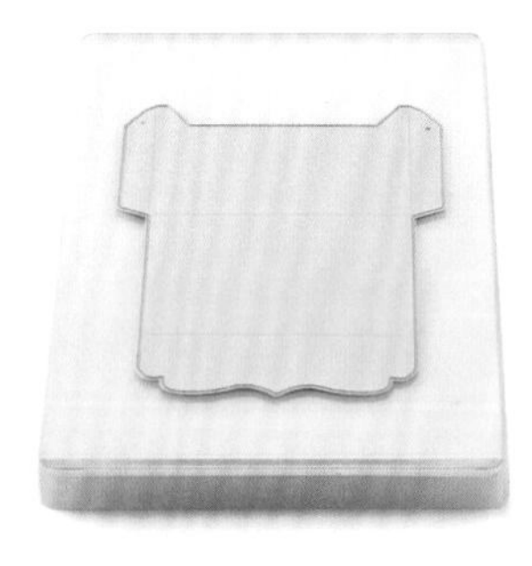

2　將刀模版的刀刃朝上，置放於附屬的刀模專用底版上。

3　其上再將要刀模加工的紙材，及另一片刀模底版疊放在一起。

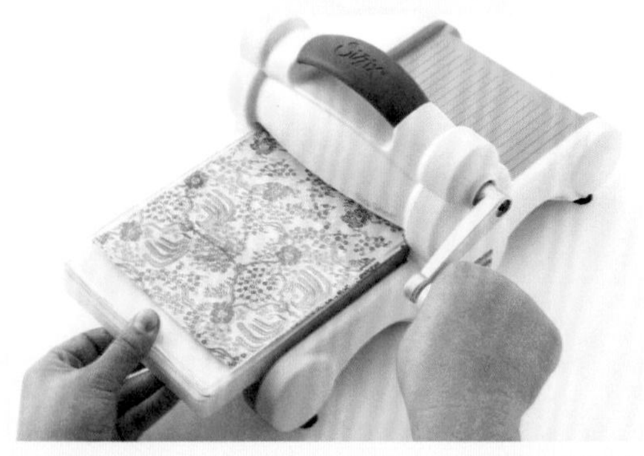

4　將整個刀模底版盛放於壓花刀模機上，接著轉動把手讓底版通過刀模機。

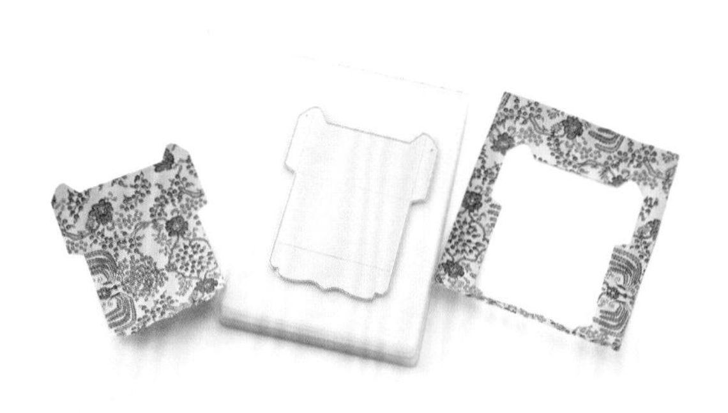

5　底版完全通過刀模機後取下。紙材就會如刀模版的樣式裁切成型。

6　市售的刀模版，很多都兼具製作摺線功能。

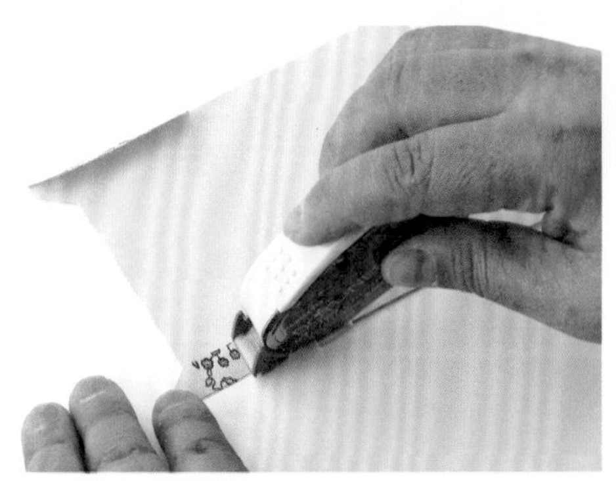

7　以這款刀模版裁切後會變成什麼樣子？沿著摺線摺起，再以膠固定後……

8　原來是製作迷你尺寸信封的刀模版。將有圖案的那面做為內面黏合也很好看。

9　除了滿版圖案的紙材，若想加上原創的花紋或文字，可先將刀模版型大致複寫於紙上。

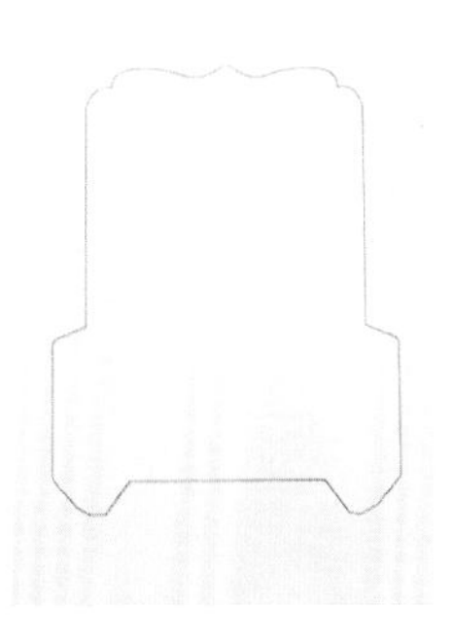

10　掃描複寫下來的圖案。

11 約略做好掃描稿的外框，再加上圖案花紋後印出。

12 對準框線，將刀模版刀刃朝下疊放，並用紙膠帶輕微固定刀模版。

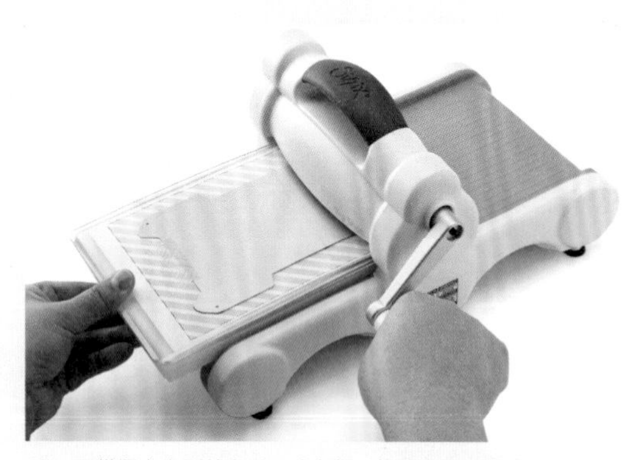

13 刀模版上方再放上另一片底版，接著通過刀模機。

14 將紙材從刀模底版取下，即完成漂亮的刀模加工。

15 摺疊成型並以膠組合固定，一款能隨處添加訊息文字，自由加上圖案的信封就完成了。

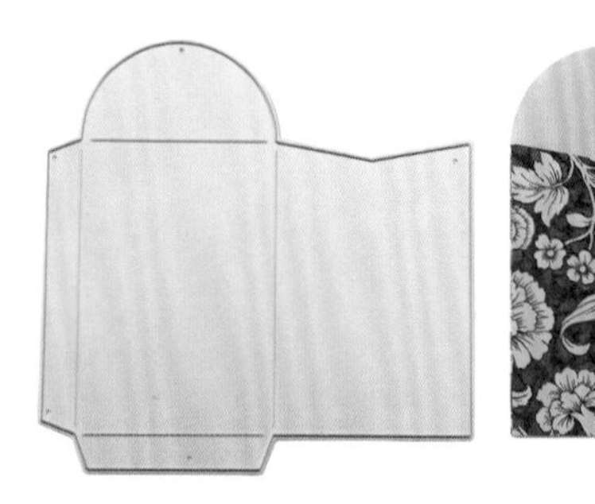

16 市售的刀模版樣式非常豐富。如右側這款可製作小型紅包袋的版型。

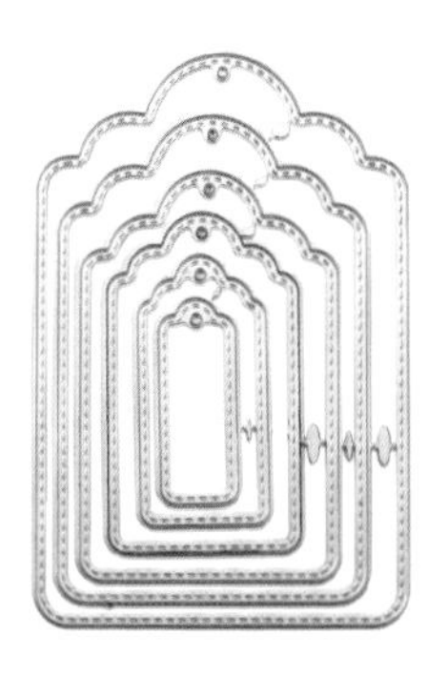

17　也有尺寸各異的刀模版套裝組合。

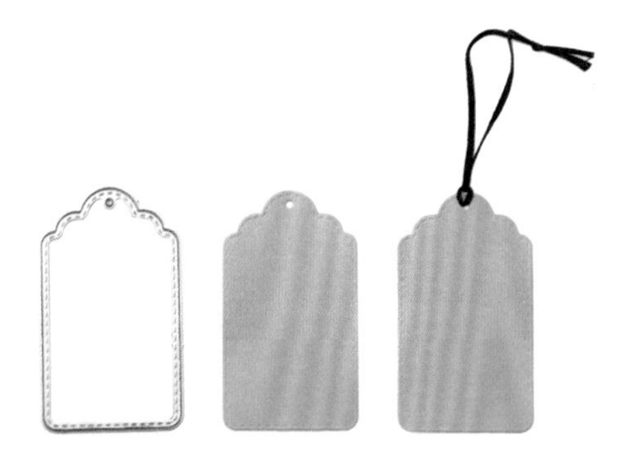

18　使用圖17的其中一個刀模版，將工藝紙裁切取型。因為連開孔都做好，所以只要穿繩後就是標籤吊牌。

19　這是拼圖花紋的刀模版。右側是印刷圖案紙以刀模加工經過處理之後……

20　立刻就完成這種具有原創風格的拼圖花紋。

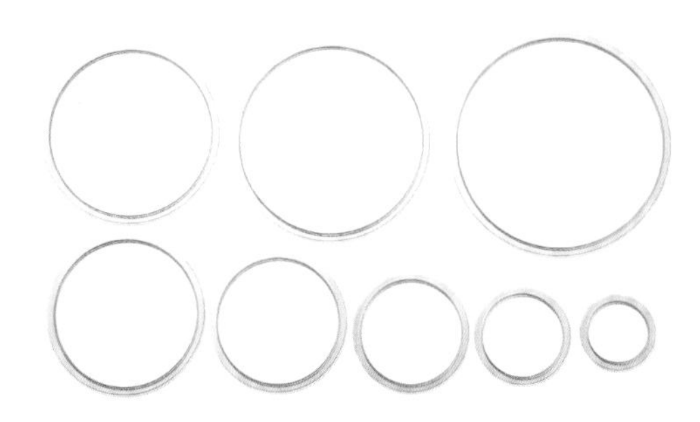

21　其他還有尺寸各異的萬用圓形刀模版組合。

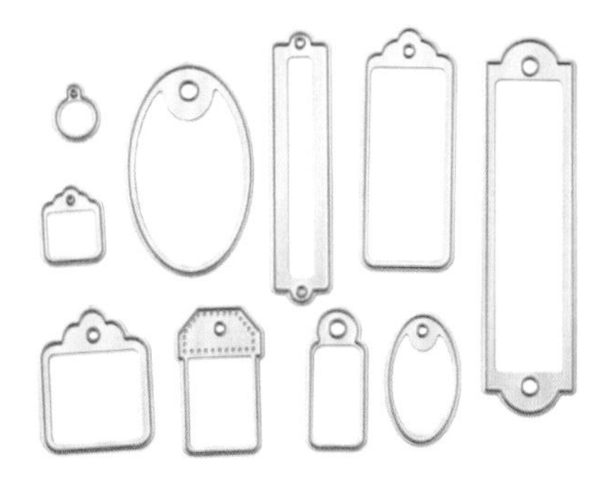

22　還有各式各樣小吊牌或名牌造型等刀模版，主要可透過網購入手。

實踐篇

III

裝訂・製書

01

騎馬釘裝訂(薄的作品)

不論是場刊等薄冊子或週刊雜誌類的厚書籍，都可採用書背裝訂釘書針的方法。本單元是使用普通的釘書機，因此不適合裝訂太厚的書籍。

工具 & 材料

封面、內頁用紙、美工刀、切割板、畫線針或雙頭圓珠筆（筆尖為球形，轉印或紙雕所使用的工具）、夾子、釘書機、瓦楞紙之類的襯墊。

1　準備封面、內頁用紙。若要製作型錄，則準備版面設計完成並印刷好的紙張。

2　利用畫線針在中央（書背）畫出摺線。先畫出摺線，就能將紙張漂亮地對摺。

3　依頁碼順序擺上畫好摺線的內頁用紙，以夾子固定。

4　本單元以一般的釘書機來取代專業的裝訂用釘書機，首先如圖打開釘書機。

5 從封面外側，在摺線上的兩個位置如圖直接壓上釘書針。此時下方必須墊著瓦楞紙之類的材質，讓穿過封面的釘書機刺入緩衝墊，作業起來比較方便。

6 翻面後可看到釘書針穿出的狀態。

7 直接將釘書針向內按壓，沿著摺線從中對摺即可。

8 完成品。

02

騎馬釘裝訂（厚的作品）

前一個單元介紹如何利用普通的釘書機，裝訂較少頁數的冊子。接下來將以專業的裝訂用釘書機，來示範較厚書籍的裝訂方法。

工具 & 材料

封面、內頁用紙、美工刀、切割板、畫線針或雙頭圓珠筆（筆尖為球形，轉印或紙雕所使用的工具）、夾子、大型製書專用釘書機（→P.245）。

1　這次使用MAX的大型製書專用釘書機，連厚達160頁（相當於PPC用紙64g/m²）的書本也可以順利裝訂，而裝訂深度最大可達256mm。

2　準備封面、內頁用紙。頁數越多，接近中心位置的頁面寬度就會越窄，所以在設計內頁時必須多加注意。

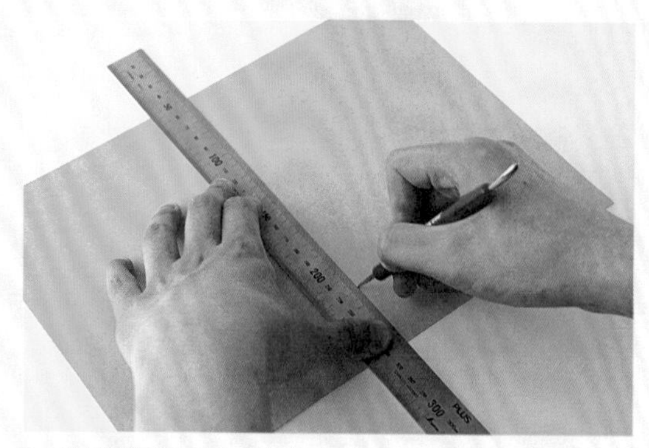

3　利用畫線針在中央（書背）畫出摺線。先畫出摺線，就能將紙張漂亮對摺。

4　依照頁碼順序擺上畫好摺線的內頁用紙，並以夾子固定。

5 設定好大型釘書機的裝訂位置，如圖從封面上的摺線釘上釘書針。（通常這種尺寸只釘兩針即可。）

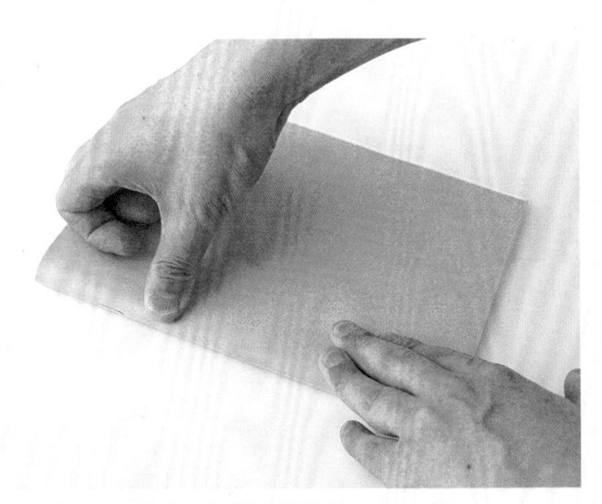

6 拿掉夾子，沿著中央摺線整齊對摺。

7 將外露的內頁裁切整齊便完成。

8 完成品。

03

車線製書（中間裝訂）

利用縫紉機車縫裝訂，完全不使用訂書針，是一種既安全又環保的裝訂方法。從正中央車縫，書背上的縫線還能成為可愛的小裝飾。

工具 & 材料

縫紉機、線、封面、內頁用紙、美工刀、切割板、夾子。

1 準備封面與內頁用紙。本單元以白紙來示範，但實際作業時會使用印刷或列印好的紙張。

2 為了確認中間的車縫位置，把紙張對摺，摺出清楚的線條。

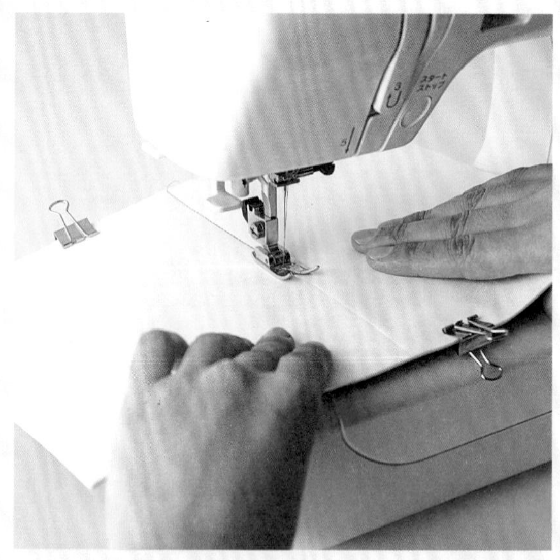

3 依頁碼順序重疊封面和內頁，以夾子固定，並沿著摺線車縫。尾端不必特意來回多車縫幾次，直接結束即可。

4　車縫完成的狀態。刻意保留一段線頭，充滿車線製書的氣氛。

5　沿著車線對摺，以美工刀或裁切器將外露的內頁裁切整齊。

6　完成品。車線兩端都保留一段線頭，具有特別裝飾效果。

04

車線製書（平面裝訂＋寒冷紗）

寒冷紗是一種織紋較粗的布料，通常用來加強書背或連接內頁與封面。直接上膠就能裝訂書籍，不過刻意讓寒冷紗外露也能展現不同的風味。

工具 & 材料

縫紉機、線、封面、內頁用紙、美工刀、切割板、夾子、寒冷紗。

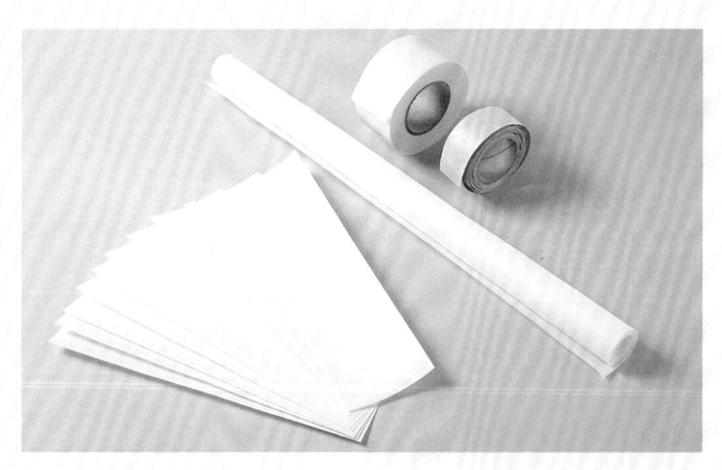

1　除了一般的寒冷紗，市面上還有經過膠帶處理的種類，而在尺寸上也有整捆或卡片型等，選擇非常多樣化。本單元使用最方便的膠帶型寒冷紗。

2　準備要裝訂的封面與內頁。本單元以白紙示範，但實際作業時會使用印刷或列印好的紙張。

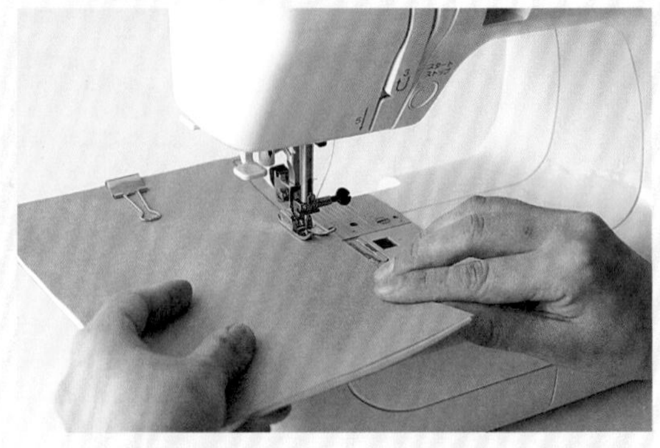

3　依照頁碼順序重疊擺放內頁，並以夾子固定，如圖以縫紉機車縫。一般家用縫紉機可能無法縫合太厚的紙張，製作時請多加注意。如果想裝訂較厚的書籍，建議使用專業的工業用縫紉機。

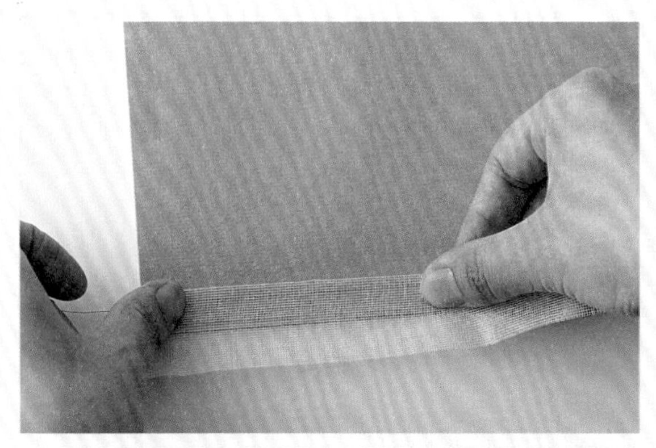

4　車縫完畢就是一本可愛的線裝書，但基於強度或美觀上的考量，也可貼上寒冷紗。以書背為中心，在封面和封底同時貼上寒冷紗。

5　尾端不必特意來回多車縫幾次，而且刻意保留一段車線更能呈現出線裝書的魅力。

05

日式線裝書(簡易式)

日本傳統的裝訂法，有所謂大和、四目、麻葉及龜甲式等各種不同形式。原本鑽洞的數量和穿線手法都有固定模式，但自行變化運用反而能帶來新鮮感。

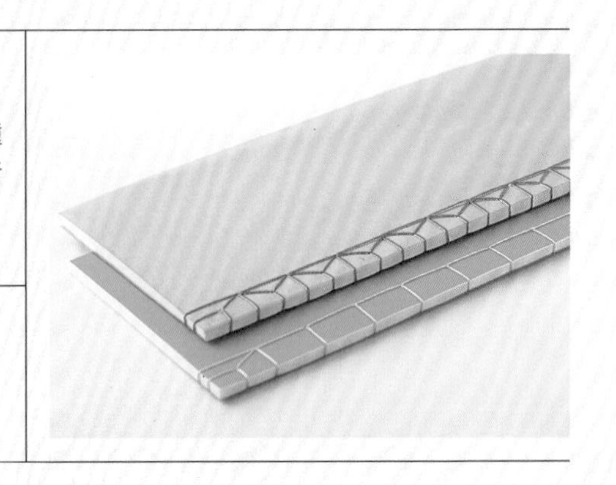

工具 & 材料

封面、內頁用紙、美工刀、切割板、夾子、錐子、裝訂用線、縫書針、黏膠、可撕式噴膠。

1 準備封面、內頁用紙。通常日式線裝書內頁都是字體朝外對摺，但直接將單頁紙張重疊裝訂也不錯。封面四邊不必摺疊處理，以單張紙來裝訂，可呈現輕鬆休閒氣氛。

2 如圖準備一張標示打洞位置的紙，以可撕式噴膠黏在封面上，並以錐子鑽洞，貫穿整疊紙。

3 打洞結束後，撕掉最上面的紙。

4 封底朝上，如圖從中間頁數開始往上掀開，並將針穿進右側數來第二個洞裡。此時以黏膠把線頭隱藏固定在內頁中。

5　針線繞過書背，從整本書的最下方再次往上穿過右側數來的第二個洞。

6　針線由上往下穿過左邊的洞。

7　繞過書背，再次由上往下穿過同一個洞。

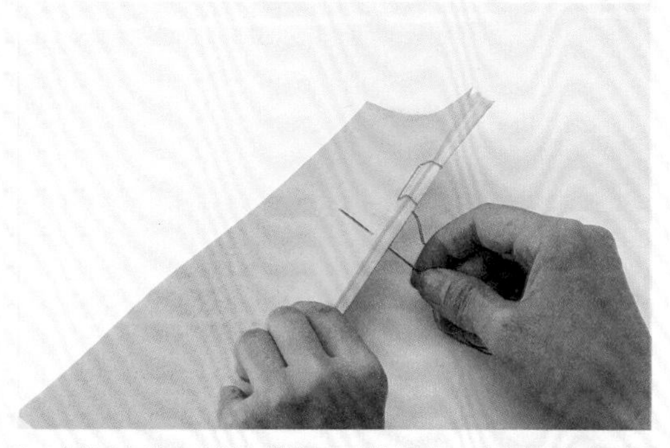

8　針線由下往上穿過左邊的洞，繞過書背，再次由下往上穿過同一個洞。穿線過程中拉緊縫線，就能裝訂出漂亮的書冊。

9　不斷重複相同步驟，等回到第一個洞即可打結並剪斷縫線，最後以黏膠將線頭隱藏固定在洞中便大功告成。再以噴膠清潔劑把殘留在封面的噴膠擦拭乾淨。

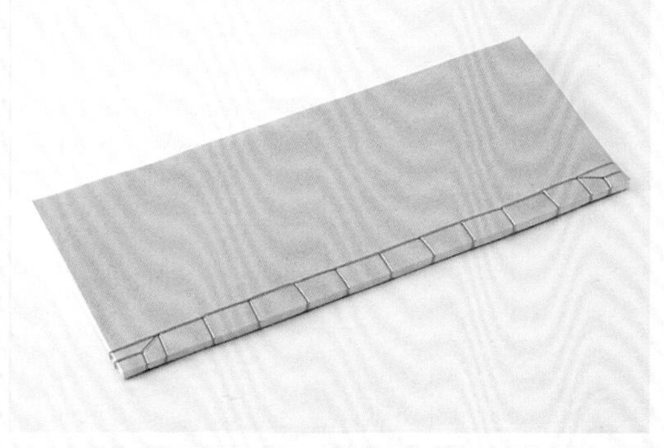

10　完成品。也可參考正統日式線裝書的作法，自行研發各種刺繡般的裝訂法。

06

蛇腹摺製書

紙張不斷重複向內、向外摺，就是所謂的蛇腹摺製書。由於摺數、尺寸或長度都沒有限制，所以再多的紙張也能連接，製成一張長長的作品。

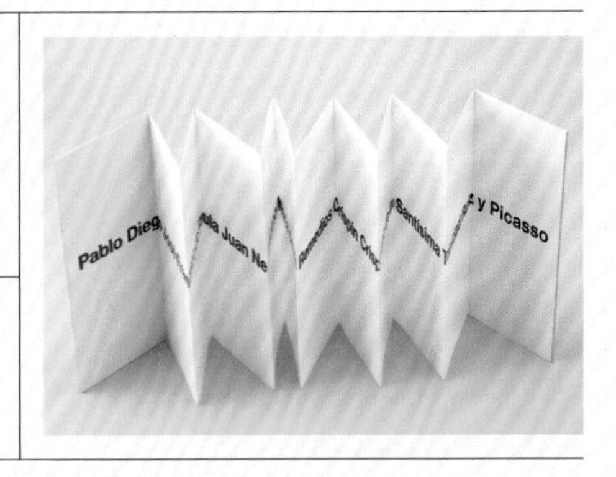

工具 & 材料

封面（不加封面也OK）、內頁用紙、美工刀、切割板、尺、膠水、畫線針或雙頭圓珠筆（筆尖為球形，轉印或紙雕的工具）。

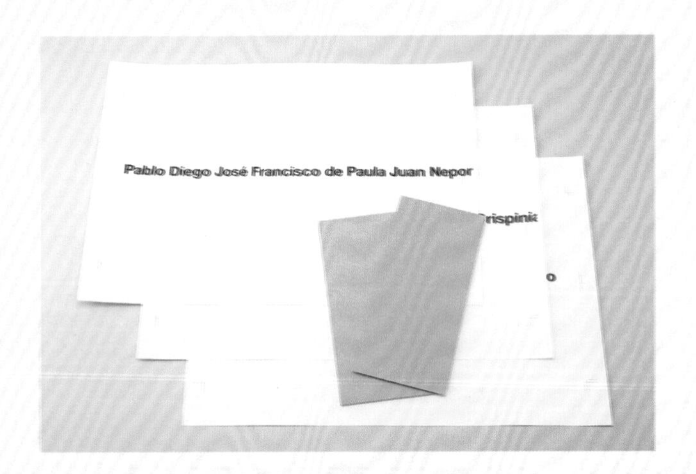

1　準備封面與內頁用紙。影印內頁時，別忘了加上摺線位置的記號。如果要連接好幾頁，還要保留塗抹膠水的部分（視作品而定，寬度約為10mm左右）。

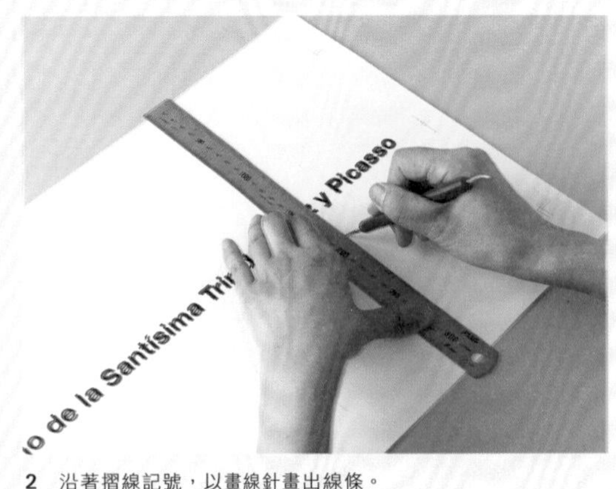

2　沿著摺線記號，以畫線針畫出線條。

3　把用來製作蛇腹摺的紙張全部裁切好。

4 沿著摺線依序向外、向內摺。

5 塗上膠水，把內頁連接在一起。

6 所有內頁全部連接，最後貼上封面和封底便完成。把重物暫時壓在整本書上，就能讓摺痕變得更明顯。

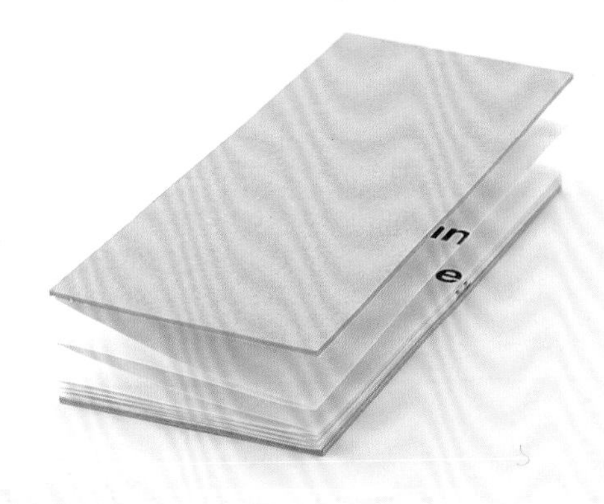

7 完成品。

07

自黏信封

如果要在印刷品上壓撕線、撕條或摺線加工等都可委託專門的業者幫忙，而簡單的上膠若自己動手處理，只要花點巧思與時間，就能自由運用各種材質製作出不同款式的信封。

工具 & 材料

已印刷完成且附有撕線、撕條及摺線的信封型紙張、雙面膠或立可膠等方便使用又不會滲溢的黏著商品。

1　委託印刷廠或紙廠製作，印刷完成且附有撕線、撕條及摺線的信封型紙張。由於是郵寄用信封，因此製作前必須先調查尺寸及重量等規定，讓作品符合郵局寄送標準。

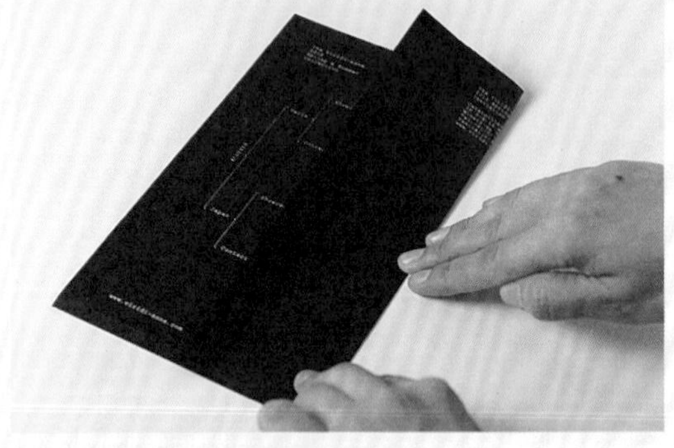

2　沿著摺線手工摺紙，作成信封的形狀。

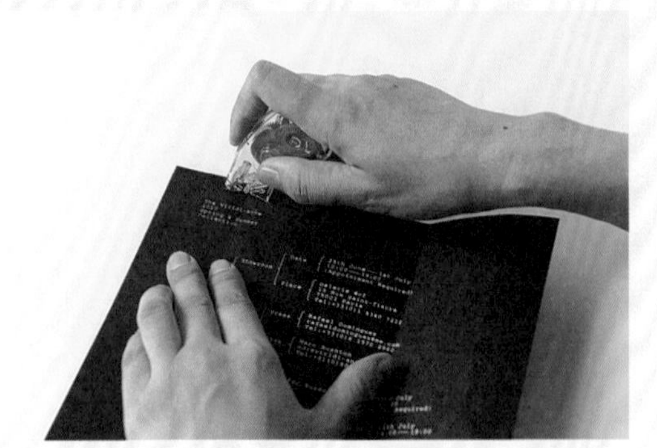

3　在天地及左側塗上立可膠或貼上雙面膠（黏著力強又不會滲溢）。

4　把上膠的部分貼合，製成信封狀。

5 完成品。

6 收件人要打開信函時，先將沿著天地的撕線撕開。

7 接著從印有OPEN記號處，撕開正中央的撕條，就能看到裡面的文字訊息。

8 這個信封是服飾公司The Viridi-anne的邀請函，而這場時裝秀的主題是「脱皮」。

08

線圈裝訂機製作線圈裝訂書

筆記本常見的線圈裝訂，雖然能直接交由輸出中心或數位印刷店幫忙處理，但如果對於材質有所講究，紙張尺寸不同常規的時候，能自己做會更方便。在此將介紹如何利用裝訂機組合完成線圈裝訂書。

工具 & 材料

TOZICLE雙線圈裝訂機TZ W34（→P.245）、欲裝訂的紙張與封面。

1 這是TOZICLE雙線圈裝訂機。這一台兼具了紙張打孔器，以及封閉線圈的閉圈功能。除了雙線圈，還有膠圈裝訂的機型。

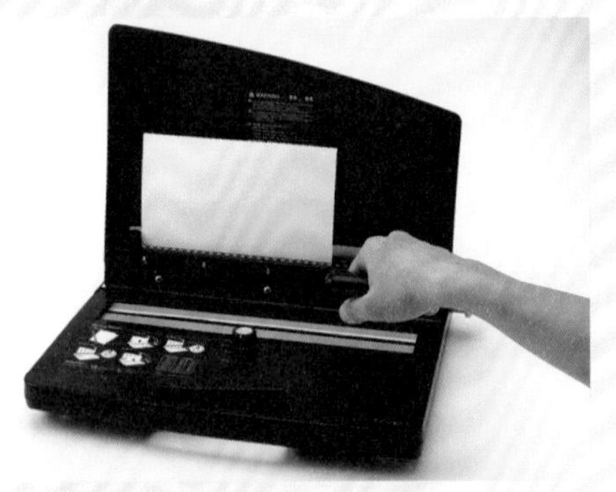

2 首先將紙張放置於打孔器的部分。拉下把手後打孔。這台裝訂機一次大約可打穿12張影印紙。

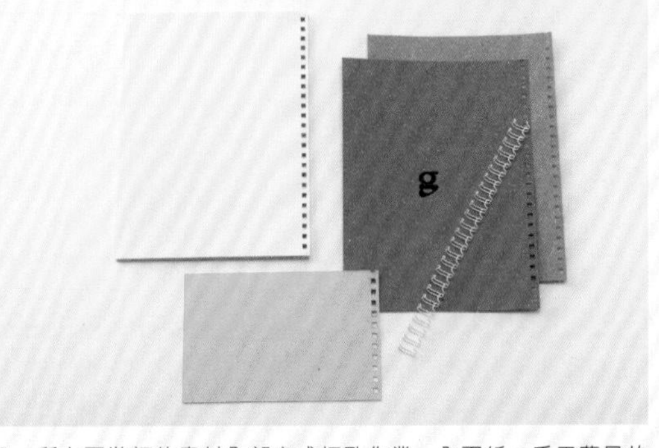

3 所有要裝訂的素材全部完成打孔作業。內頁紙、手工藝風的封面之外，另嘗試加上尺寸相異的卡紙一起裝訂。

4 將裝訂線圈設置在掛勾上。讓線圈穿過紙張的開孔。由於線圈為一般A4尺寸適用，而這次裝訂的是尺寸稍小的筆記本，所以再以斜口鉗剪掉多餘部分。

5 全部的紙張都穿過裝訂線圈後，接著放到閉圈裝置上，拉下把手將線圈壓緊。確認線圈已充分密合，即完成裝訂。

6 完成的筆記本。TOZICLE的線圈有黑、白兩色，這次使用的是白色。線圈尺寸有6mm、8mm、10mm、12mm四種，可依照裝訂的厚度選擇。

09

利用金屬活頁夾自製檔案夾

如果想製作有別於一般市售款式的檔案夾，只要準備金屬活頁夾，就能創作出各種尺寸或不同封面材質的作品。由於內頁可自由更換，當成作品集來使用也非常方便。

工具 & 材料

金屬活頁夾（→P.246）、螺絲（→P.246）、事先打洞的紙張。

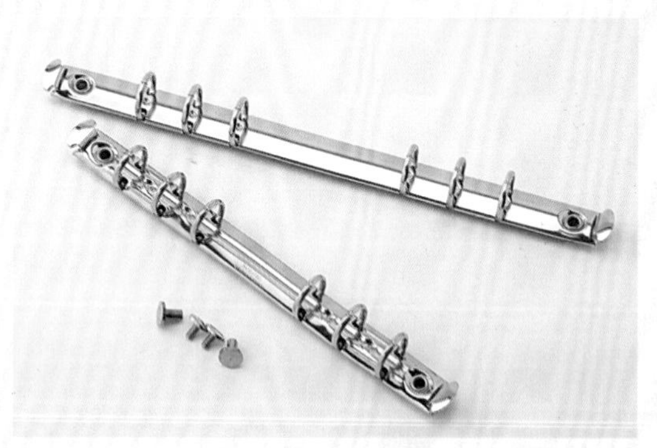

1　一般文具行都可買到金屬活頁夾，有2至6孔的檔案用、筆記本或帳冊用的多孔款式，可依用途來選擇長度或種類。

2　首先準備材料。本單元利用封面、封底、內頁用紙及手帳用的6孔金屬活頁夾，來製作藝術工作室的記錄檔案。

3　重疊封面和封底，金屬活頁夾以螺絲固定。由於封面採用較厚的材質，而且還要固定金屬活頁夾，所以事先打洞並壓出摺線。

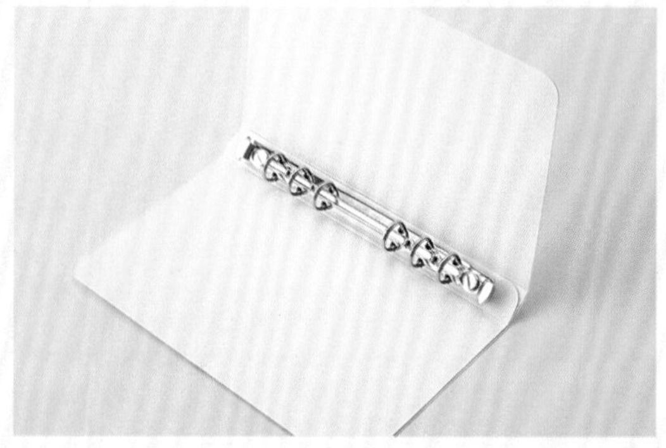

4　固定好金屬活頁夾，完成檔案夾的外型。本單元是使用一般的雙孔打孔機，所以封面和封底必須分別打洞。如果能在正中央打洞不受打孔機的限制，直接使用整張紙來製作封面也OK。

5 裝進內頁，便完成自製的創意檔案。整個檔案夾是採用可分解的配件所構成，因此能隨時更換封面或內頁。

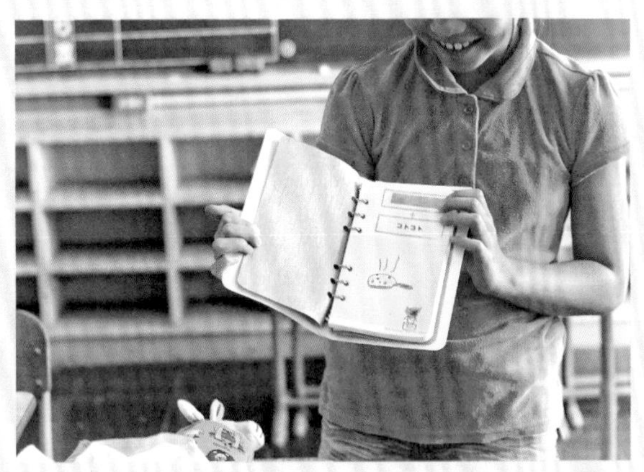

6 此藝術工作室讓小學生畫出文字和色彩的聯想，並且親手製成檔案夾。只要材料齊全，連小朋友都能輕鬆組合製作。

10

以水性白膠固定書背

具透明質感，以厚實書背為特徵的ZINE——あらわ。書背就是整塊的樹脂，看起來非常奇特，而且每一本的形狀都不相同，感覺十分有趣。事實上，這只是利用水性白膠固定而已。

工具 & 材料

水性白膠、紙。

1　為了固定書背，請準備市售的木工用白膠。只要使用這瓶白膠，就能製作出厚實的書背。也可利用其他水性乳狀黏膠來替代。

2　首先在書背上均勻地塗一層薄薄的白膠，此時請確實固定整疊書頁避免分散。靜置一會兒讓白膠乾燥。

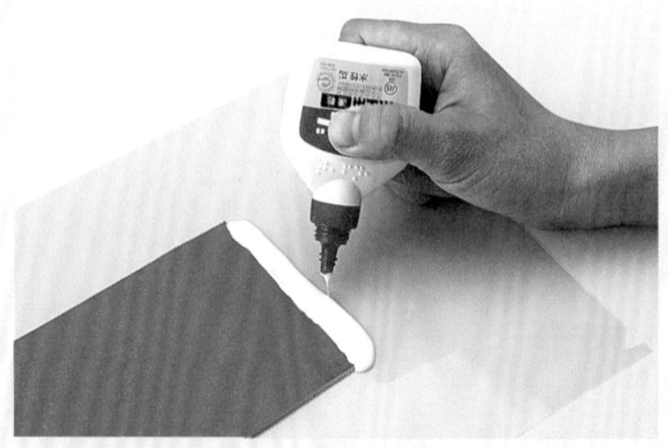

3　等書背乾燥後，在下面墊上不怕黏的墊子（本單元是裁剪透明文件夾來使用），然後大膽心細地塗上白膠。

4　靜置數日直到白膠乾燥出現透明感。雖然不同種類的白膠或季節都會影響，不過通常靜置三天即可。照片中是第二天開始要乾燥的狀態。

5 完全乾燥後，輕輕撕下塑膠墊。如果乾燥不完全，未乾的白膠會黏在墊子上，製作時請多注意。

6 完成品。書背上的透明乳白色塊狀物略帶彈性，感覺十分奇特。

11

使用鉚釘自製樣品書

在紙張的樣品冊上經常會看到塑膠鉚釘，市面上所販售的商品通常稱為塑膠螺絲或塑膠文具扣。某些種類可自由裁剪決定長度，自製樣品書或簡單的書籍時非常方便實用。

工具 & 材料

塑膠鉚釘（→P.246）、紙。

1　塑膠鉚釘。乳白色通常是採用PE材質，而透明黃色則是水溶性樹脂所製成，是可以和紙張一起回收的環保材質。

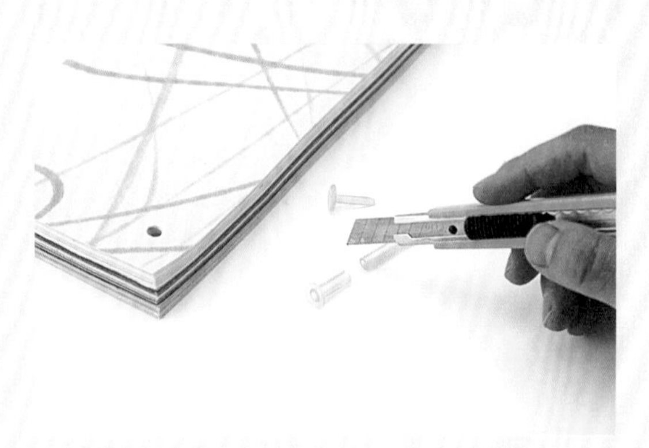

2　製作方法，首先在書頁上打洞，然後配合厚度裁切卡榫。使用剪刀或美工刀即可輕鬆裁剪。

3　將卡榫插入書頁洞中，並從另一頭以手將鉚釘壓進卡榫。如果是水溶性卡榫，插入前先將鉚釘沾水，一旦插入卡榫就會完全固定絕不鬆脫。

4 依照顏色來系統分類，完成日本和紙的樣品冊。只要準備更多鉚釘，就能製作2孔的文書資料或自製簡易書籍。

5 除了塑膠材質，還有金屬製的旋轉螺絲款式（→P.246），以及手工藝用的裝飾鉚釘等。使用旋轉螺絲可隨時拆開，想更換內頁時非常方便。手工藝用的鉚釘以皮革專用為主，可買到各種不同的造型，在裝飾時可自由運用。

12

利用橡皮筋固定

可輕鬆取得的橡皮筋或鬆緊帶等，也能用來固定書頁。柔軟的鬆緊帶可隨物品外型伸縮，而較寬的種類會更容易捆縛固定，可依實際需求來靈活運用或加以變化。

工具 & 材料

寬版橡皮筋、內頁紙張、封面。

1 只要準備普通的橡皮筋，就能將零散的印刷品、書冊整理在一起。即使印刷品的尺寸不同也可以，甚至連立體的平面印刷物都能捆縛固定，運用範圍極廣。

2 封面必須考慮到堅硬度，所以盡量選擇厚一點的紙張，本頁的示範是採用特厚纖維板。若使用木板或塑膠等堅硬材質當封面，會讓作品產生特別的魅力。套橡皮筋的方法非常多，範例當中是以斜套對角的方式，作法簡單又具有裝飾效果。市面上可找到各式各樣的橡皮筋，可依用途來挑選最合適的款式。

13

德式中間裝訂

封面封底加貼厚紙的裝訂方式稱為「德式裝幀」。把中間裝訂的冊子（ P.174、176）封面、封底貼上厚紙後，如此簡單就能讓看似一般的中間裝訂變成有個性的德式裝幀。

工具 & 材料

中間裝訂的冊子、厚紙（或是厚度1mm的珍珠板）、紙、黏膠、美工刀。

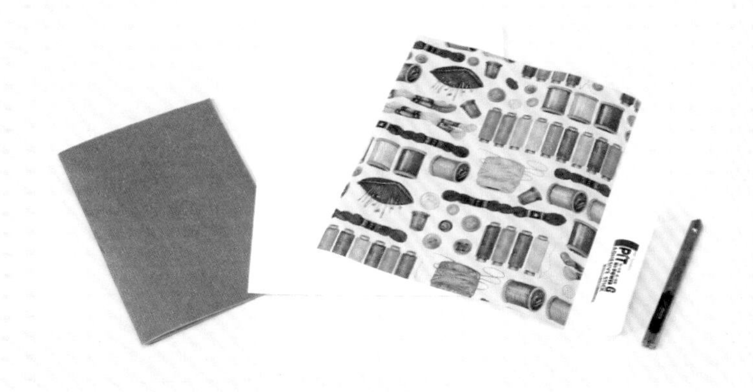

1　必備的工具與材料。中間裝訂的冊子（最左邊）可依P.174、176的要訣先製作好備用。另外，本次準備的是比厚紙易裁切的1mm厚珍珠板。

2　將紙覆蓋於珍珠板上，再以黏膠貼合。

3　待膠乾透後，預留比中間裝訂冊子尺寸大一點的空間裁切珍珠板。

4　在中間裝訂的冊子封面貼上步驟3的珍珠板。貼合的時候要從距離裝訂處15mm的位置貼起。

5　封底同樣貼上珍珠板，接著修剪書頭、書腳、切口面（開頁這側）即完成。

6　完成德式中間裝訂後，就變成一本封面厚實，具有特製感的冊子。

14

製作書冊保護套

替套裝書製作書盒不僅製作過程麻煩又花時間。如果是「書冊保護套」，只需將切成帶狀的厚紙，以膠帶固定，就能輕鬆量產，製作重點在於書冊保護套必須精確符合書本的尺寸。

工具 & 材料

薄瓦楞紙（書中使用的是2mm的厚度）、雙面膠帶、放入書冊保護套的書本或冊子。

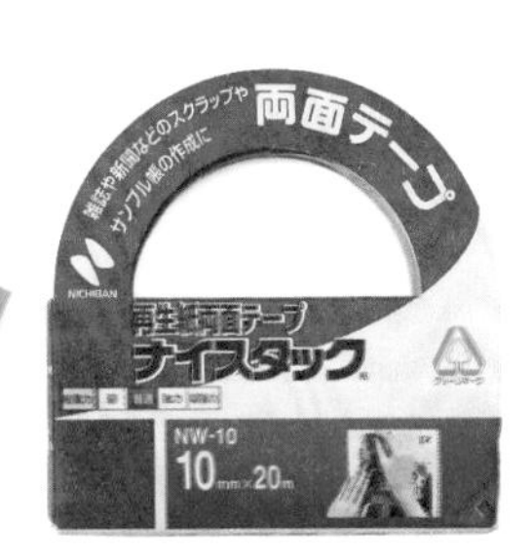

1　準備薄瓦楞紙（書中使用的是2mm的厚度）、雙面膠帶、放入書冊保護套的書本或冊子。

2　配合書本的寬度，裁切瓦楞紙。長度則約是書本長度的兩倍+5cm。這部分是依據要放入保護套的書本厚度而特地預留長一點，由於最後才要裁切，這時只要稍微目測確定即可。

3　在瓦楞紙內側以美工刀背切劃出一條褶線，因為從後端裁切可以隨時調整長度，所以在此先目測書本厚度來決定褶線位置，示範的摺線位置是從邊緣算起，約1cm寬處。

4　以尺壓住瓦楞紙右側，也就是剛剛切劃的褶線上，左手拿起左側部分的瓦楞紙，讓瓦楞紙沿著摺線摺出痕跡，這樣一來，右邊寬度較窄的部分便能摺得很漂亮。

5　將書本或冊子疊在瓦楞紙上比對尺寸，於書本尺寸+2mm的位置再摺一次，這是為了最後將瓦楞紙重疊貼合在一起，同時也需預留瓦楞紙厚度的部分，書冊保護套要作得略大一點。

6　在步驟5比對確定的位置上，以美工刀背切劃出一條褶線。

7　接著以尺壓住褶線，沿褶線褶另一側的瓦楞紙。

8　與先前步驟相同，以書本底部寬度來決定摺線位置，將瓦楞紙摺出痕跡。

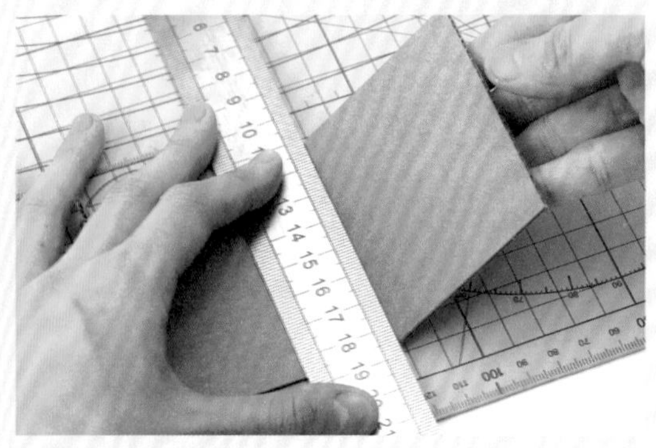

9　以尺壓在褶痕上，摺起瓦楞紙。

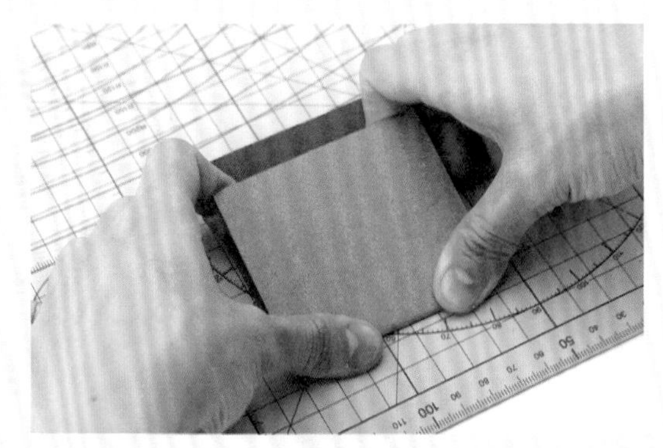

10　以手指按壓每個褶痕，再確實摺一次。

11　精準配合書本尺寸，這次與步驟5不同，在對齊書本尺寸的位置摺出一條線。

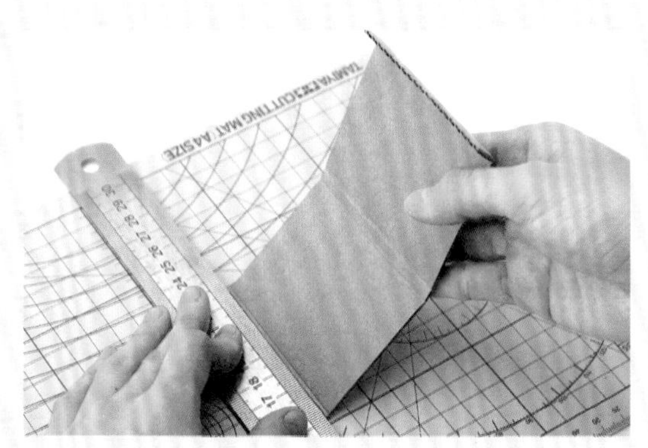

12　然後以尺壓住褶痕摺起瓦楞紙。重點在於以尺壓住瓦楞紙剩餘較短的部分，以便於摺起。

13　摺好瓦楞紙之後，精準比對書本寬度，裁切掉瓦楞紙兩端多餘的部分。

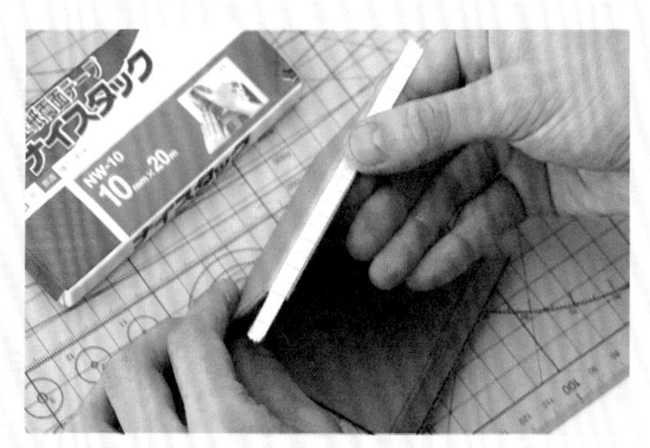

14　最後在摺起的保護套底寬部分貼上雙面膠帶。

15　將貼有雙面膠帶這端與另一端黏合在一起，剪去多餘的雙面膠帶。依照這個製作方法作出大小不同，或在瓦楞紙打洞，露出內在的書冊，都是相當有趣的變化。（瓦楞紙上的印刷圖案製作請參閱P.66的碳粉轉印）

15

加工出豐富多彩的釘書針

釘書機是最簡單的裝訂工具。一般來說，釘書針大多是銀色，只要以指甲油來上色，釘書針即可變得繽紛多彩。

工具 & 材料

釘書針（銀色、彩色）、指甲油、紙膠帶、釘書機。

1　準備釘書機、指甲油、釘書針、紙膠帶。

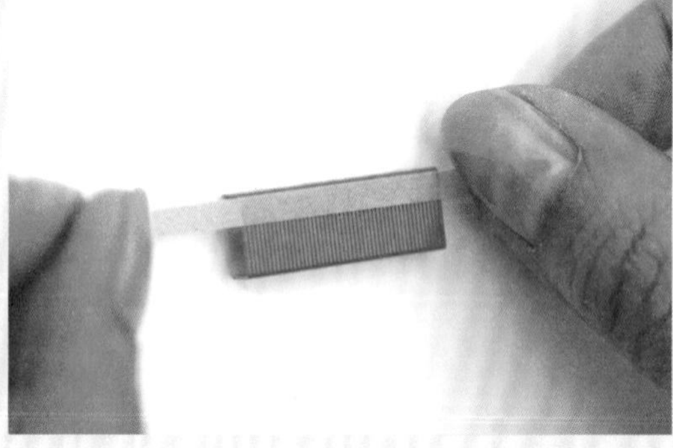

2　製作三色旗釘書針。先在藍色釘書針的邊緣貼上寬3mm的紙膠帶，如果沒有藍色釘書針，銀色也可以，但另需準備藍色指甲油。

3　釘書針的另一邊也貼上寬3mm的紙膠帶。

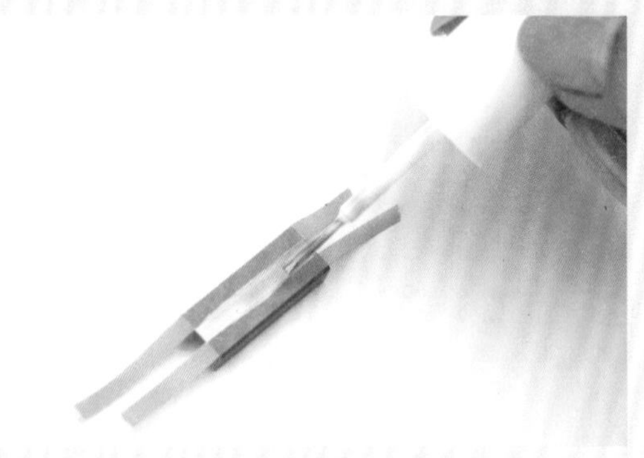

4　將中央沒貼上紙膠帶的部分塗上白色指甲油。

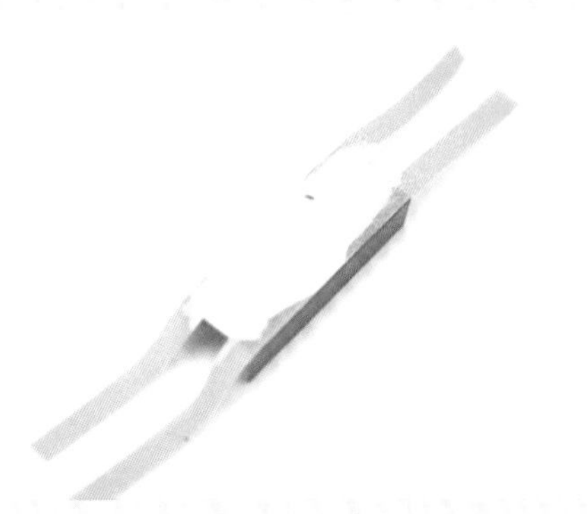

5　只塗一層的顏色飽和度不夠，所以待乾透再塗上第二層。

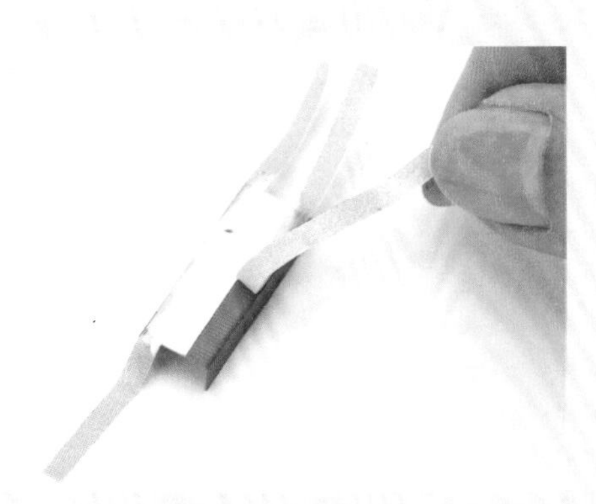

6　指甲油充分乾透之後，撕去一邊的紙膠帶。

7　這次在塗上白色指甲油部分貼上寬3mm紙膠帶。

8　沒有貼紙膠帶的部分塗上桃紅色指甲油，為使顏色飽和，同樣需要重複塗兩層，如果是銀色釘書針，塗完桃紅色之後，再貼上紙膠帶，以藍色指甲油塗未上色的部分。

9　完成三色旗的釘書針。

10　將三色旗釘書針放入釘書機，依照一般釘書機的使用方式，釘出來的釘書針就是三色旗顏色。

綠與白的雙色釘書針。

於釘書針一端貼上寬4.5mm的紙膠帶，再個別於兩端塗上綠色與白色指甲油。

最簡單的桃紅色條紋釘書針。

於釘書針中央貼上寬3mm的紙膠帶，將其餘部分塗上桃紅色指甲油即完成。

上方是未經上色的銀色釘書針，中央是塗上金色亮片指甲油，下方是塗上銅色亮片指甲油。

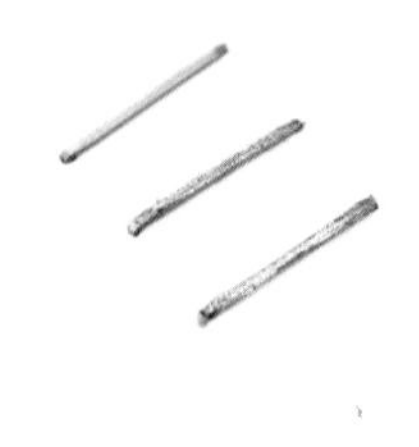

單色也非常可愛。

16

書背上色的彩色糊頭製書

糊頭製書，就是像便條紙一樣，可以逐張撕下的製書方式。製書步驟雖然只要將木工用樹脂膠塗抹在書背待乾即可完成，這次要嘗試在木工用樹脂膠裡混入顏料，試試彩色的糊頭製書。

工具 & 材料

要裝訂的紙張、木工用樹脂膠、紙膠帶、食用紅色色素（或是日本畫用的粉末顏料）。

1　準備要裝訂的紙張、木工用樹脂膠、紙膠帶食用紅色色素（或日本畫用的粉末顏料）。

2　整理要裝訂製書的紙張，特別是書背部分一定要平整，以夾子固定，完成前述步驟後的書背部分就如圖所示。

3　避免樹脂膠塗出範圍，在書背側面繞貼一圈紙膠帶，如果擔心後續撕除紙膠帶時不小心損傷紙張，可於製書的紙張前後兩面各墊上一張紙，再貼上紙膠帶。

4　圖中使用是亮紅色，以紅色食用色素與黃色食用色素比例為二比一混合。

5 在白色的木工用樹脂膠中加入紅色色素。

6 以刮板將色素粉末與木工用樹脂膠混合均勻。

7 再將混合好的紅色木工用樹脂膠塗在書背上，為確實使紙張都沾到樹脂膠，請分次少量地塗抹。

8 為避免塗抹得斑駁不勻，可以刮板平撫木工用樹脂膠，若擔心只塗一層的樹脂膠黏著強度不夠，待樹脂膠完全乾透，再塗抹第二層。

9 在木工用樹脂膠乾透之前，以面紙整平凹凸的樹脂膠表面。

10 為了使木工用樹脂膠能完美定型，請放置數小時至一晚左右的時間乾透。

11　待木工用樹脂膠完全乾透之後，撕去紙膠帶。

12　彩色糊頭製書完成。

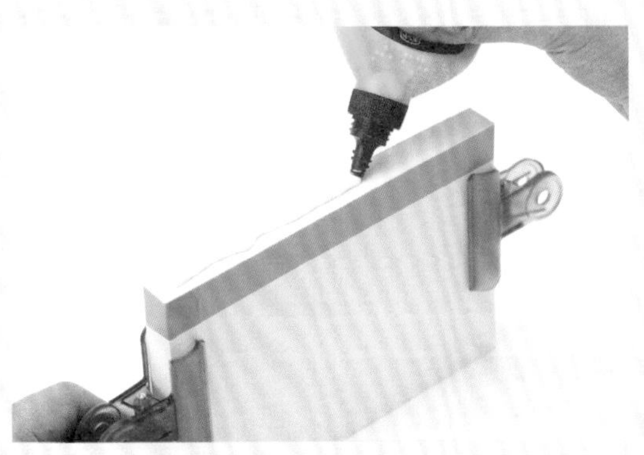

13　另一種上色方式。首先，依照一般的糊頭製書方式，整平書背後塗抹木工用樹脂膠。

14　以面紙整平樹脂膠，使其均勻覆蓋於書背。

15　放置一個小時待乾。

16　準備文具店或居家DIY賣場有售的亮粉膠。

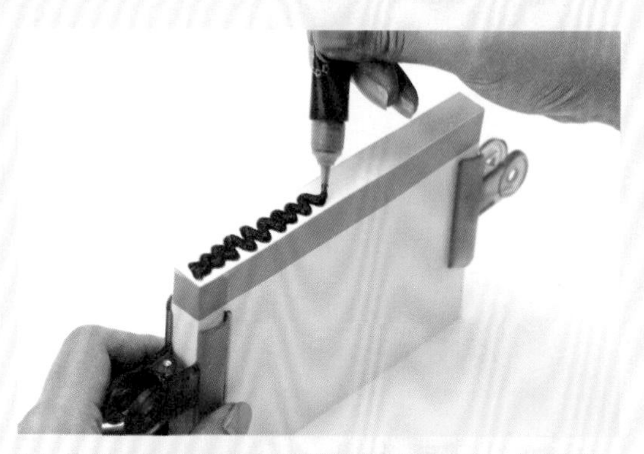

17　在剛剛乾透定型的木工用樹脂膠表面上擠上一些亮粉膠。

18　以竹籤抹平亮粉膠，使其均勻。

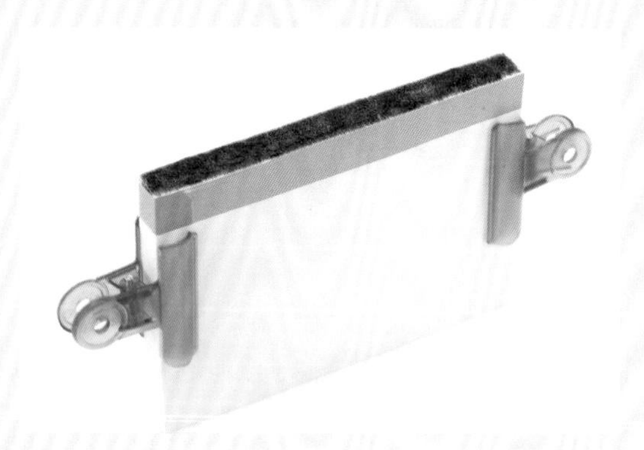

19　放置一晚乾透。

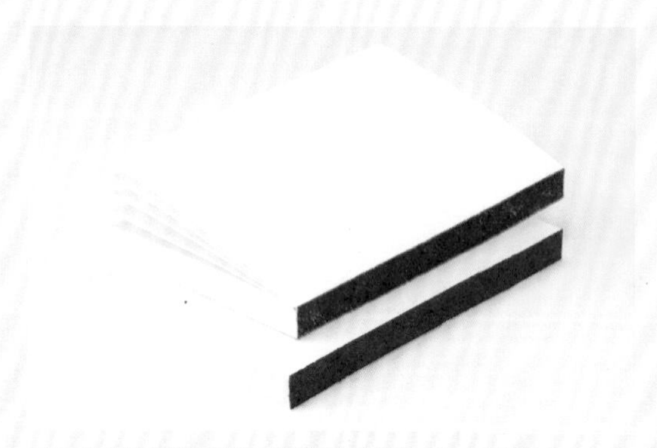

20　乾燥後的糊頭製書。亮粉不太會脫落，完成度滿分。

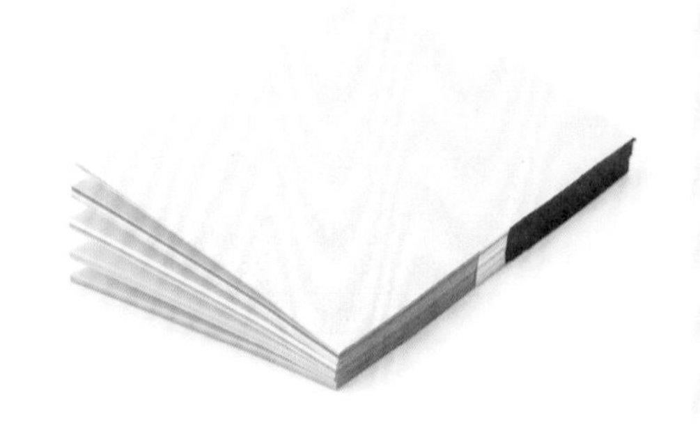

21　也可以先於書背中央貼上紙膠帶，然後兩側各塗以不同的彩色木工用樹脂膠，作出更具變化性，更為講究的糊頭製書。

17

利用創意訂書輔助尺＆釘書機裝訂

市面上有不少中間裝訂用釘書機等各種專業工具，其中這種只要搭配一般辦公用釘書機，即可簡單完成裝訂的「創意訂書輔助尺」（ナカトジ～ル），不僅價格親民，而且體積輕巧不佔地方。不過因為無法裝訂較厚的書冊，因此建議用於一般厚度的裝訂書冊。

工具 & 材料

創意訂書輔助尺（ナカトジ～ル）（→ P.246）、釘書機、紙。

1　準備要中間裝訂的封面與內頁用紙、中間裝訂專用定規（→ P.246）、釘書機。釘書機不必選購有特殊功能的款式，一般市售的辦公用釘書機即可。

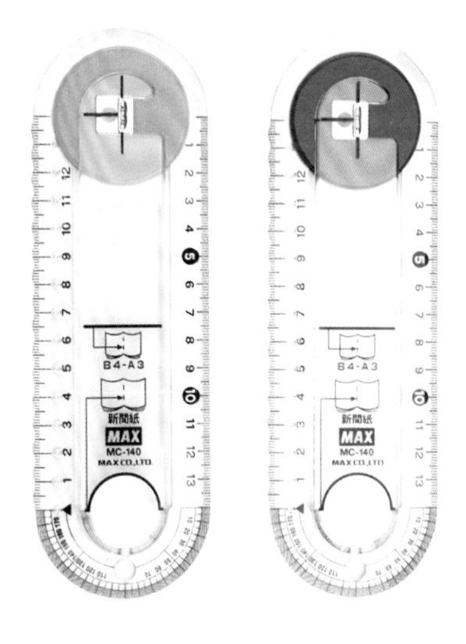

2　這是創意訂書輔助尺。只要將釘書機的出針口這邊置於定規上的標示位置即能使用，定規上面還有簡易的半圓尺與刻度等便利的測量功能。

3 首先，將要中間裝訂的紙張整理後對摺，再使用創意訂書輔助尺專用定規夾住，定規上的裝訂位置標示對準紙張摺線。

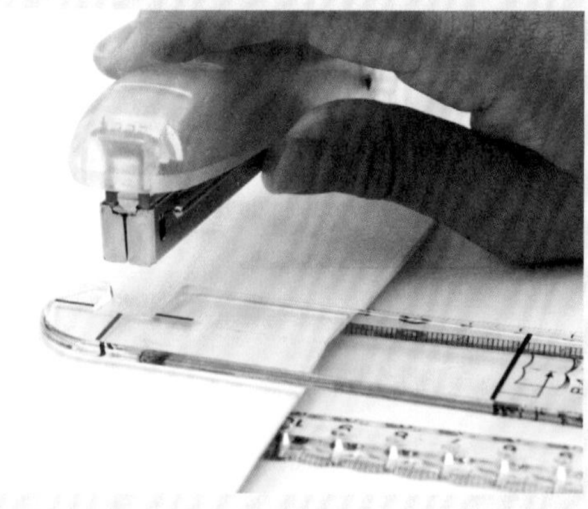

4 打開釘書機，對準定規上的標示凹槽，從正上方垂直按壓釘書機，如果釘書機沒有確實對準標示凹槽，下方的釘書針會裝訂不完全，釘書針也會歪斜。

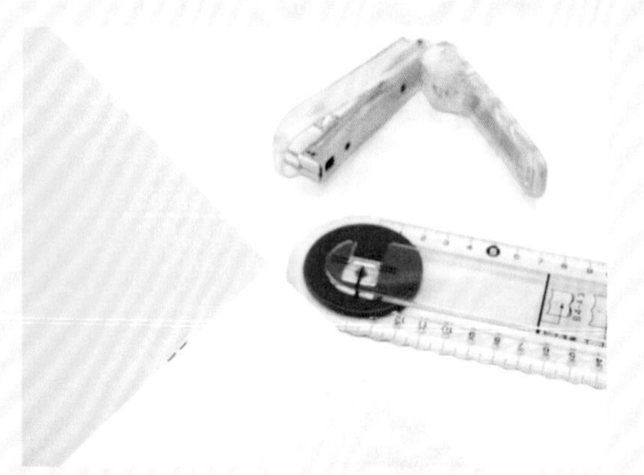

5 確認中間裝訂是否完成，可以看出釘書針精準地釘於對摺線上。

6 將要裝訂處都訂製完成。作法非常簡單，操作重點就在於一定要精確對準定規上的標示凹槽。

18

結合多本裝訂書冊製作典籍式線裝

典籍式線裝，是將內頁用紙對摺後以線串接成冊，並在書背處塗上接著劑的製書樣式，由於真正的典籍式線裝成本非常高，所以在此要介紹簡便的典籍式線裝法，自己也可以輕鬆動手完成。

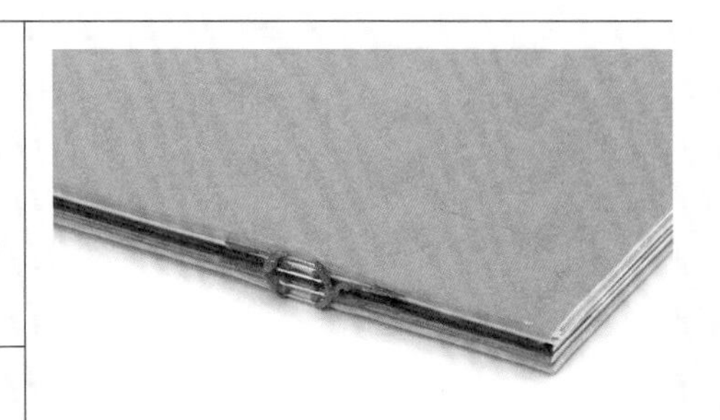

工具 & 材料

中間裝訂的冊子、木工用樹脂膠、縫紉針、線。

1　準備要中間裝訂的冊子、木工用樹脂膠、縫紉針、線。

2　中間裝訂的冊子可以委託印刷廠製作或自行裝訂（請參閱P.174、176），將多本冊子疊在一起，以已穿線的縫紉針穿過書背裝訂處的釘書針縫隙。

3　將全部的中間裝訂冊子都穿線後，拉緊穿過釘書針縫隙的兩端線頭並打結，留下適當長度的尾線，其餘剪除。

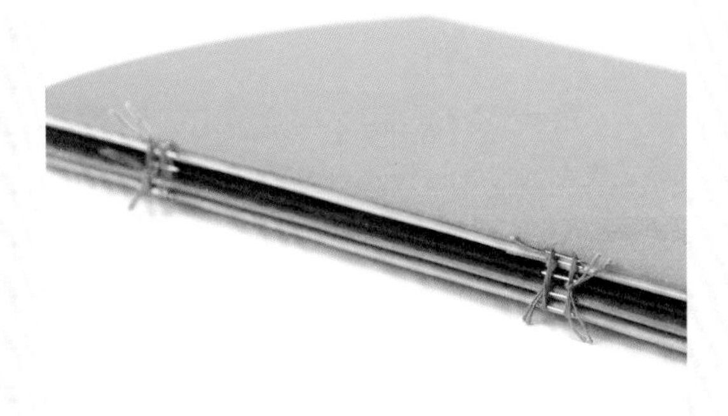

4　將兩個裝訂處的釘書針都各穿過兩條線並打結，合計共需繫上四個結。

5　拿取有厚度的木板或厚紙板，前後包夾已繫在一起的冊子，再以黑色長尾夾固定。

6　在書背處塗上木工用樹脂膠。

7　以一小塊厚紙板抹平木工用樹脂膠，線結部分也要充分塗抹到。

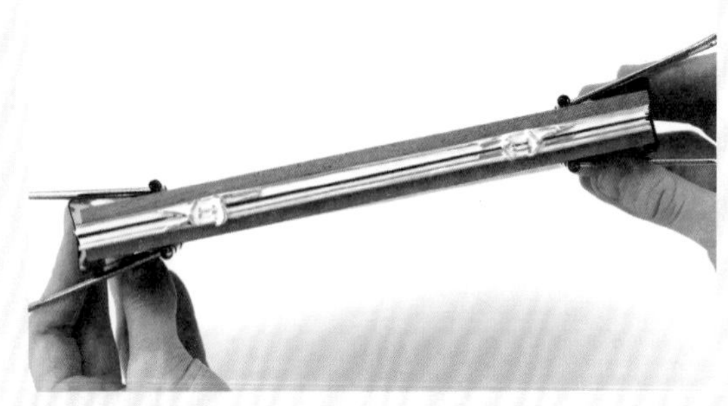

8　擦去多餘的樹脂膠，如果刮掉多一點的樹脂膠，只留薄薄一層，完成效果會比較好；如果想要厚實緊密的感覺，就省略擦拭的步驟。

9　放置數小時至一個晚上，待木工用樹脂膠充分乾透定型即完成。

19

平面裝訂

平面裝訂是最常用於教科書或漫畫的簡單裝訂方式，只要將內頁以紙摺成書本的尺寸，然後於靠近書背處以釘書針固定，再塗上接著劑黏接封面即可。紙張不摺也可以直接裝訂，平面裝訂的裝訂接點使頁面不易打開，但是非常牢固的製書方式。

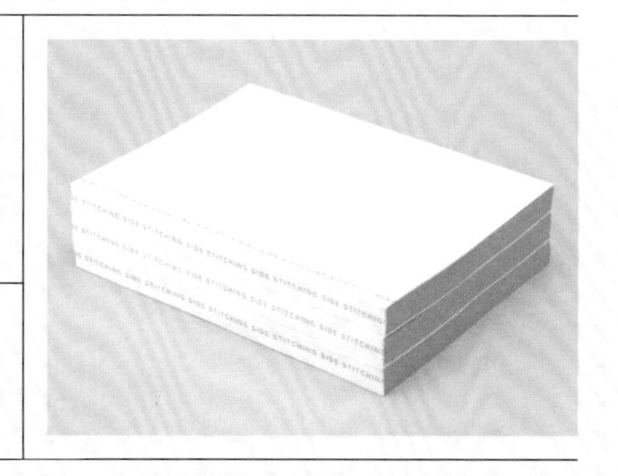

工具 & 材料

封面、內頁用紙、封面封底內襯紙、美工刀、切割墊、夾子、製書用黏著劑（Vinidine）、筆、尺、轉印筆或凹版雕刻刀、大型裝訂用釘書機（→P.245）、槌子、加強固定用的書籍重物。

1　準備封面、內頁用紙、封面封底內襯紙（對摺展開尺寸）。這次準備的內頁用紙是已經裁切完成的尺寸，若是對摺展開的尺寸也可以，裝訂接點部分不能使頁面被打開到底，在設計時要特別注意這一點。

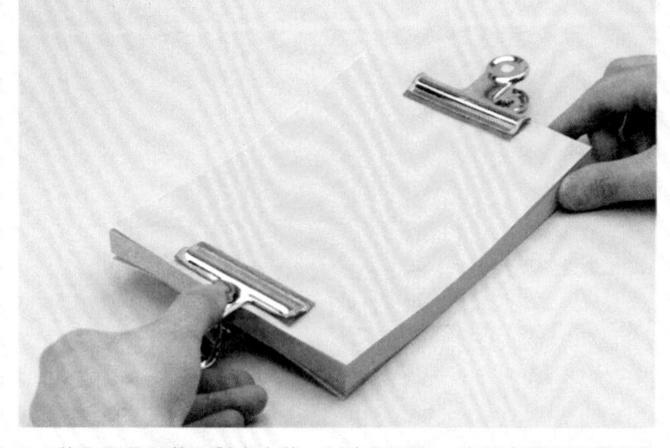

2　將內頁用紙整理對齊之後，以夾子固定，這個步驟會影響最後的完成度，所以請務必注意，防止夾子損傷內頁用紙，夾子內側可貼上一塊橡膠片，同時提高夾子的固定力道。

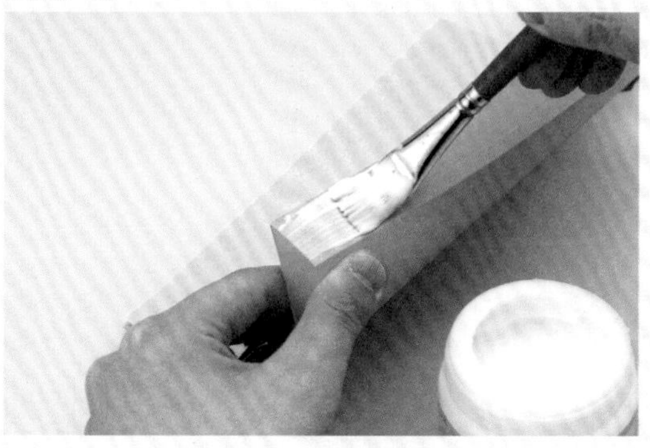

3　在書背的切口面上塗上黏著劑，暫時固定整疊內頁用紙，依照照片中所示範的方式，以斜塗的手法均勻塗上黏著劑，使內頁用紙的間隙也充分塗到。

4　等待黏著劑乾燥（約五至十分鐘左右）。

5 靜待約五至十分鐘左右定型後，取下夾子，在內頁用紙與上方加強固定用的書籍重物之間夾入一張透明資料夾，以穩定上方的書籍重物，加強固定用的書籍，不妨選擇字典即可。

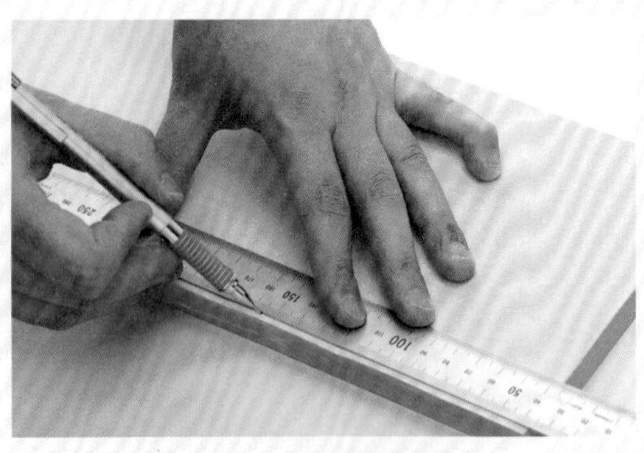

6 將內頁的厚度考慮進去，於從書背算起寬約3至5mm左右處畫出一道釘書機裝訂的標示線，內頁越厚，書背與裝訂標示線距離要越寬，才有利於後續釘書機的裝訂作業。

7 放入裝訂用釘書機裡裝訂，依照書本尺寸，裝訂2至3次即可。

8 以槌子敲平背面沒有完全勾住內頁用紙的釘書針腳 。

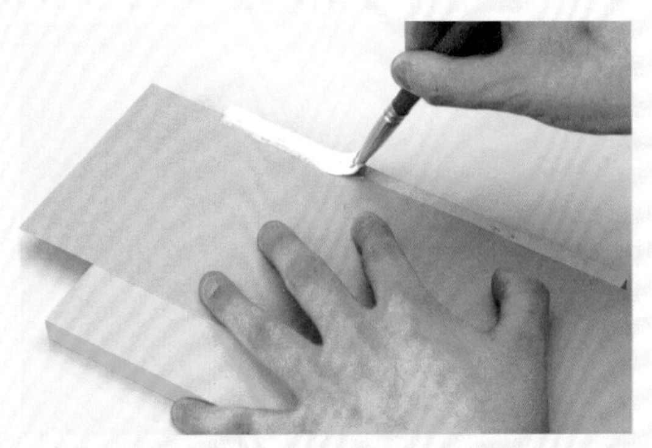

9 將內頁用紙背面塗上一層黏著劑，用以黏貼封面封底內襯紙，塗抹範圍約是充分蓋住釘書針左右的寬度，同時拿一張紙墊於一側，使黏著劑塗抹得更為均勻。

10 準備兩張對摺的封面封底內襯紙。在內頁第一頁與最後一頁各自對齊後貼合。襯紙能遮蓋裝訂的釘書針，而且加強封面與內頁用紙間的黏貼強度。

11　裁切封面紙。裁切的尺寸要略大於完成品，並以轉印筆於書背寬度的位置上劃出摺線，由於封面的書背寬度也要預留多一點，因此先測量好內頁厚度之後再來設計會更精準。

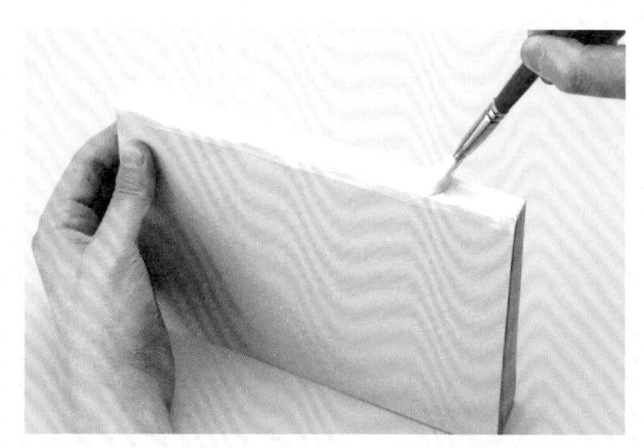

12　在已貼好封面封底內襯紙的內頁紙張的書背上均勻塗抹黏著劑。此時書背、書背兩側邊與切口面也要薄薄塗上一層寬約5至10mm左右的黏著劑，以便後續黏貼襯紙與封面。

13　將封面與內頁黏貼在一起。以手指壓住使封面與襯紙能更加緊密貼合。

14　將書背朝下直立，並於封面與封底兩側各用一疊書籍重物固定書本，加強黏貼度，靜置待黏著劑乾透。

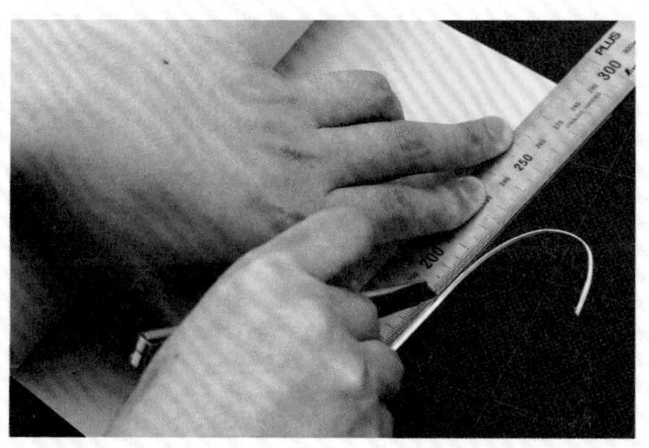

15　黏著劑乾透後，將封面多餘的部分修剪，封面與內頁切口面才會平整漂亮，完成！

16　本次使用的大型製書用釘書機最大的裝訂張數為160張（約是PPC用紙64g/㎡），也就是320頁，書背寬度約14mm。

20

插入各式媒材的裝訂

中間裝訂有一個好處，因為整本冊子只以釘書針固定，只要是釘書機可以裝訂，不管是有凹凸花紋的紙或不規則的媒材，都能用來裝飾冊子，不妨善用手邊各式媒材，DIY作出與眾不同的中間裝訂冊子吧！

工具 & 材料

創意訂書輔助尺（ナカトジ〜ル）（→ P.246）、釘書機、蕾絲紙或包裝紙。

1　首先備齊準備中間裝訂的材料。這次選用有凹凸花紋的レザック96オリヒメ（紙品名稱）作為封面，及紅色紙蕾絲與蕾絲花邊。

2　本次使用創意訂書輔助尺製書（→P.205），在內頁與封面上加上紙蕾絲與蕾絲花邊，對準裝訂的位置後，以釘書機裝訂。

3　修剪多餘的蕾絲花邊即完成。除了中間裝訂用的釘書機，也可使用其他工具來製作。

4　還可以變換不同媒材，作出許多變化。左側是利用作為緩衝包裝材料的凹凸工藝紙，在上面黏貼標籤紙裝飾，右側則是以圓點摺紙與紙蕾絲組合製成封面。

21

日式紙帶裝訂

紙帶是日本傳統工藝用件。除了用來連繫冊子內頁，也會拿來作為束髮之用，若在紙帶上塗膠，再上色或貼金箔的則稱為水引，此單元將介紹如何以和紙製作簡易式裝訂紙帶。

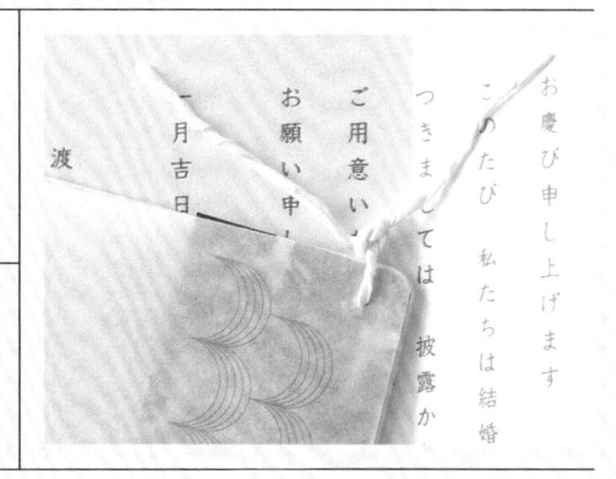

工具 & 材料

切成細長形的和紙、欲裝訂的千代紙或噴墨列印輸出的和紙圖稿。

1　準備切成細長形的和紙、欲裝訂的千代紙或噴墨列印輸出的和紙圖稿。

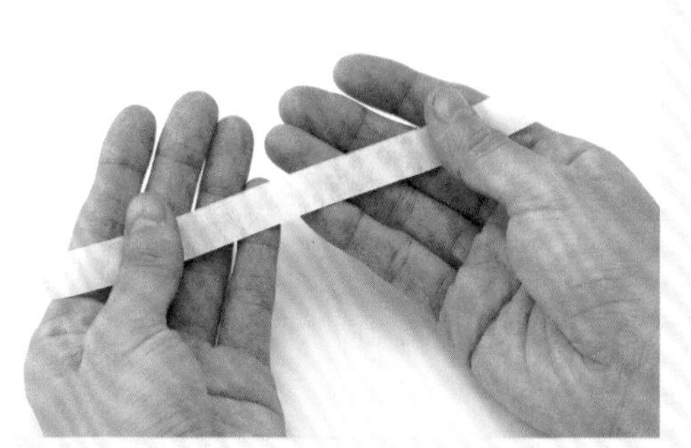

2　將薄和紙（書中使用噴墨列印專用的薄和紙）裁剪成寬1cm，長約20cm的細長條。

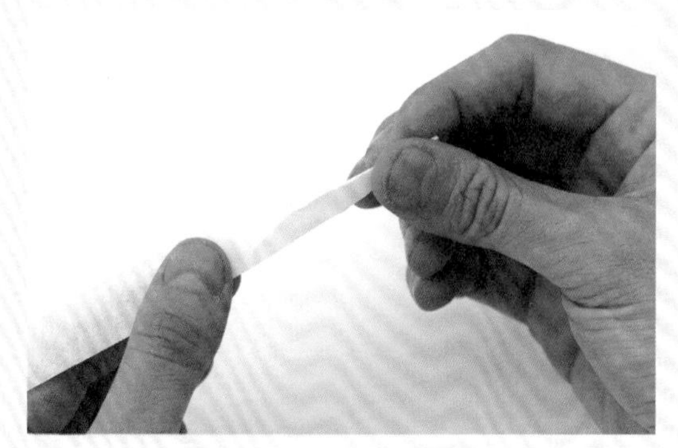

3　以手指縱向對摺細長條的和紙。

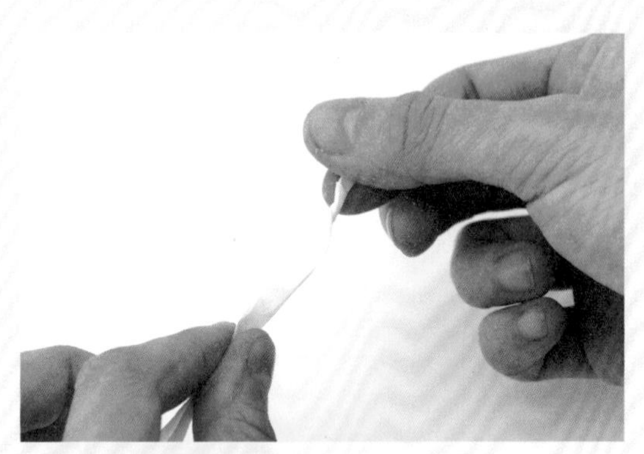

3 繼續以指腹扭轉和紙。

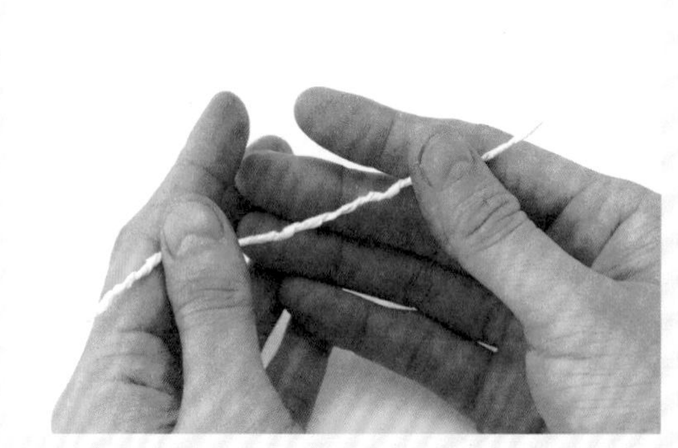

4 將和紙緊密扭轉至尾端，與原本的細長條相比，長度幾乎短了一半。

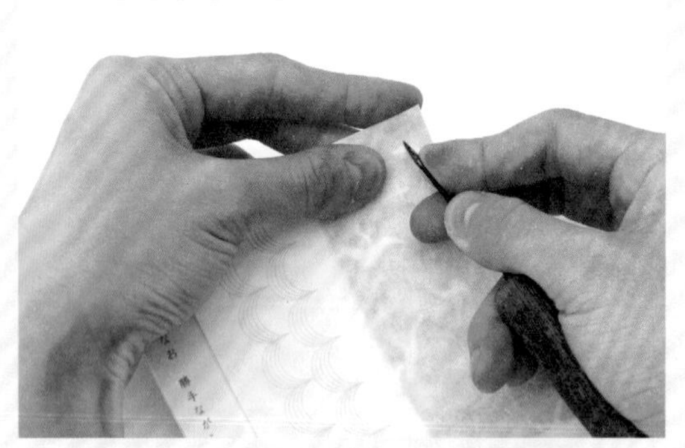

5 重疊整理將要裝訂的紙品，以鑽孔棒鑽出一個小孔。

6 將先前製作的和紙帶穿過小孔。

7 將紙帶打結之後即完成，因為紙帶強韌，當作一般繫帶使用也不容易斷裂。

8 結婚邀請函完成。在噴墨專用的和式列印紙上印上邀請內容文字，再與千代紙或花紋薄紙裝訂在一起，以厚紙印出的介紹文案則摺成三褶，再夾入邀請函裡寄出。

22

加裝封口圓鈕在信封或書冊

牛皮紙文件袋上常用的封口圓鈕也能利用雞眼釦鉗製作，不妨嘗試替信封或冊子的封面、書套等紙品加上文件袋封口圓鈕吧！此外，還有一種比雞眼釦方便的黏貼式封口圓鈕，讓製作更簡單。

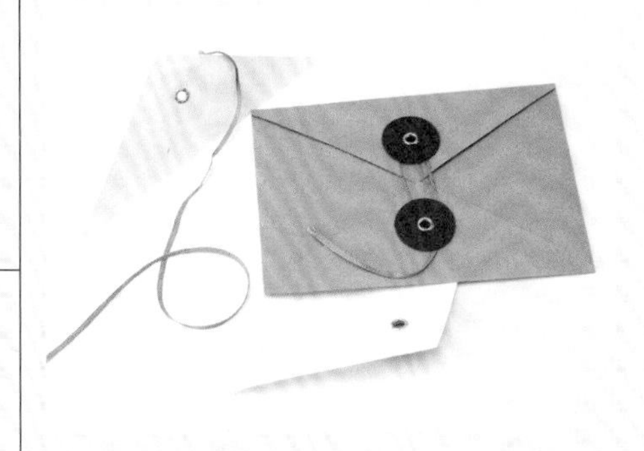

工具 & 材料

雞眼釦鉗、雞眼釦、打孔器材（單孔鉗、丸斬）、圓形厚紙片或皮革、欲加裝封口圓鈕的紙品（紙、信封、冊子的封面）。

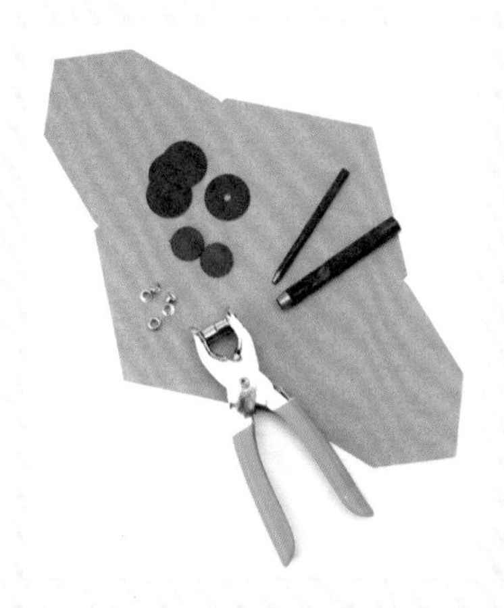

1 本單元示範在明信片尺寸的信封加上封口圓鈕。準備展開的信封紙型、作為圓鈕部分的厚紙片或皮革、雞眼釦鉗與符合雞眼釦大小的丸斬。

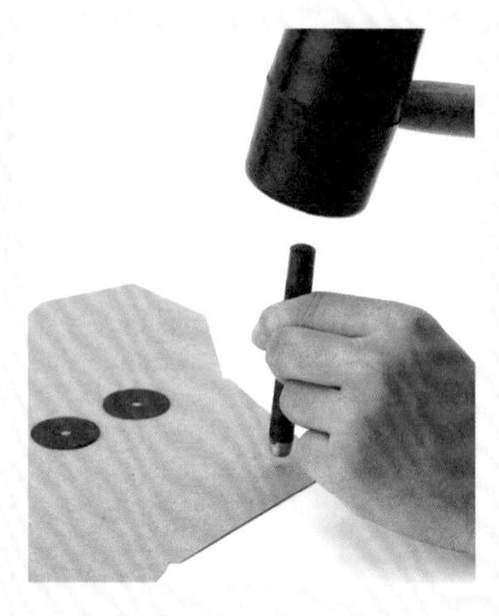

2 在圓形厚紙片正中央與信封上要加裝圓鈕的位置，以丸斬各打出一個孔，丸斬的打孔大小要符合封口圓鈕的直徑。

3 將厚紙片與信封上的小孔對準、重疊，再插入雞眼釦，如果信封材質較薄，可以在背面加上另一片圓形厚紙片補強。

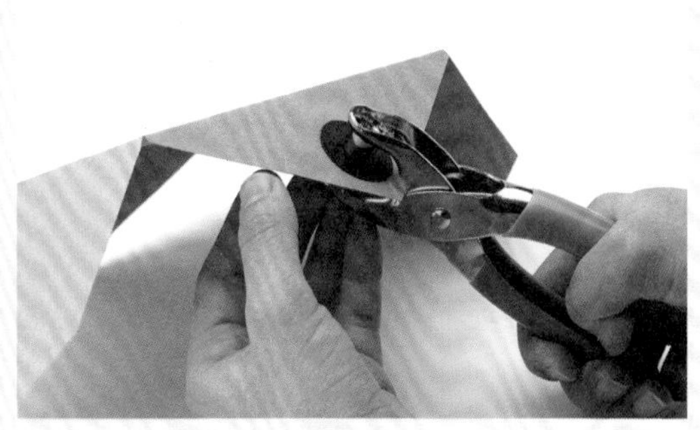

4 以雞眼釘鉗夾住雞眼釦後，施力使雞眼釦固定，即可完成封口圓鈕的部分。

5　將信封的兩個封口圓鈕加裝完成之後，在單邊綁上一條繫帶，書中選用金色書籤帶，也可依個人喜好選擇麻線或細棉線。

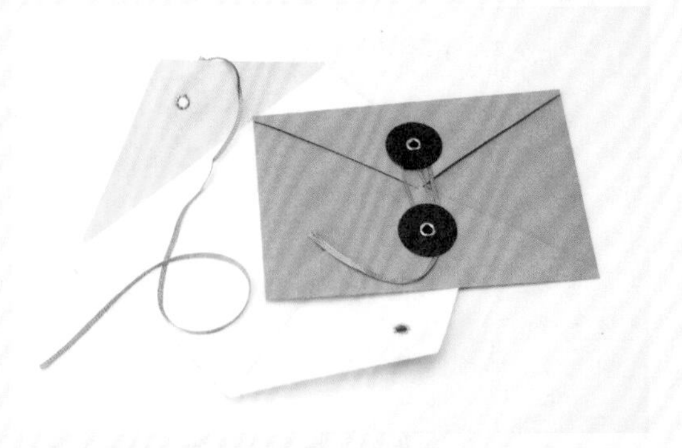

6　將金色書籤帶纏繞於封口圓鈕上即完成。

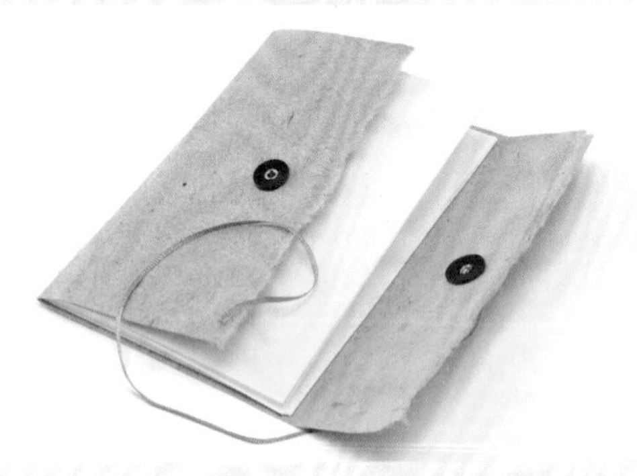

7　這裡示範的是將中間裝訂冊子的封面作成像信封一樣，並於信封封面上加裝封口圓鈕。封口圓鈕是將圓片皮革打孔後，裝上與前面相同的雞眼釦固定即可。

8　除了使用雞眼釦之外，還有這種黏貼式封口圓鈕的商品，上圖是在紅色信封上加裝山櫻株式會社所推出的彩色標籤黏貼式封口圓鈕。

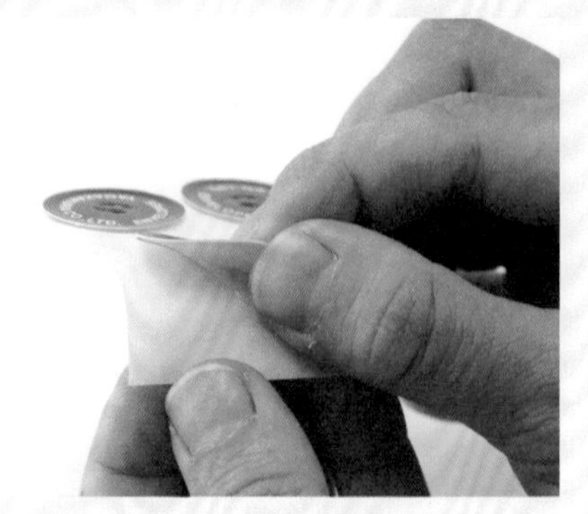

9　彩色標籤背面附有黏膠，撕去背紙後，即可黏貼在信封等紙品上。

10　彩色標籤（山櫻株式會社 →P.246），一共有六種不同顏色套組，左起為黑、咖啡、灰、淺棕、藍、白。

23

各式金屬裝訂零件

手工藝行或文具店所販售的簡易裝訂零件，種類相當豐富，只要搭配手邊既有的材料善加利用，可以作出品味優質的冊子或筆記本。這裡為大家示範以雙雞眼釦、鐵製摺疊原子夾來裝訂及裝訂鉚釘的示範作品。

工具 & 材料

雞眼釦、紙蕾絲、打孔器、鐵製原子夾、紙。

1 首先應用雞眼釦作成的紙蕾絲便條紙。只要在紙蕾絲上打一個孔，即可完成一本可以轉動的趣味便條紙。

2 以打孔器在紙蕾絲打一個孔。將紙蕾絲分成數疊打孔，建議預先在紙蕾絲上作記號，避免分次打孔時走位。

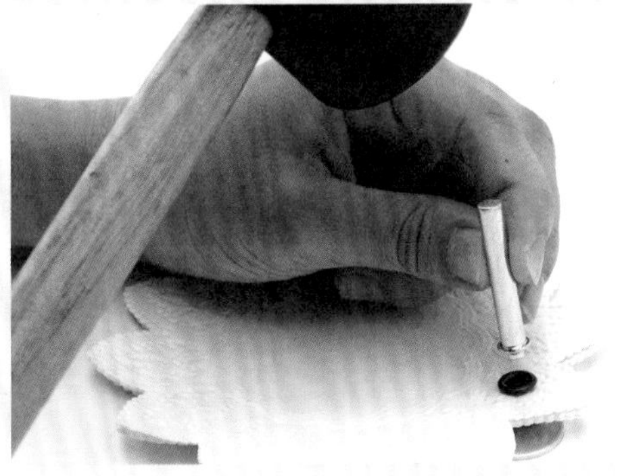

3 將雞眼釦分別裝進紙蕾絲正、背面，再以撞釘工具對準雞眼釦敲打固定，雞眼釦尺寸必須符合孔洞的直徑。

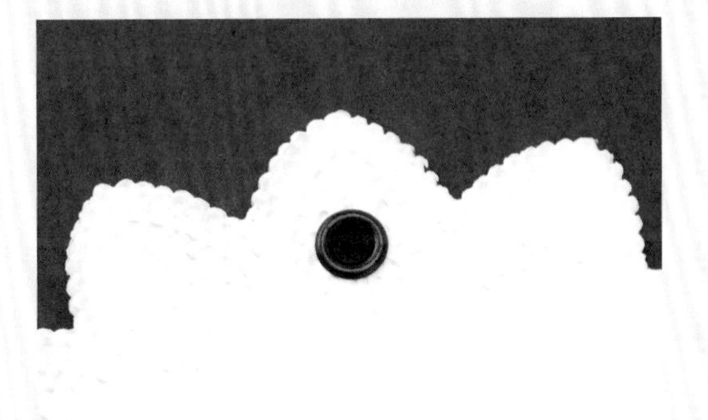

4 將雞眼釦充分密合之後即完成。一般單邊的雞眼釦不適合用來裝訂這種有厚度的便條紙，且這樣便條紙也很難作出可以轉動的效果，建議使用有套蓋的雞眼釦比較好。

5 利用摺疊原子夾製作筆記本。裝訂文件的兩孔摺疊原子夾有塑膠製，也有金屬材質製，感覺比較特別。圖中為コクヨ（Kokuyo）鐵製摺疊原子夾。

6 以雙孔打孔器將封面與內頁、襯紙打孔，請注意所有的紙張孔洞必須對齊。

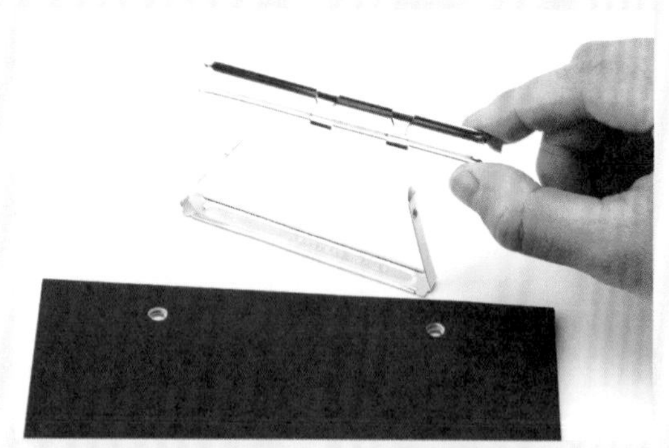

7 準備鐵製摺疊原子夾。將下方底座的彎曲邊條穿過紙張的兩個孔，再以上方的固定套固定。塑膠製的摺疊原子夾也是相同方式，並且還可從後面補充內頁紙張。

8 將摺疊原子夾穿過兩孔即完成製作。雖然是再簡單不過的裝訂零件，但金屬元素讓筆記本具有裝飾重點。

9 其他還有如上圖中的裝訂鉚釘，感覺既復古又有趣。

10 上圖中名為brads的裝訂鉚釘有各式各樣的造型。從彩色款到小花等不同的造型設計，及表面經過植絨加工等，種類非常豐富。

24

製作蛇腹摺製書的包覆式封面

蛇腹摺製書不常使用於商業出版品。但是這種打開便能一覽無遺的設計卻令人難以捨棄不用。只要將紙張連接在一起，作出長長的蛇腹摺內頁，並於首頁與最後一頁包覆一層自己喜歡的紙或布料作為裝飾即完成。

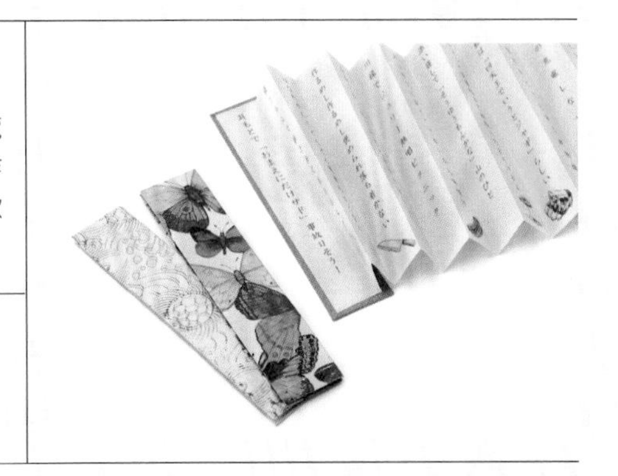

工具 & 材料

輸出（列印）的內頁用紙、作為包覆封面的紙（或布料）、厚紙板。

1　準備輸出（列印）的內頁用紙、作為包覆封面的紙（或布料）、厚紙板。

2　內頁用紙為B4尺寸10張、寬3cm長18cm一張。因為是短歌本，所以選擇縱長形版面。首先，以筆劃出褶線。

3　以美工刀裁切周圍不要的部分。

4　裁切多餘的紙之後，接著在每張紙的連接處預留黏著劑的塗抹空間，約寬3mm。

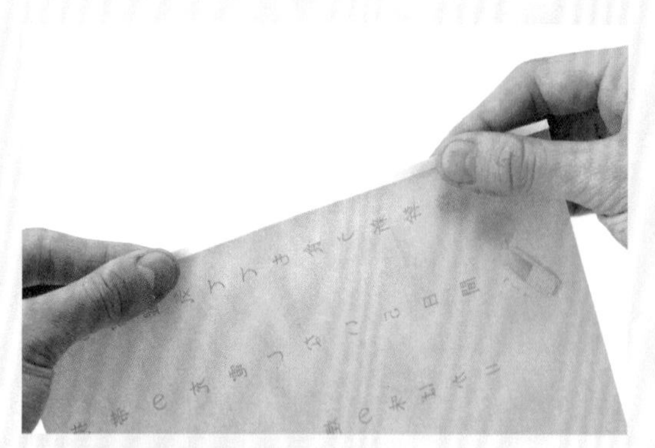

5　反摺3mm預定塗抹黏著劑的部分。

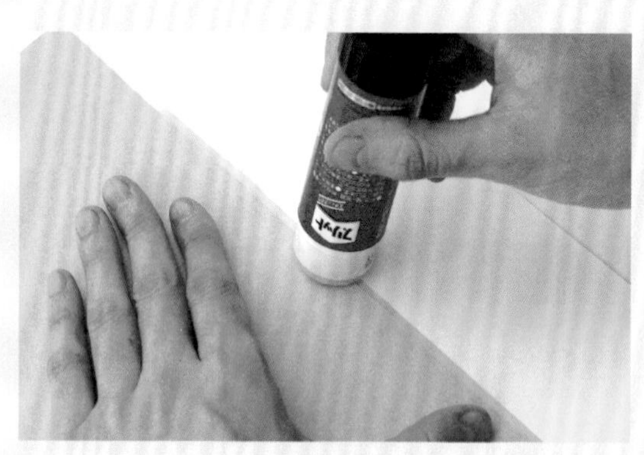

6　塗上黏著劑。為避免塗抹時滲出，可墊上一張紙（如圖中左側的粉紅色紙），再開始塗黏著劑。

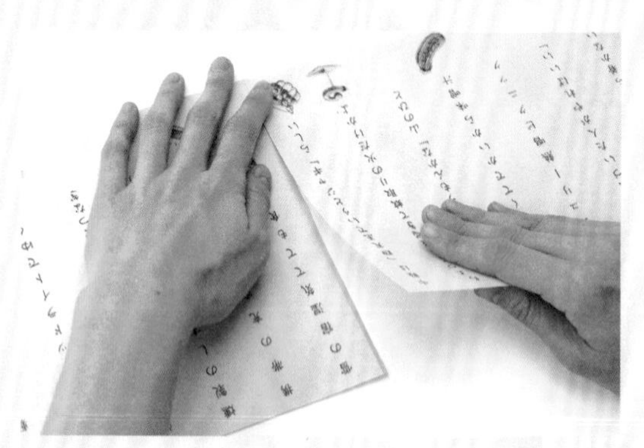

7　塗完之後，黏貼下一張內頁用紙。

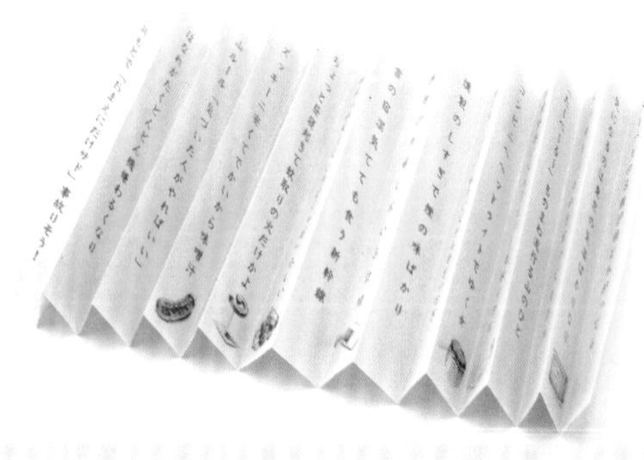

8　沿著先前的摺線，正反交錯地對摺紙張。全部對摺完後即如圖片所示，即完成內頁部分。

9　接下來是封面製作。首先，裁切封面紙，封面要比內頁用紙略大。作為包覆內芯的厚紙板寬4cm長19cm（天地左右各是內頁用紙尺寸＋5mm），包覆用紙寬約5.5mm長20.5mm（寬與長是厚紙板尺寸＋15mm）。

10　在包覆用紙內側薄塗一層木工用樹脂膠，再將塗有樹脂膠這面與厚紙板黏貼在一起，請注意黏貼位置必須天地左右皆對稱。

11　斜切包覆用紙的四角，後續對摺時就能作出漂亮的收邊。

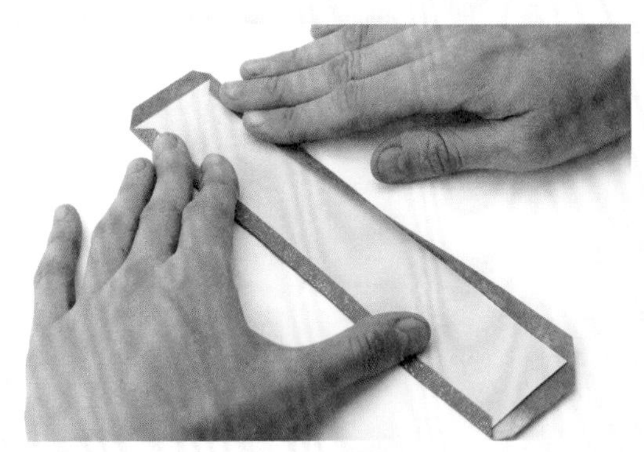

12　將四邊的包覆用紙摺往厚紙板內並貼合。

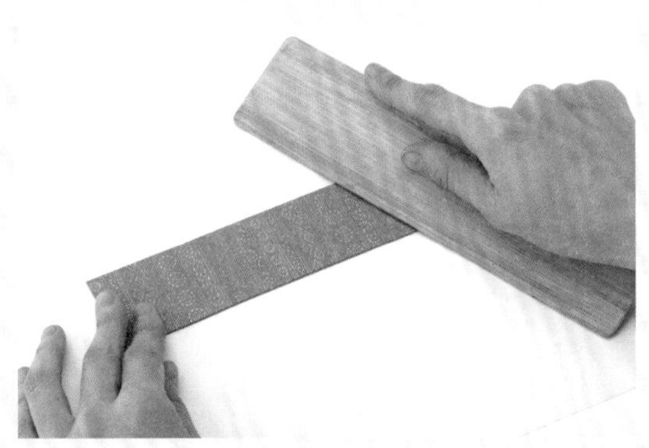

13　將步驟11已貼好的封面翻過來，以竹製刮板從頭至尾確實刮壓一次，共製作兩張。

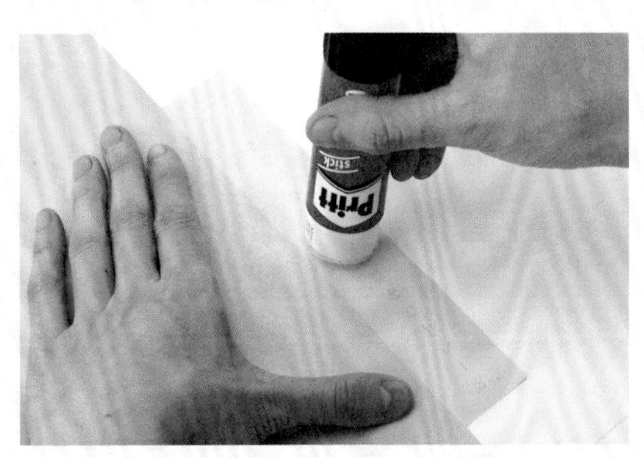

14　將步驟8的內頁用紙最右側那頁的背面塗上黏著劑。為避免塗抹時滲出，可墊上一張紙（如圖中左側的粉紅色紙），再上黏著劑。

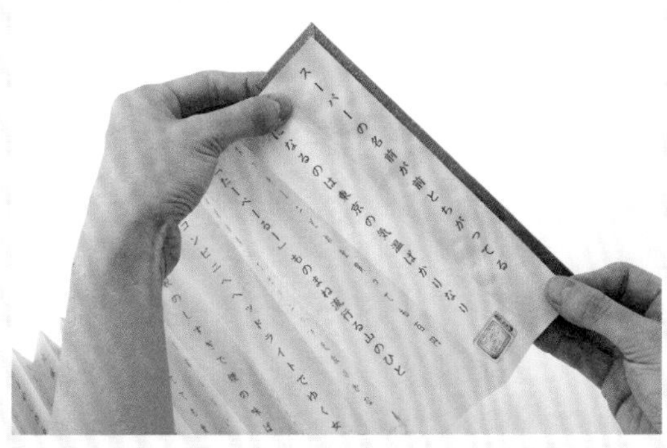

15　封面內面（可看見厚紙板那面）貼附於步驟14中的內頁用紙上，另一側也是以相同的作法黏貼封面。

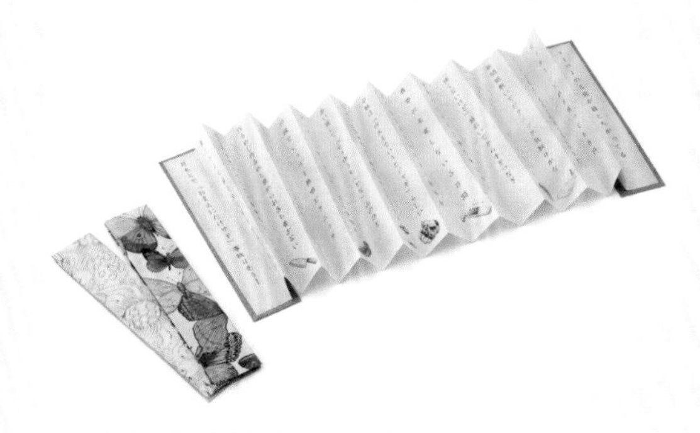

16　完成。變換包覆用紙，就能作出風格不同的蛇腹摺製書。

25

一張紙摺製完成的製書方式

將一張紙的中心線位置作出一道摺線，只要對摺即能作出一本八頁的冊子。其實大部分的人都略知這個方法，不過卻未必清楚摺製方式，只要善用摺製方式，就能輕鬆作出一本八頁小冊＆全展開一頁的簡便冊子。

工具＆材料

印有內容的紙張、尺、美工刀。

1　準備印有內容的紙張、尺、美工刀。

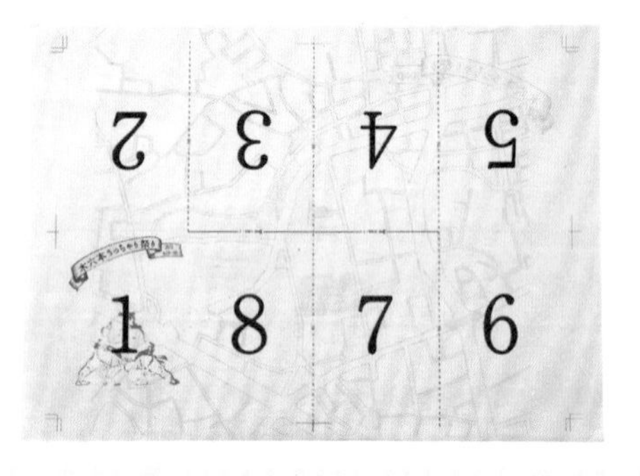

2　印有內容的紙張。由於這些數字位置代表了頁碼順序，所以版面設計是依照此順序來編排列印。

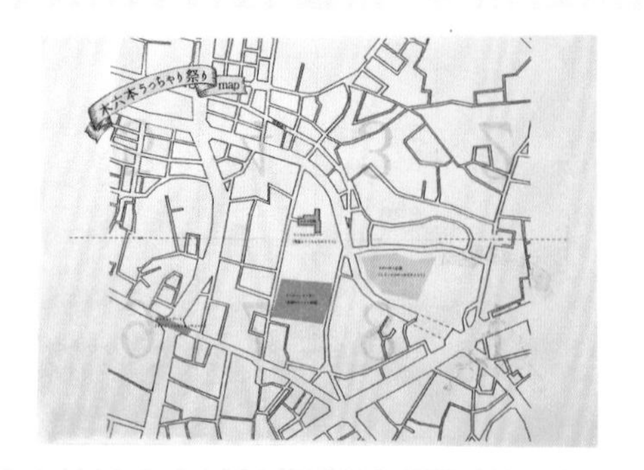

3　背面部分製成冊子時，是摺在裡面無法看到的。不過，因為不是裝訂製書，所以全展開時要呈現一整頁的樣子。圖中是一張放大的地圖，一打開即可清楚地查看。

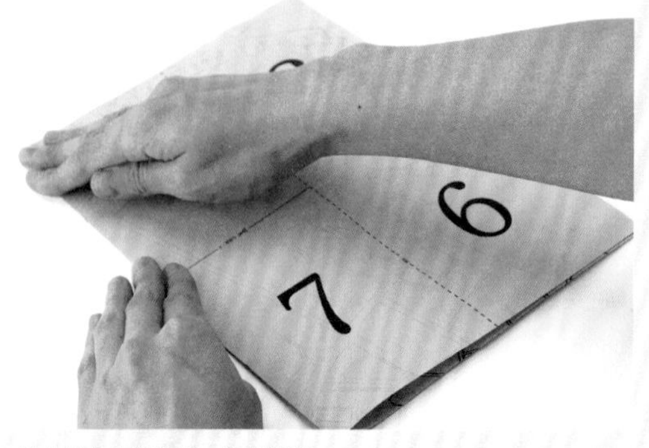

4　首先以中央線為準，對摺紙張。

5　對摺後，從紙的中央部分往褶痕方向以美工刀切割出一條線。

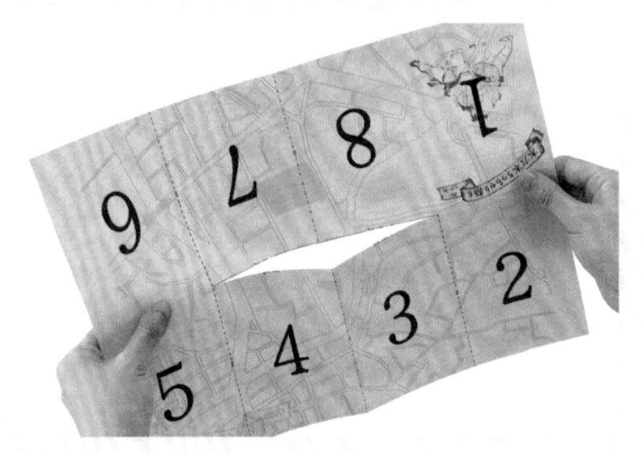

6　展開紙張後，（如圖）正中央有一條摺線。

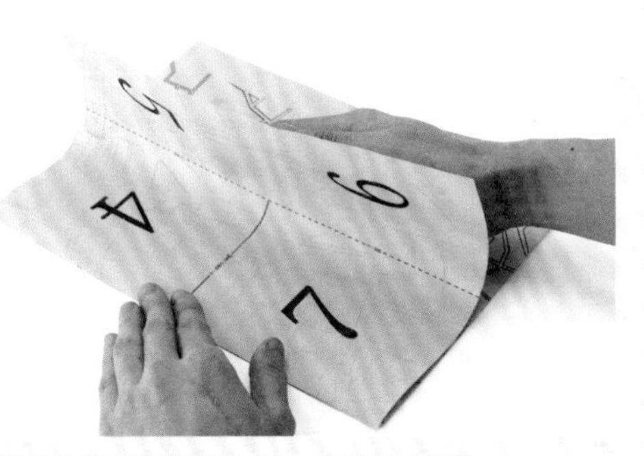

7　再將紙張回復到對摺狀態，將單面的紙再次對摺。

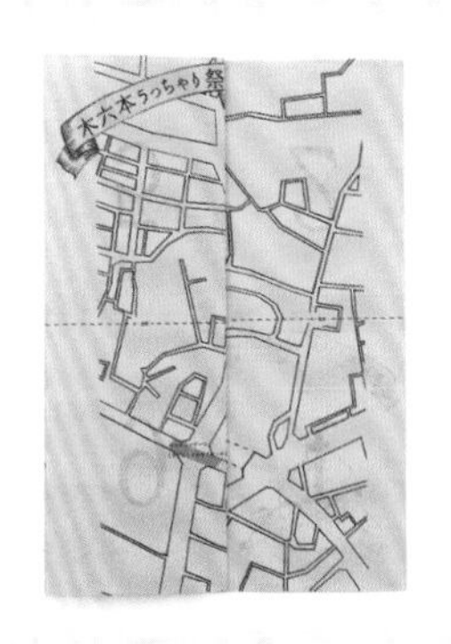

8　（如圖）可以從表面看見內側的內容。

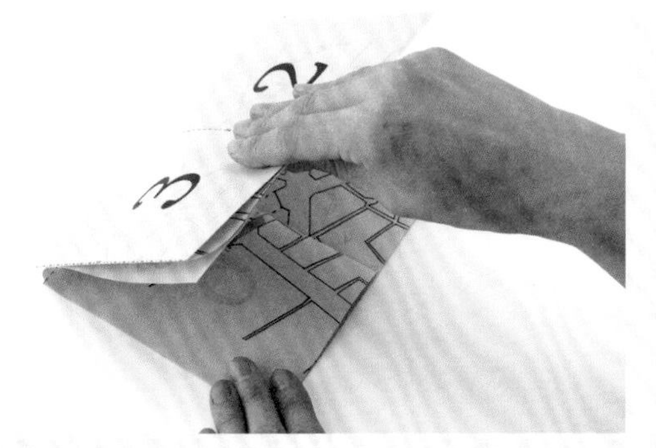

9　再將紙張縱向往下對摺成一半。

10　橫向往左再對摺一次，完成。

11　即使不用裝訂，也能毫不費力地作出八頁冊子。

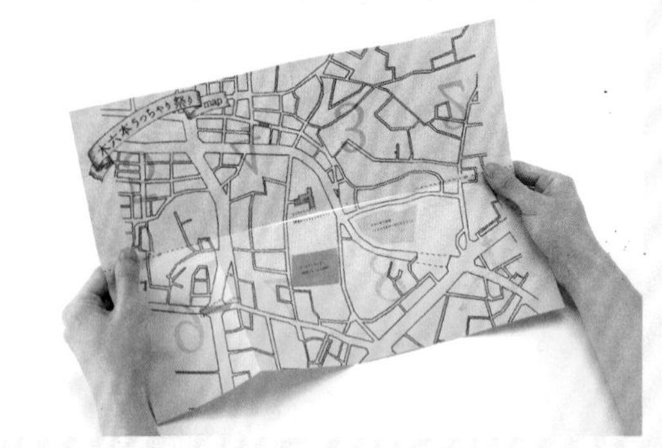

12　一打開，內容一覽無遺。

26

講究摺紙功夫的書籍封面製法

近幾年常常在書店看到許多書籍的封面都非常講究摺紙功夫。即使委託業者代工製作，也因為全部都是手工作業，成本費用出乎意料的高。想要省錢，只要自己動手摺紙與包裝，同樣能完成美麗的作品。

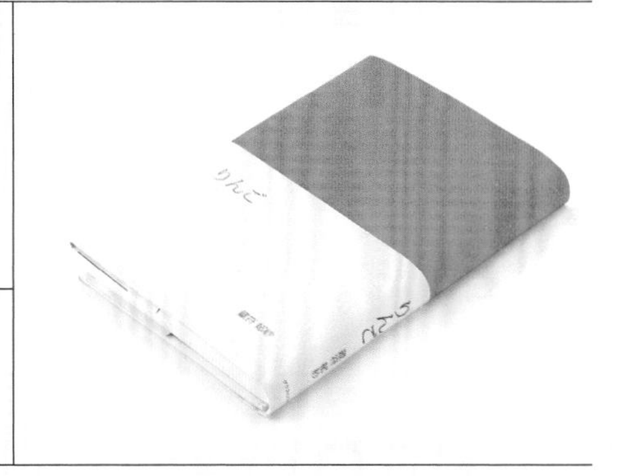

工具 & 材料

封面用紙。

1 準備封面用紙。如果是A5尺寸的書，請選用A3大小的紙張，正反面不同的紙張，完成後的效果很有趣。

2 將要包覆於書本的封面用紙摺成與書本縱長一樣的尺寸，並先以美工刀背劃出褶線。

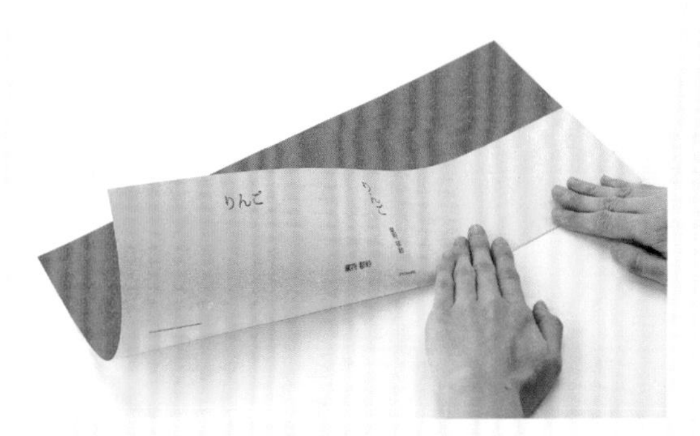

3 沿著褶線摺起紙張，反摺部分成為書帶。

4 將紙張包覆於書本時，必須對準書背部分。

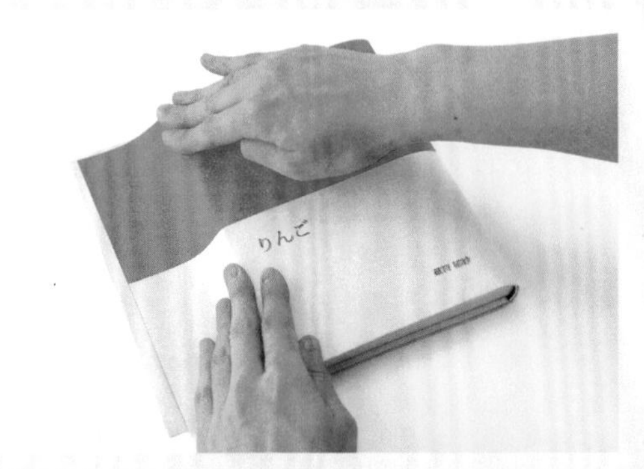

5　書本放於桌上，將多出來的紙張沿著書本邊緣摺出痕跡。

6　順著剛剛摺出的痕跡，將多餘的紙張往內摺。

7　將書本翻過來後，依照相同步驟把背面多餘的紙張內摺即完成。

8　另一方法是先反摺封面用紙的天地兩端。

9　將紙張包覆在書本外。天地兩端的反摺面變成了書帶，又完成了一個有趣的封面。

27

以吸管製作卷軸

具有忍法帖風格的卷軸雖然感覺有點難以自己動手作……其實只要利用手邊既有的材料就能完成。這次是使用吸管來作為卷軸芯，並於紙端貼上製書膠帶，最後捲好紙張即完成一個卷軸作品。

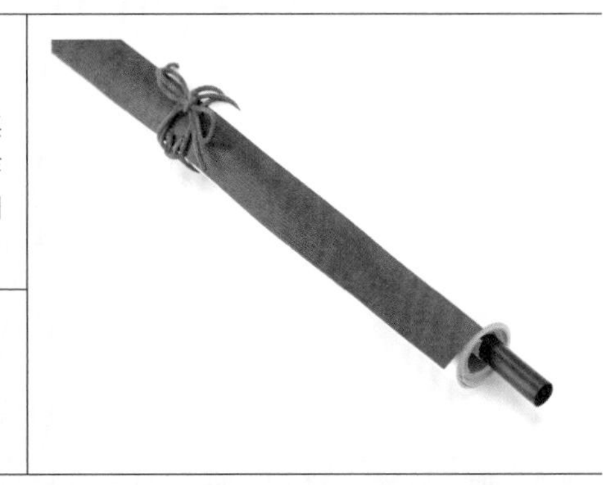

工具 & 材料

吸管、內頁用紙（已列印）、製書膠帶、紅色繩子（或硬棉線）。

1　準備吸管、內頁用紙（已列印）、製書膠帶、紅色繩子（或硬棉線）。

2　將列印輸出的三張內頁用紙連接成一張，作成長條形內頁，並裁切掉多餘的部分。

3　在內頁紙邊緣塗上黏著劑。為避免塗抹時滲出，建議可墊上一張紙（如圖中左側的粉紅色紙），再上黏著劑。

4　取另一張內頁用紙貼附在塗有黏著劑處。

5　將三張內頁用紙連接完成後，成為（如圖）長條形的內頁。

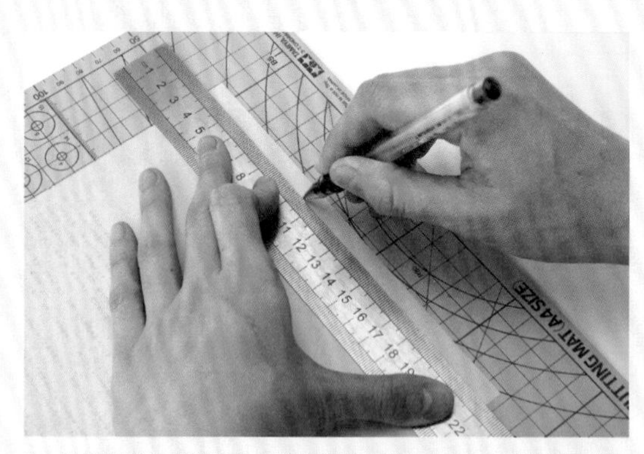

6　從長條形內頁用紙的左邊緣算起，寬7mm處，以美工刀背在紙張背面劃出一條褶線。

7　將內頁用紙翻回正面，在步驟6中劃的摺線內側仔細貼上雙面膠帶。

8　然後在褶線外側塗上黏著劑（雙面膠帶的右邊）。

9　撕去雙面膠帶的背紙。

10　將吸管黏附在雙面膠帶上，吸管突出於紙張外的兩端長度要均等。

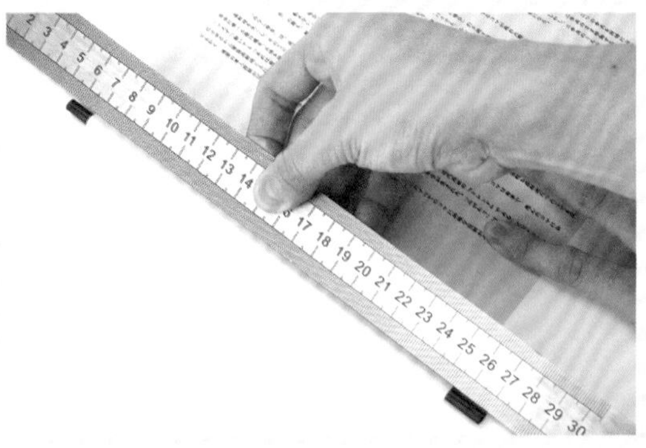

11　塗有黏著劑的外側紙邊緣往內摺，將吸管包覆於內，再以尺按壓固定，使吸管確實地與紙張貼合。

12　完成卷軸芯的部分。

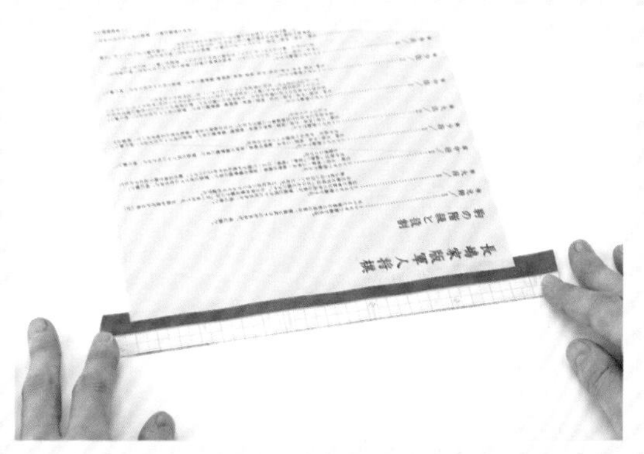

13　在卷軸芯另一側的內頁用紙邊緣貼上製書膠帶。先將製書膠帶背紙撕去一半，然後黏貼於紙上。

14　再將另一半的製書膠帶背紙撕去並對摺，貼附在內頁用紙正面，並剪除多餘的膠帶。

15　以鑽孔棒在貼有製書膠帶的部分鑽出兩個小孔，兩孔間隔約5mm。

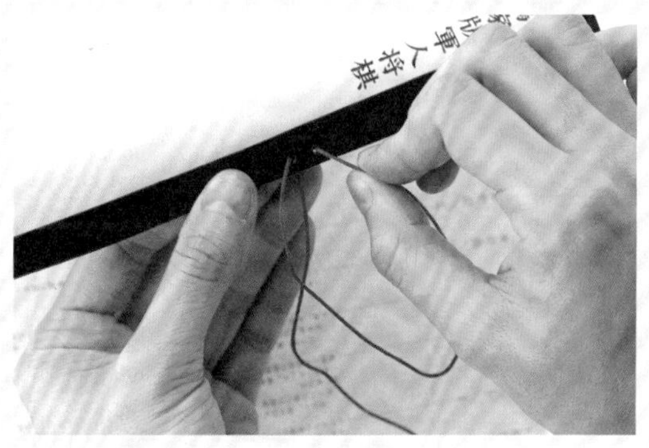

16　以紅色棉線穿過兩個小孔。

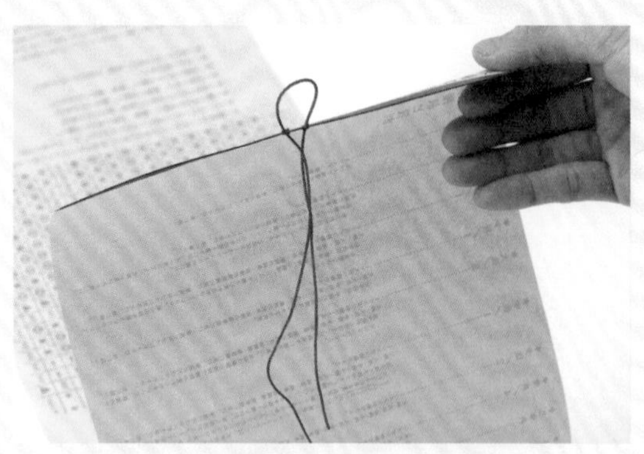

17　預留棉線的一端長度稍長，是為了用來捲繞卷軸，所以請預留一定的長度。

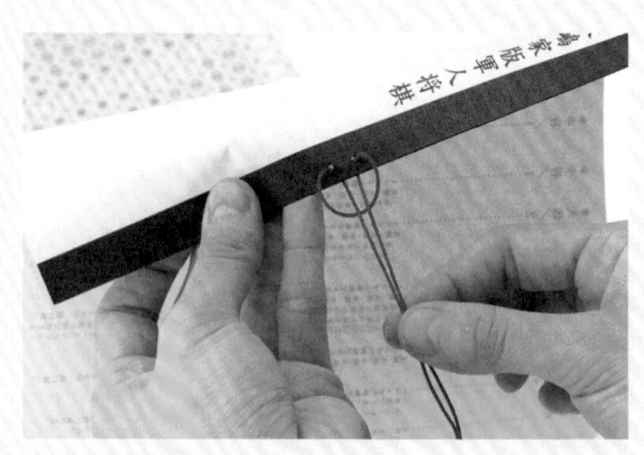

18　將兩端棉線穿過自身圈成的圓圈內。

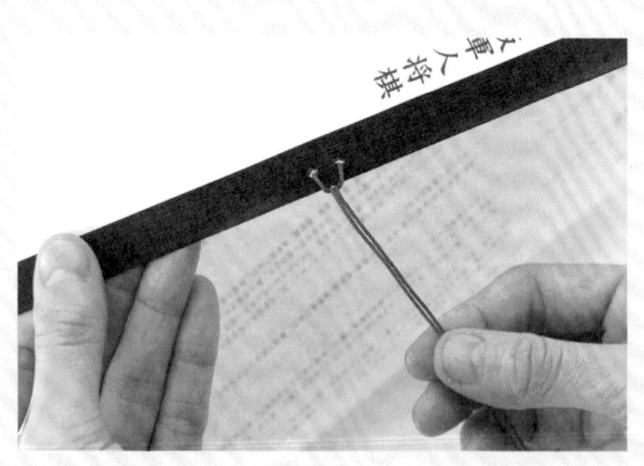

19　穿過之後，拉住兩端棉線繫緊。

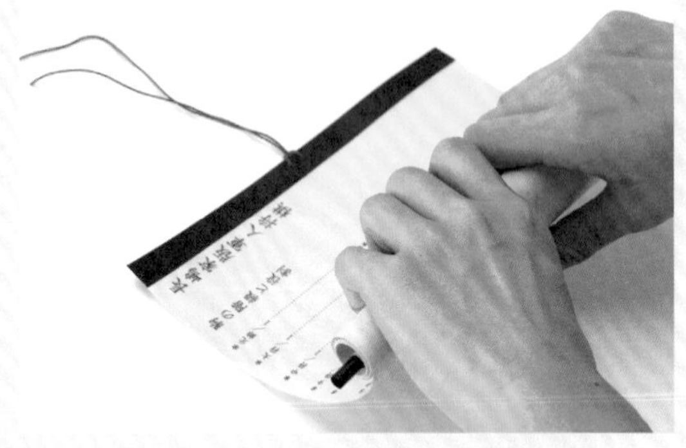

20　從吸管芯這端開始捲起內頁用紙。

21　將先前稍長的棉線捲繞卷軸一圈，再打個結即完成。

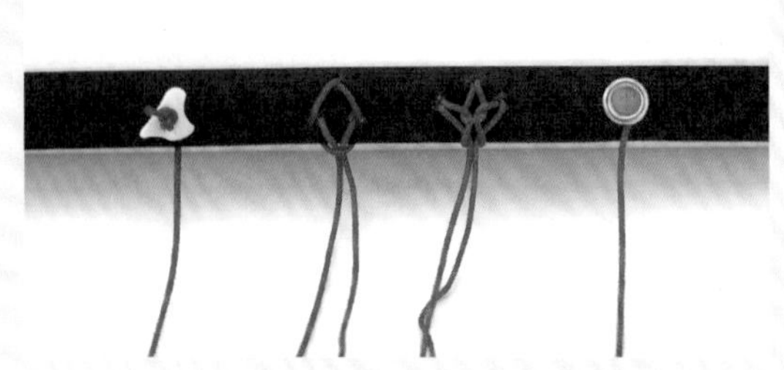

22　可以在線結打法上作些變化，也可以加上雞眼釦。多嘗試不同裝飾手法，使製作過程更有樂趣。

28

附有書籤帶的裝訂製書

中間裝訂製書只需釘書機就能完成裝訂，堪稱是最簡單的裝訂方式。雖然簡單也很好，若適度加上一條書籤帶及裝飾，多在細節上花點巧思，即可完成一本精緻的製書作品。

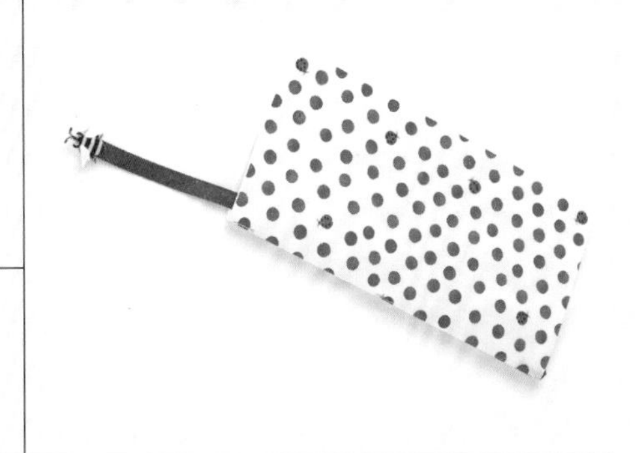

工具 & 材料

裝訂的紙張、裝訂用釘書機、緞帶、可裝飾於緞帶上的貼紙等小飾物。

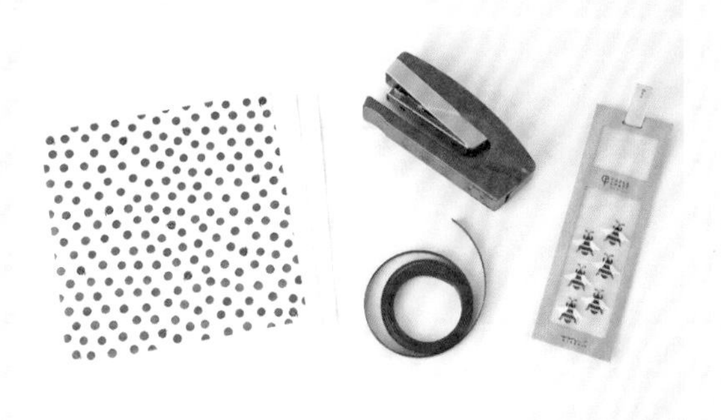

1　準備裝訂的紙張、裝訂用釘書機、緞帶、可裝飾於緞帶上的貼紙等小飾物。

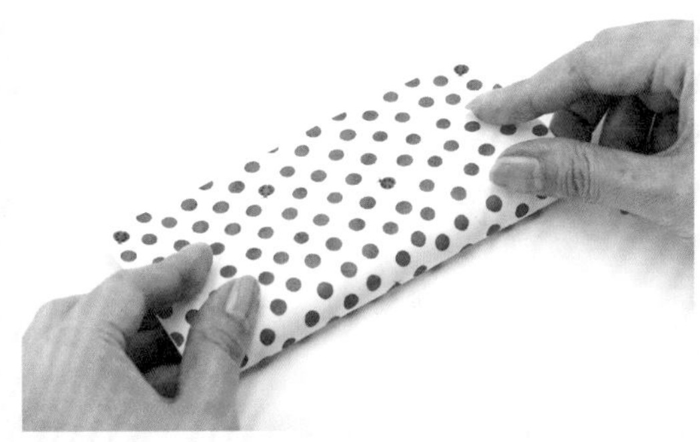

2　整理所有要裝訂的紙張，然後對摺。

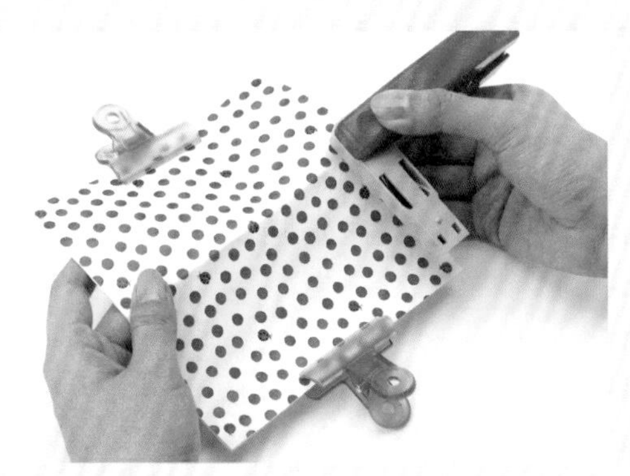

3　以夾子固定紙張的左右兩邊，然後以釘書機先於紙張對摺線上的一端裝訂一次。書中使用的是裝訂用釘書機，專為裝訂而設計，也可以使用一般釘書機，詳細裝訂方式請參閱P.205。

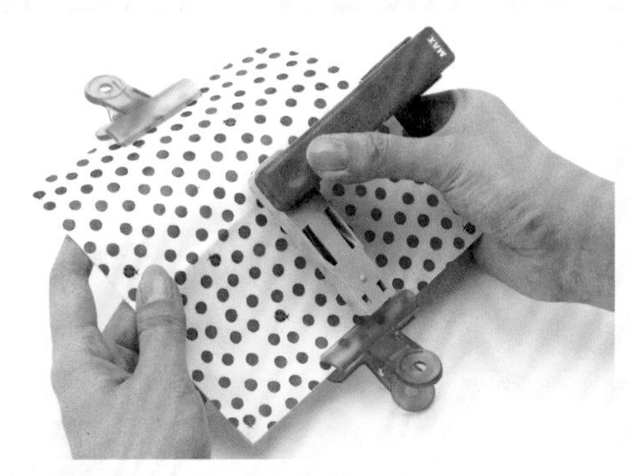

4　於對摺線中央位置以相同方式再裝訂一次。

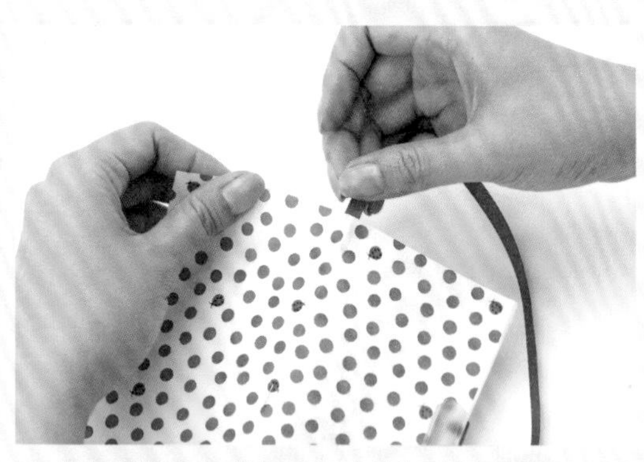

5　在裝訂對摺線的頂端位置前，先於封面與內頁間插入一條寬1cm的緞帶。

6　插入緞帶之後，再以釘書機裝訂。

7　緞帶長度約是比書本對角線位置稍長的長度，其餘剪除。

8　在緞帶前端貼上貼紙裝飾即完成，或不加裝飾也可以。

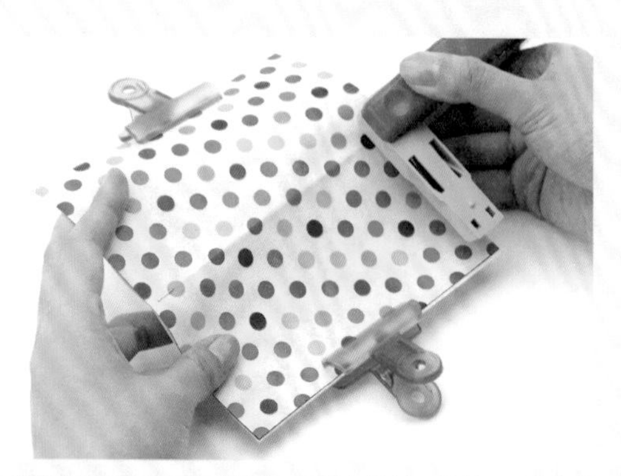

9　接著要示範的是不加書籤帶，而改加裝封口圓鈕。一開始與前面步驟相同，整理紙張後對摺，以夾子固定紙張，再以釘書機裝訂紙張的兩邊。

10　準備封口用的圓形鈕釦及捲繞封口的線。決定鈕釦位置後，以夾子固定封口線。

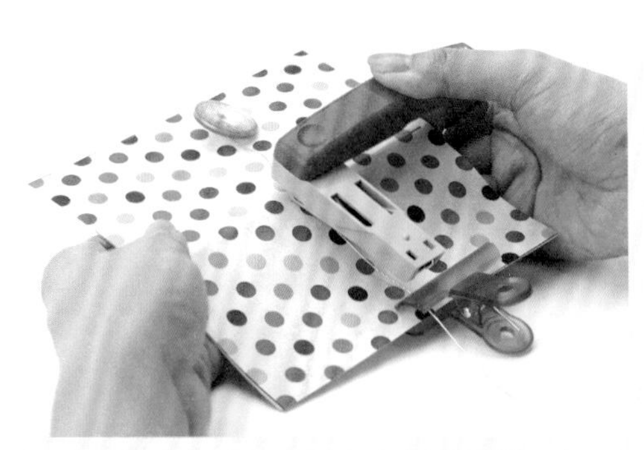

11　以釘書機將封口線連同紙張一起，在中央位置裝訂一次。

12　將封口線繞書本一圈，再將多餘的線捲繞於圓鈕上。便完成一本有封口圓鈕設計的中間裝訂作品。

13　還有以釘書機裝訂成疊紙張的紙背時，可加上一枚蕾絲作為裝飾。請大家自行發揮裝飾巧思。

14　將蕾絲綴於封面邊，就完成一本可愛的裝訂作品。

15　各種不同的裝飾方式。可以釘書機固定緞帶蝴蝶結，作出一本蝴蝶結裝飾的裝訂作品（左）在書本上方裝訂一條銀線，並於銀線前端加上戒指作點綴，即是一本附有書籤帶的裝訂作品。

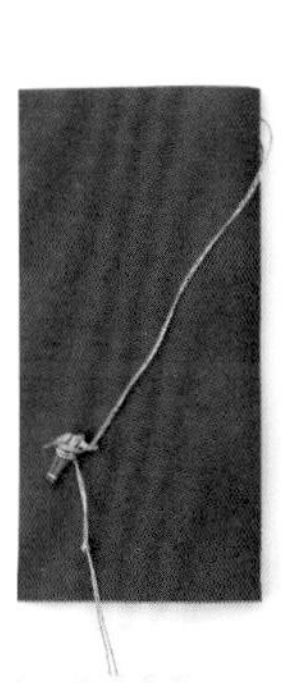

16　在冊子最上方位置插入一條銀線，銀線中央加上一個玩偶模型，這樣的裝訂製書也非常逗趣。或在冊子最上方位置插入一條寬版緞帶並將緞帶打成蝴蝶結，也具有裝飾效果。

29

書背膠帶裝訂

論文或辦公文件資料時常使用書背膠帶來手工裝訂成冊。依照此方式，將這種具有很強黏性的膠帶用於書冊裝訂，即可完成色彩繽紛的簡易裝訂。

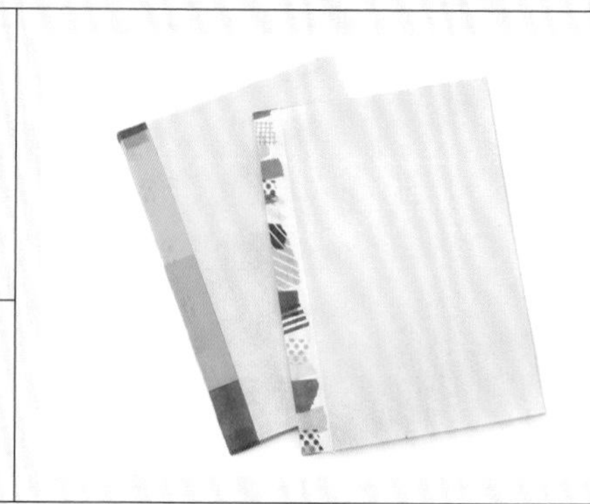

工具 & 材料

切割墊、高黏性書背膠帶、美工刀、剪刀。

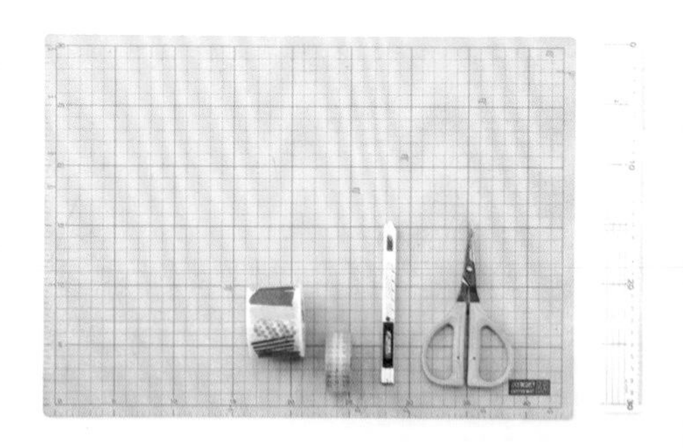

1 準備附有刻度標示的切割墊。書背膠帶則是選擇包裝用這類的高黏性膠帶。一般的紙膠帶黏性較差，不建議使用。

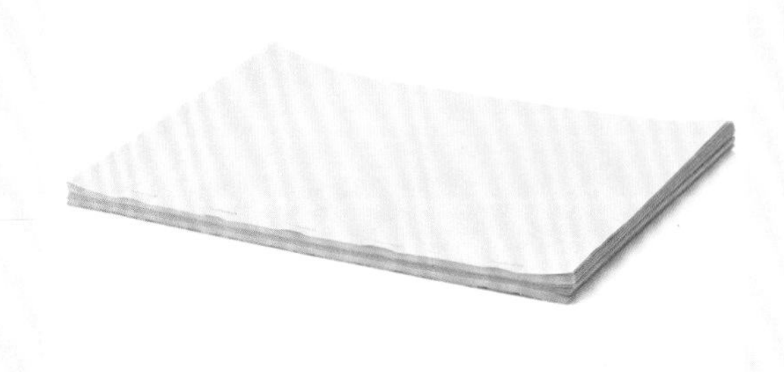

2 將要裝訂成冊的紙張疊整齊之後，以釘書機釘好備用。

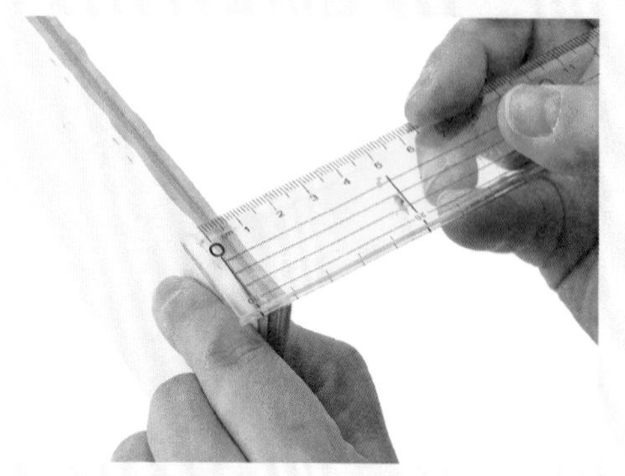

3 測量釘書機固定好的冊子厚度。圖中的冊子厚度約8mm。

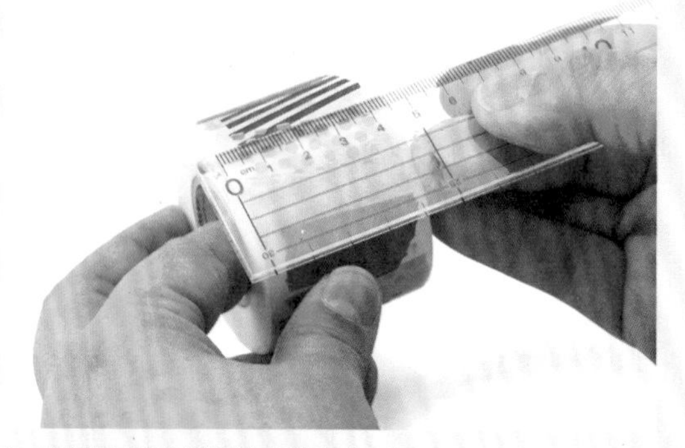

4 測量要固定書背的裝訂膠帶寬度。約44mm。

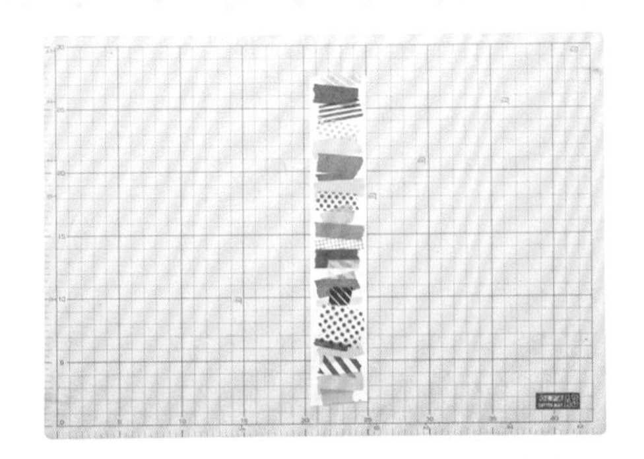

5 裁剪書背膠帶，長度需比冊子高度略長一點。剪下後暫貼於切割墊上。

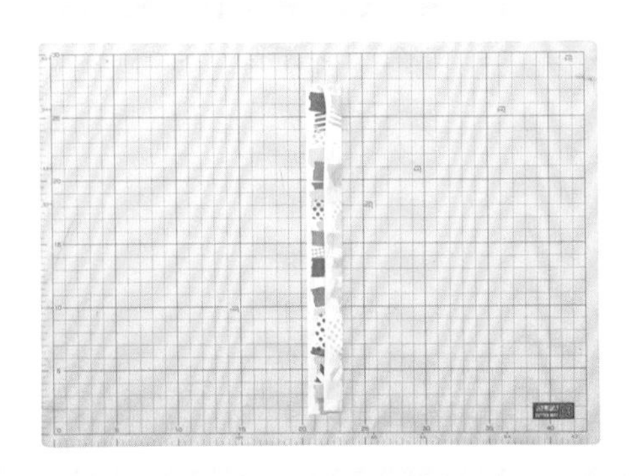

6 在書背膠寬度（44mm）減去書背厚度（8mm）後的一半的位置，將紙膠帶對摺。計算後是18mm。

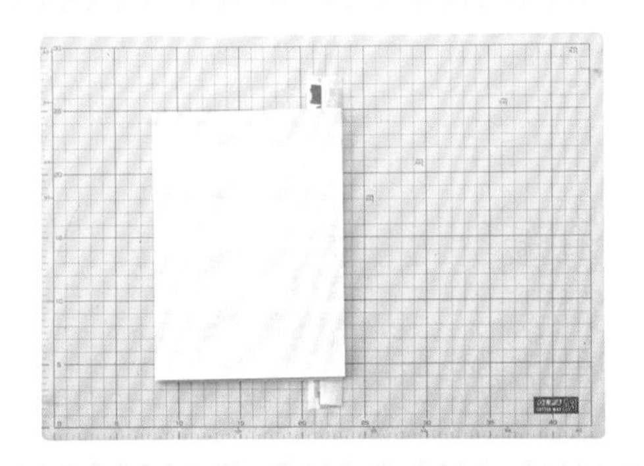

7 將釘書機固定好的冊子對齊膠帶對摺的部分並疊合在一起。

8 將黏於切割墊上的書背膠帶翻起，黏貼在書背與冊子另一側。

9 突出書背的多餘膠帶的兩個彎角處，做出裁切線。

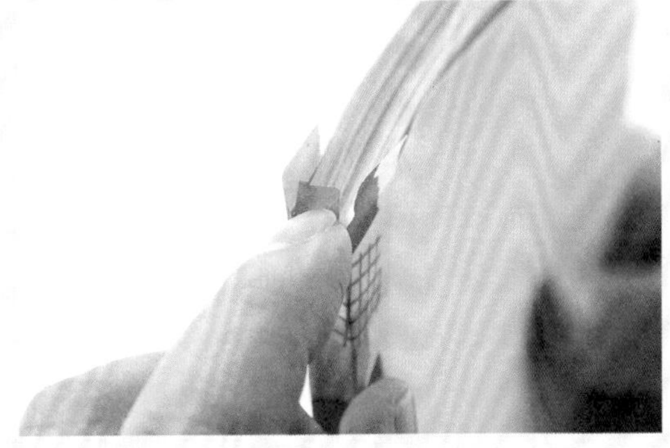

10 接著，把正中央、左右兩側突出的書背膠帶摺下來，充分黏合在冊面上即完成。

30

製作原創活頁紙

想要自製印有喜愛圖案的筆記紙，以及常用的路線圖、地址通訊錄等各種不同尺寸的活頁紙，這種可動式打孔器是非常方便的工具。只要一台就能做出各種尺寸的活頁紙。

工具 & 材料

移動式打孔器（→P.246）、紙。

1　PLUS的6孔打孔器（移動式）PU-601。這台具備4種尺寸的活頁式筆記本內頁的打孔功能。

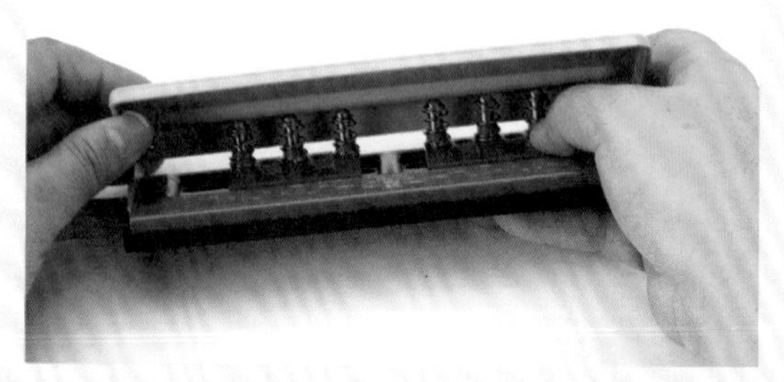

2　打孔尺寸最大A5~最小mini，只要左右滑動機器上的打孔調整裝置，即可設定孔徑大小。

3　準備已印好圖案的紙張。圖中是A5尺寸。

4　將打孔裝置滑動至最外側的位置，設定好孔徑。紙張插入打孔器，接著只需下壓把手。

5 若是影印紙的厚度，一次可打穿8張。

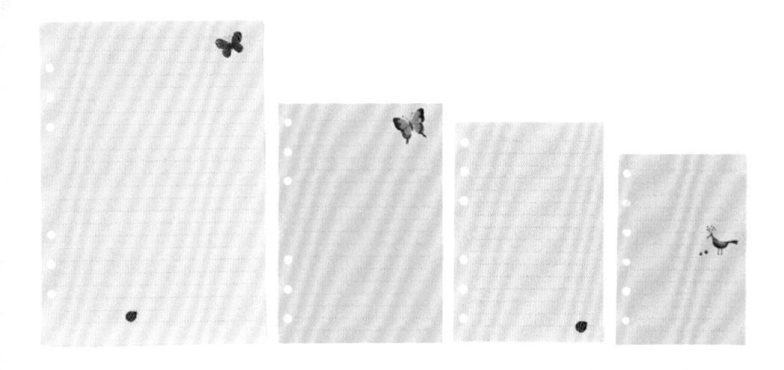

6 適用這4種活頁紙的打孔尺寸。左起A5尺寸、聖經本尺寸、38mm尺寸、mini尺寸。可做成幾乎等同A5（148mm×210mm）比例的尺寸、聖經本尺寸110×156mm、38mm尺寸100×143mm、mini尺寸87×124mm的活頁紙。

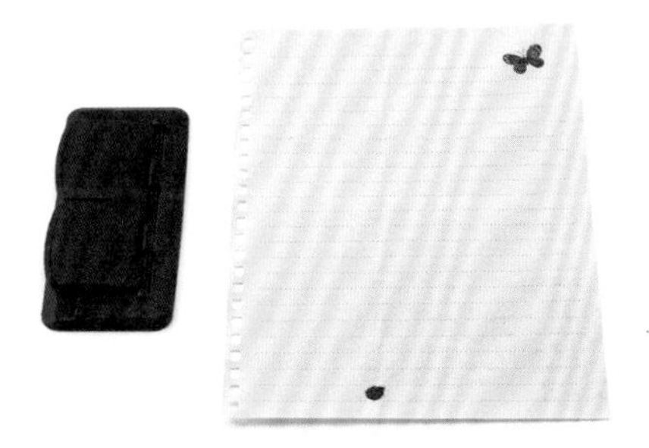

7 另外還有適用各類型活頁紙的打孔器。此為價格數百多日圓的便宜機型，只要橫移就能重複多次打孔的「TWIST NOTE〈專用打孔器〉」。

工具介紹

工具介紹

雖然本書中所使用的各式工具、器材、媒材大多可以在DIY賣場或雜貨店、手工藝店購得，不過仍有一些工具必須向特定廠商洽詢購買，在此將介紹相關資訊。

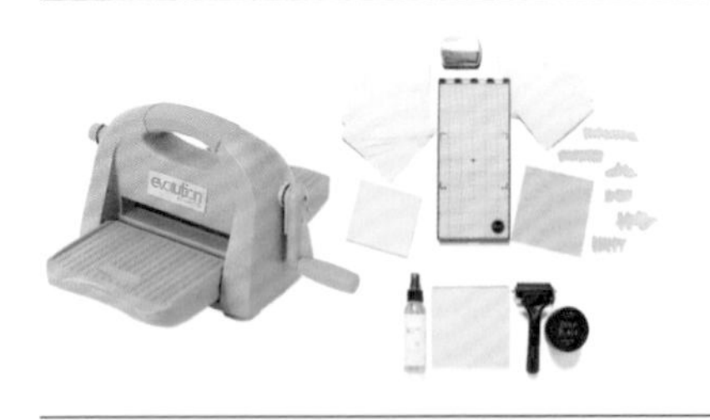

個人印刷機

「Letter Press Combo Kit＋」
出現頁數：P.028-030、124-126

CAPPAN STUDIO
大阪府大阪市平野區平野北2-14-2
TEL:06-6796-2929
http://letterpress.jp.net/

※如果只想單買本體產品（外國廠製），日本國內也可以網路搜尋「evolution ADVANCED」，透過amazon等購物網站購買。

凸版專用墨水

「CAPPAN STUDIO原創凸版墨水 一般色（全13色）」
「PANTONE® BASIC COLORS（全18色）」

CAPPAN STUDIO
大阪府大阪市平野區平野北2-14-2
TEL:06-6796-2929
http://letterpress.jp.net/

植絨貼紙

熨斗熱燙用植絨貼紙【EF】
出現頁數：P.036-037

Europort株式會社　サイン事業部
東京都台東區台東2-3-9 KH大樓5F
TEL:03-5688-6665
http://www.europort.jp/

謄寫版印刷工具組

謄寫版工具組
出現頁數：P.040-041

Anpex株式會社
東京都府中市宮町1-23-3　關口大樓4F
TEL:042-335-6078
http://www.anpex.co.jp/

樹脂版

印章用樹脂版／浮雕用樹脂凹凸版
出現頁數：P.028-030、062-063、072-073、086、124-126

株式會社真映社
東京都千代田區神田錦町1-13-1
TEL:03-3291-3025
http://shin-ei-sha.jp/

※不管是樹脂版、金屬版，皆可傳illustrator檔，或者也能用輸出稿、印刷品代替原稿交給印刷廠商。

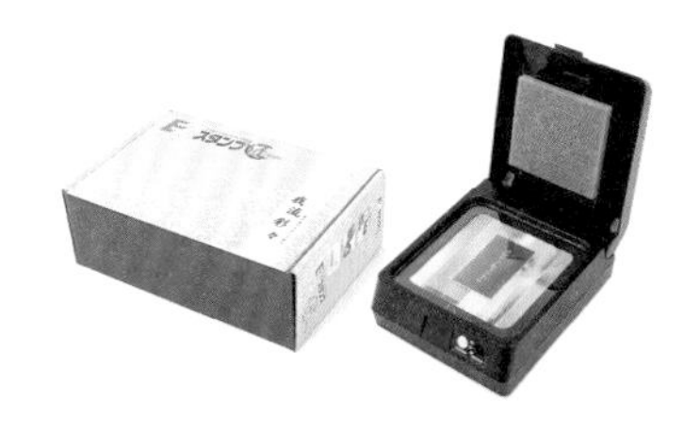

印章工具組

EZ印章匠
出現頁數：P.042

太陽精機株式會社　ホリゾン事業部
東京都武蔵野市御殿山1-6-4
TEL:0422-48-5119
https://www.webshop.hando-horizon.com/

各種スタンプパッド

VersaMark、StazOn METALLIC、StazOn opaque
出現頁數：P.043、062-065

株式會社ツキネコ
東京都千代田區外神田5-1-5　末廣JF大樓5F
TEL:03-3834-1080
http://www.tsukineko.co.jp/

個人型絲網印刷機

「T恤君」「T恤君Jr」
出現頁數：P.044-045

太陽精機株式會社　ホリゾン事業部
東京都武蔵野市御殿山1-6-4
TEL:0422-48-5119
https://www.webshop.hando-horizon.com/

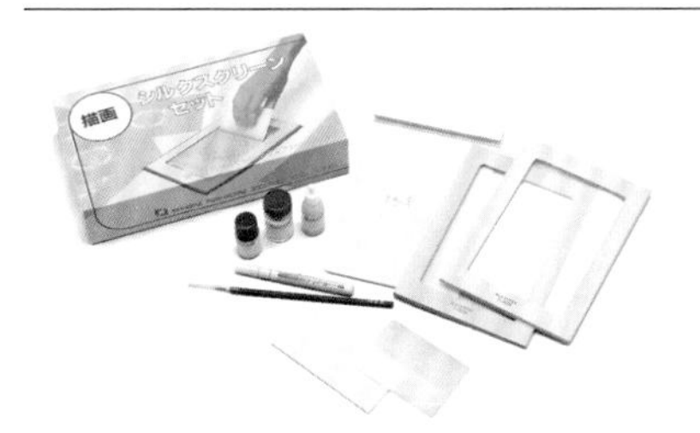

簡易版絹印

Sun描繪絹印工具組
出現頁數：P.046-049

新日本造形株式會社
東京都中野區新井1-42-8
TEL:03-3389-1221
http://www.snz-k.com/

絹印用絹網

各種絹印用絹網製版
出現頁數：P.050-058

株式會社サンコウ
京都府京都市南區久世中久世町3-37
TEL:075-933-2224

SILK SCREEN KIT、絹印用數位網版製版

「SURIMACCA」鋁製框、多款絹印用數位網版製版

Retro印刷 JAM Online店
大阪府大阪市北區豐崎6-6-23
TEL:06-6485-7350
http://jam-p.com/

※除了可自由組裝絹印用網版外框的工具套組「SURIMACCA」與鋁製框、墨水之外，並接受各種數位網版的客製化製版。

絹印用特殊墨水
T恤君專用墨水、發泡（全8色）、夜光（全5色）
出現頁數：P.050-052

太陽精機株式會社　ホリゾン事業部
東京都武蔵野市御殿山1-6-4
TEL:0422-48-5119
https://www.webshop.hando-horizon.com/

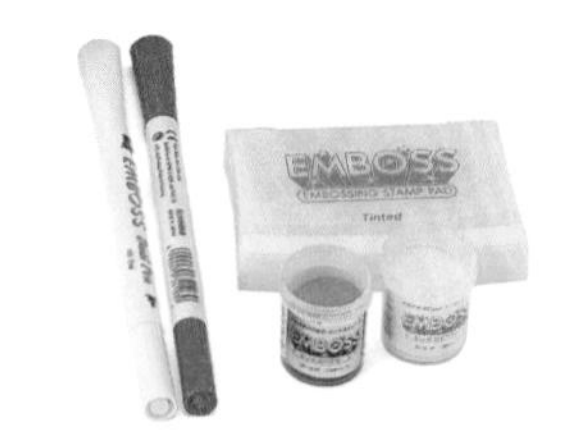

浮雕用印章材料
浮雕粉・浮雕筆
出現頁數：P.060-061

株式會社ツキネコ
東京都千代田區外神田5-1-5　末廣JF大樓5F
TEL:03-3834-1080
http://www.tsukineko.co.jp/

自製樹脂版材料
樹脂生版・負片膠捲
出現頁數：P.074-075

株式會社真映社
東京都千代田區神田錦町1-13-1
TEL:03-3291-3025
http://shin-ei-sha.jp/

活字
明朝體・歌德體・花型活字等
出現頁數：P.076-078

株式會社中村活字
東京都中央區銀座2-13-7
TEL:03-3541-6563
http://www.nakamura-katsuji.com/

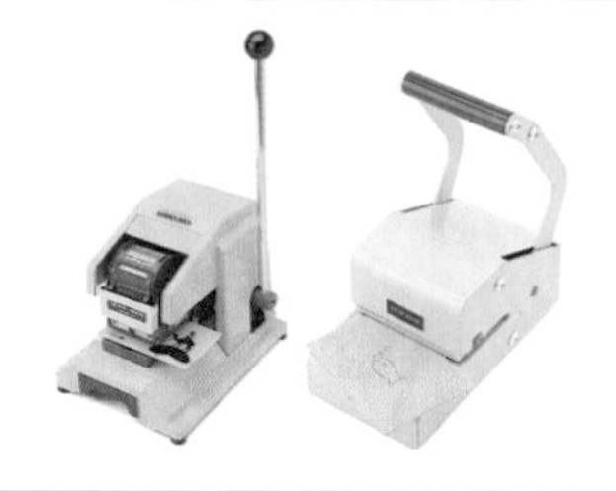

打孔機
打孔機
出現頁數：P.098-099

株式會社Newkon工業
東京都江戶川區中央1-8-15
TEL:03-3655-6151
http://www.newkon.co.jp/

工藝用剪刀
「工藝剪刀Craft Scissors（全12種）」
出現頁數：P.101

株式會社 呉竹
奈良県奈良市南京終町7丁目576
TEL:0742-50-2050
https://www.kuretake.co.jp/

手工藝用滾刀

「虛線型ROTARY 2B」「安全型 ROTARY Cutter L型」
出現頁數：P.102

OLFA株式會社
大阪府大阪市東成區東中本2-11-8
TEL:06-6972-8101
http://www.olfa.co.jp/

圓角器

「KADOMARU PRO」
出現頁數：P.103

SUN STAR文具株式會社
東京都台東區淺草橋5-20-8 CS TOWER 9樓
TEL:03-5835-0094
http://www.sun-star-st.jp/

加壓護貝膠片

加壓護貝膠片
出現頁數：P.109

加壓護貝明信片.jp
http://acchaku-hagaki.jp/

全像攝影膠片

「全像攝影：花形／菱形／心形／星形」
出現頁數：P.110-115

株式會社FUJI TECS 販促Express
東京都新宿區高田馬場1-25-30
TEL:0120-18-1589
http://www.hansoku-express.com/

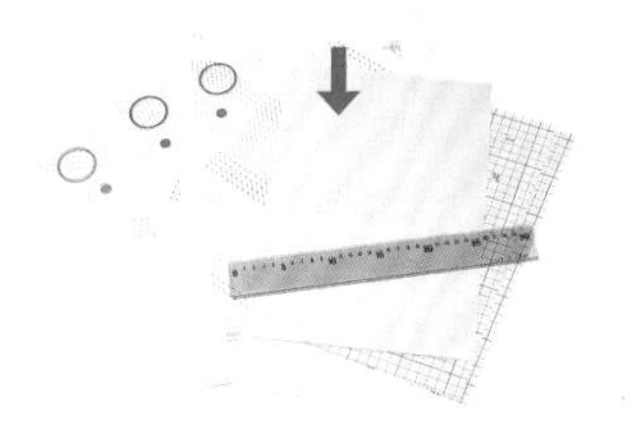

包膜膠片

Amenity B Coat
出現頁數：P.116-117

Kihara株式會社 店舖：Book　Buddy
東京都千代田區神田駿河台3-5
TEL:03-3291-5170
http://www.kihara-lib.co.jp/

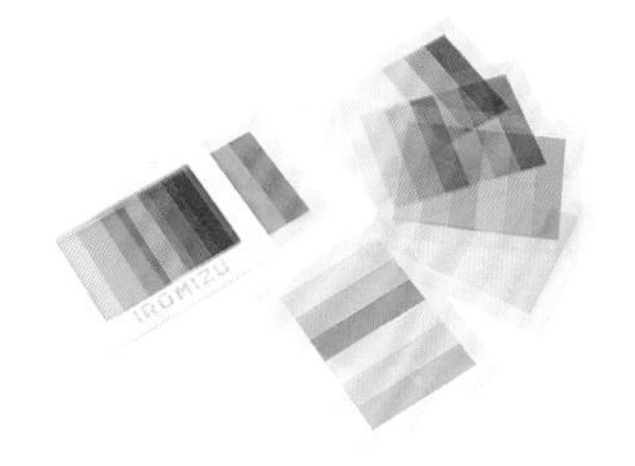

卡點西德

各種卡點西德
出現頁數：P.122-123

株式會社中川化學CS設計中心
東京都中央區東日本橋2-1-6岩田屋大樓3F
TEL:03-5835-0347
https://nakagawa.co.jp/showroom/

※可小量購買「卡點西德」的網站

卡點西德WEB SHOP
東京都江戸川區松本2-24-1
TEL:03-6311-5373
http://www.cuttingsheet.com/

摺線板
「多功能摺線版」
出現頁數：P.127-132

We R memory keepers
http://www.wermemorykeepers.com/

※日本國內可以網路搜尋「スコアリングボード」，透過amazon等購物網站購買。

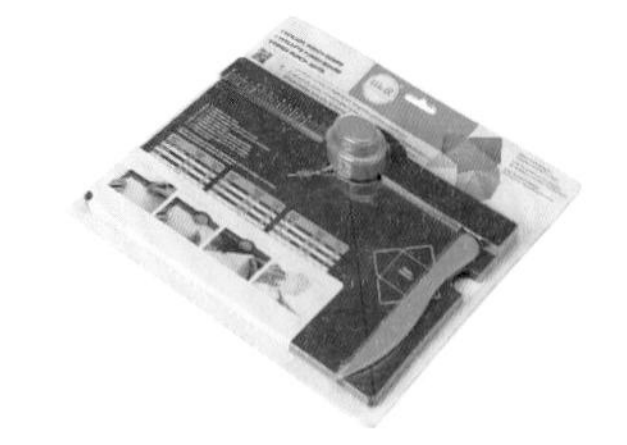

信封板
「ENVELOPE PUNCH BOARD」
出現頁數：P.133-135

We R memory keepers
http://www.wermemorykeepers.com/
(貝登堡手創館 https://www.k-kingdom.com.tw/)

※日本國內可以網路搜尋「ENVELOPE PUNCH BOARD」，透過amazon等購物網站購買。

塑膠封口機
Clip Sealer Z-1
出現頁數：P.136-138、148-149

株式會社Techno Impulse
千葉縣白井市南山3-10-15
TEL:047-491-1303
http://www.technoimpulse.com/

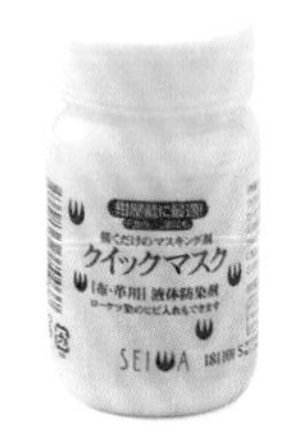

布皮專用防染劑
「Quick Mask」
出現頁數：P.141-142

株式會社誠和
東京都新宿區下落合1-1-1
TEL:03-3364-2113
http://seiwa-net.jp/

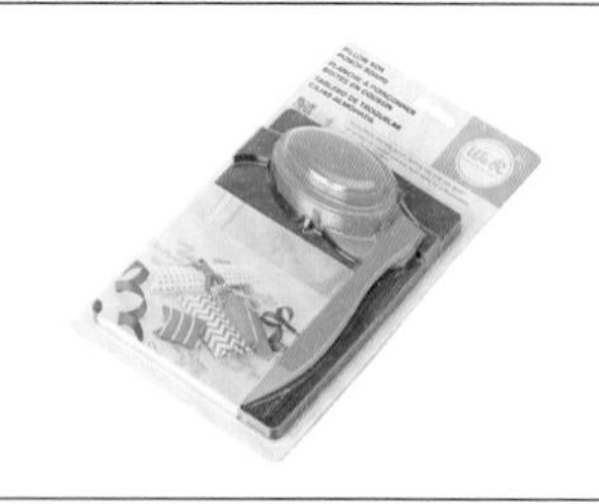

立體盒製作板
「PILLOW BOX PUNCH BOARD」
出現頁數：P.143-145

We R memory keepers
http://www.wermemorykeepers.com/

※日本國內可以網路搜尋「PILLOW BOX PUNCH BOARD」，透過amazon等購物網站購買。

真空密封機
Food Sealer真空密封器 Z-FS210
出現頁數：P.146-147

※無法保證完全真空密封。
請務必使用廠商的專用密封袋。

三洋電機株式會社
日本國大阪府守口市京阪本通2-5-5
TEL:050-3116-3439
http://www.overseas.sanyo.com/foodsealer/

燙印箔紙

Stamping Leaf
出現頁數：P.154-155

吉田金線店
京都市下京區東中筋松原通下ル　天使突抜1丁目363
TEL:075-468-3286
http://www.yoshida-leaf.com/

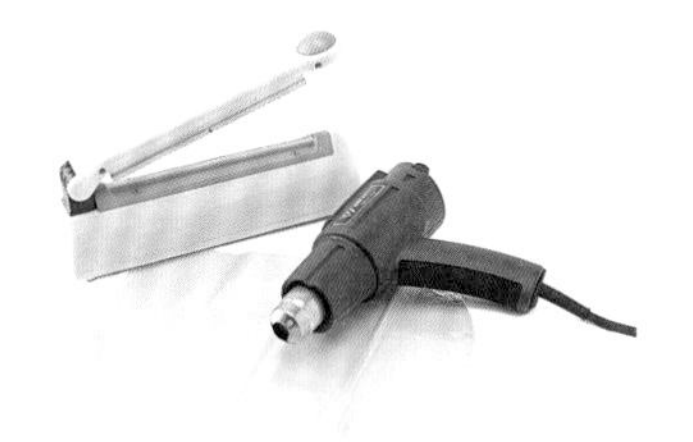

收縮膜

收縮膜／熱風槍／收縮膜封口機
出現頁數：P.156-157

若松化成株式會社
東京都杉並區和田1-55-10
TEL:03-3381-6829
http://www.wakamat.co.jp

手動式壓紋機

「手動式壓紋機」
出現頁數：P.160

株式會社Newkon工業
日本國東京都江戶川區中央1-8-15
TEL.03-3655-6151
http://www.newkon.co.jp/

貼紙機

「3in Disposable Sticker Maker」
出現頁數：P.161-163

XYRON
http://www.xyron.com/

※日本國內可以網路搜尋「ザイロン シールメーカー」，透過amazon等購物網站購買。

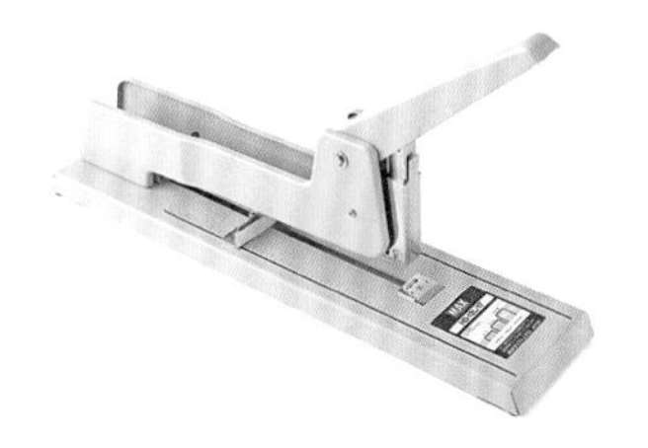

大型裝訂用釘書機

裝訂用釘書機HD-12LR/17
出現頁數：P.172-173、209-211

マックス株式會社
東京都中央區日本橋箱崎町6-6
TEL:0120-510-200
http://www.max-ltd.co.jp/

雙線圈裝訂機

「TOZICLE雙線圈裝訂機TZ W34」
出現頁數：P.184-185

CARL事務器株式會社
東京都葛飾區立石3-7-9
TEL:03-3695-5379
http://www.carl.co.jp/

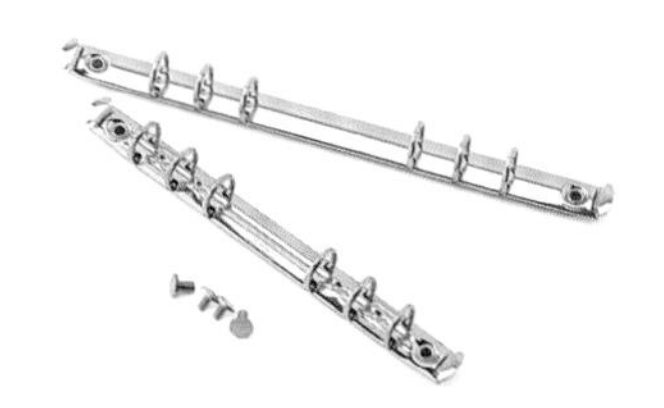

金屬活頁夾

螺絲・金屬活頁夾
出現頁數：P.186-187

經銷商：パーツラボ
大阪府大阪市天王寺區上本町8-2-4　柴崎大樓3F
TEL:06-6779-7329
http://www.partslabo.com/

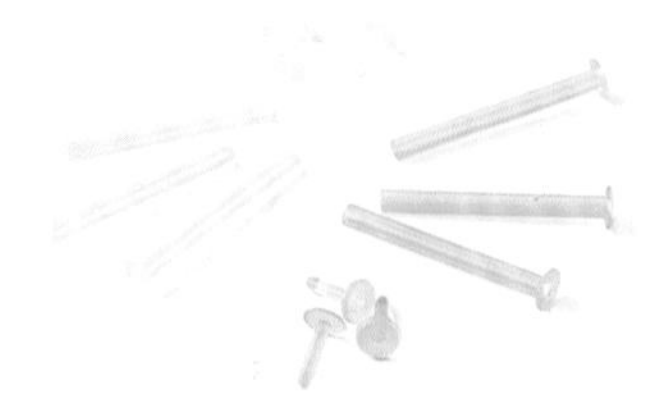

鉚釘

製書用鉚釘
出現頁數：P.190-191

株式會社COC合理化中心
日本國東京都涉谷區本町2-39-7　ドムス金城1F
TEL:03-3374-5205
http://www.coc-jp.com/

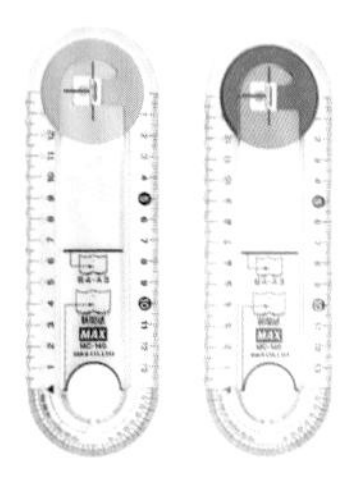

創意訂書輔助尺

ナカトジ〜ル（Nakatoji~ru）
出現頁數：P.205-206、212

Max株式會社
東京都中央區日本橋箱崎町6-6
TEL:0120-510-200
http://www.max-ltd.co.jp/

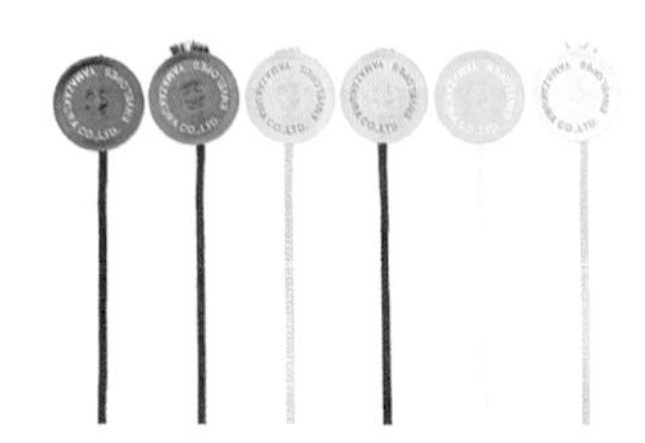

文件封口圓鈕

彩色標籤
出現頁數：P.216

株式會社山櫻
東京都中央區新富2-4-7
TEL:03-5543-6311（代表號）
http://www.yamazakura.co.jp/

活頁式筆記本用打孔器

活頁式筆記本6孔打孔器「PU-601」
出現頁數：P.236-237

PLUS株式會社
東京都港區虎之門4丁目1番28號
TEL:0120-000-007
http://bungu.plus.co.jp/

※本產品有「A5、聖經本、38mm、mini」四種尺寸活頁筆記本適用的孔徑。

本書記載之資訊為本書發售時的內容，資訊、URL可能已經更新。

STAFF日文

書籍設計＋組版
大原健一郎（NIGN）

攝影
弘田充（弘田写真事務所）
大沼洋平（弘田写真事務所）

Special Thanks
鈴木里子
田中千春
名久井直子
フジモトマサル
雪朱里
渡邉佳純
（敬稱略／五十音順）

企劃・編集
津田淳子（グラフィック社）

手作良品 100

改訂版——印刷・加工DIY BOOK

27種印刷×37項加工×30款裝訂 教學實例完全特集

作　　者／大原健一郎+野口尚子+橋詰宗+Graphic社編輯部著
譯　　者／Miro
發 行 人／詹慶和
執行編輯／詹凱雲
編　　輯／劉蕙寧・黃璟安・陳姿伶
執行美編／陳麗娜
美術編輯／周盈汝・韓欣恬
出 版 者／良品文化館
發 行 者／雅書堂文化事業有限公司
郵撥帳號／18225950 戶名：雅書堂文化事業有限公司
地　　址／新北市板橋區板新路206號3樓
電　　話／(02) 8952-4078
傳　　真／(02) 8952-4084
網　　址／www.elegantbooks.com.tw
電子郵件／elegant.books@msa.hinet.net

2023年07月初版一刷　定價 750元

改訂版 印刷・加工ＤＩＹブック
KAITEIBAN INSATSU KAKOU DIY BOOK
by Kenichiro Ohara, Naoko Noguchi, So Hashizume, Graphic-sha Publishing Editorial Department

This book was first designed and published in Japan in 2019
by Graphic sha Publishing Co., Ltd.
This Complex Chinese edition was published in 2023
by Elegant Books Cultural Enterprise Co., Ltd.

Original edition creative staff
Book Design & Layout : Kenichiro Ohara (NIGN)
Photography: Mitsuru Hirota (HIROTA PHOTO OFFICE), Yohei Onuma (HIROTA PHOTO OFFICE)
Planning and Editing: Junko Tsuda (Graphic-sha Publishing Co., Ltd.)
Special Thanks: Satoko Suzuki, Chiharu Tanaka, Naoko Nakui, Masaru Fujimoto, Akari Yuki, Kasumi Watanabe

經銷／易可數位行銷股份有限公司
地址／新北市新店區寶橋路235巷6弄3號5樓
電話／(02)8911-0825
傳真／(02)8911-0801

國家圖書館出版品預行編目(CIP)資料

印刷・加工DIY BOOK：27種印刷X37項加工X30款裝訂・教學實例完全特集/大原健一郎, 野口尚子, 橋詰宗, Graphic社編輯部著. -- 初版. -- 新北市：良品文化館出版：雅書堂文化事業有限公司發行, 2023.07
面；　公分. -- (手作良品；100)
ISBN 978-986-7627-52-0(平裝)

1.CST: 印刷 2.CST: 圖書加工 3.CST: 商業美術

477.8　　　112008692